SOLARWÄRME

Heizen mit der Sonne

Klaus Oberzig

INHALTSVERZEICHNIS

SO FUNKTIONIERT SOLARTHERMIE

Bis zu 90 Prozent des Energieverbrauchs in einer Vier-Personen-Wohnung entfallen in Deutschland auf Heizung und Warmwassererzeugung. Heizungsanlagen mit fossilen Brennstoffen spielen dabei immer noch die Hauptrolle bei der Wärmeerzeugung. Auch wenn ein deutlicher Trend weg von der Ölheizung hin zu Erdgas und Fernwärme zu verzeichnen ist, von den steigenden Brennstoffpreisen sind alle Haushalte betroffen.

EINE AUSGEREIFTE TECHNOLOGIE

In Deutschland gibt es rund 18 Millionen Wohngebäude mit knapp 40 Millionen Wohneinheiten, die nahezu alle beheizt werden müssen. Dafür beanspruchen die privaten Haushalte rund ein Drittel des Endenergieverbrauchs. Das ist sogar etwas mehr, als der gesamte Verkehrssektor verbraucht. Die rund 18 Millionen Feuerungsanlagen verursachten im Jahre 2010 Treibhausgasemissionen in Höhe von 113,1 Mio. Tonnen CO_2-Äquivalent; das waren rund 15 Prozent der direkten energiebedingten Treibhausgasemissionen in Deutschland. Es ist noch ein weiter Weg, von den hohen Energieverbräuchen und Emissionen der Wohngebäude wegzukommen.

Den Energieverbrauch eines Gebäudes bestimmen zwei Faktoren: der Zustand der Gebäudehülle (Wärmedämmung) und die Heiztechnik. Der bauliche Wärmeschutz bietet wichtige Potenziale für eine effiziente Nutzung der Wärmeenergie. Daher hat der Gesetzgeber umfangreiche Vorschriften zur Minimierung von Transmissions- und Lüftungswärmeverlusten von Wohngebäuden in Neubau und Bestand erlassen – insbesondere die Energieeinsparverordnung (EnEV) und zugehörige Normen. Und die Verbesserung der Energieeffizienz der Wohngebäude wird weitergehen. Bis zum Jahr 2050, so die Bundesregierung, soll der Ausstoß von Treibhausgasemissionen um 80 Prozent verringert werden.

Aber drei Viertel des heutigen Wohnungsbestands sind über 25 Jahre alt. Dort werden 90 Prozent der Heizenergie

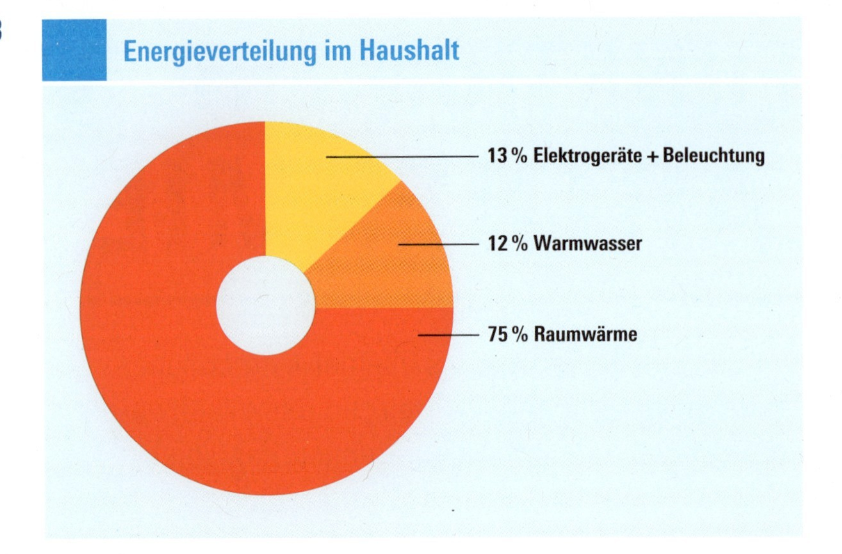

verbraucht. Der Energiebedarf von Bestandswohnungen ist im Durchschnitt mehr als doppelt so hoch wie vom Gesetzgeber für Neubauten erlaubt. Zwar soll in den kommenden Jahren und Jahrzehnten ein Großteil des Bestands durch Wärmedämmung der Gebäudehülle mehr oder weniger auf einen Niedrighaus-Energiestandard gebracht werden. Die erforderlichen Energiestandards alleine über die Bauphysik zu erreichen, dürfte aber viel zu teuer sein. Es ist daher notwendig, genauso bei der Heizungstechnik anzusetzen. Hier liegen vergleichsweise kostengünstige Modernisierungspotenziale. Erst eine kluge Abstimmung beider Elemente führt zu hoher Energieeffizienz und Wirtschaftlichkeit.

Aber genau hier gibt es einen Modernisierungsstau. Millionen von Heizungsanlagen in Wohngebäuden sind technisch völlig überaltert. Sie sind überdimensioniert, fehlerhaft konfiguriert, schlecht ausgeführt, nicht oder mangelhaft gewartet oder schlicht defekt. Nach Schätzungen betrifft dies rund fünf Millionen alte und zehn Millionen neuere Heizungsanlagen, von denen mehr als 80 Prozent nicht im technischen Optimum arbeiten. Sie sind wenig beachtete Kellerkinder und Energiefresser, verantwortlich für hohe Betriebskosten sowie erhöhte CO_2-Emissionen. Auch wenn bis 2012 rund 1,8 Millionen Solarwärmeanlagen, 460 000 Heizwärmepumpen, 180 000 Pelletheizungen und 37 000 Blockheizkraftwerke zusätzlich zu den klassischen Holzheizungen installiert worden sind, bleibt das Bild eindeutig: Weit über 95 Prozent der bundesdeutschen Wohngebäude werden in der einen oder anderen Art fossil beheizt. Oder anders ausgedrückt: Noch sind es nur zehn Prozent der Haushalte, die ihren Wärmebedarf zumindest teilweise aus regenerativen Quellen decken.

Thermische Solaranlagen nutzen die kostenlose Sonnenwärme zur Deckung des häuslichen Warmwasserbedarfs und zur Raumheizung. Dabei sind sie auf die Kombination mit anderen Wärmequellen angewiesen – zumindest noch so lange, bis leistungsfähige Speichertechnologien entwickelt worden sind, mit denen die eigentlich im Überfluss vorhandene Sonnenstrahlung aus günstigen Wetterlagen für den Verbrauch in sonnenarmen Phasen hinüber gerettet werden kann. Auch wenn thermische Solaranlagen nicht als allei-

BILD Alle reden vom Strom, doch die meiste Energie wird für Heizung und Warmwassererzeugung verbraucht.

nige Heizung eingesetzt werden können, haben sie doch eine zunehmende wirtschaftliche und klimatische Bedeutung. Jede Kilowattstunde Sonnenwärme entlastet die Heizkostenrechnung und vermindert den Ausstoß des Klimagases CO_2. Die Betreiber einer thermischen Solaranlage haben feststellen können, dass sie von den Preissteigerungen der fossilen Brennstoffe weniger betroffen sind. Und je besser diese Anlagen werden, also je höher ihre Energieeffizienz ist, desto positiver fällt dieser Effekt aus. Diesen Zusammenhang zu verdeutlichen, ist eines der Anliegen dieses Buches.

Thermische Solaranlagen sind heute eine ausgereifte Technologie. Allerdings treffen sie bei potenziellen Betreibern auf höchst unterschiedliche Voraussetzungen. Nur wenige Anlagen gehen in den Neubau, wo eine planerische Grundfreiheit besteht. Die große Mehrzahl geht in die Bestandssanierung – übrigens ein Begriff, der unglücklich gewählt ist, denn tatsächlich handelt es sich um eine Modernisierung. Da Solarwärmeanlagen die Erweiterung beziehungsweise Ergänzung bestehender Heizungsanlagen bedeuten, entstehen viele Fragen, ob und unter welchen Voraussetzungen mit Solartechnik kombiniert werden kann. Die Antwort ist genauso einfach wie eindeutig: Als ausgereifte Technologie kann die Solarwärme heute mit jeder möglichen Energiequelle verbunden werden. Das mag eine Öl- oder Erdgasheizung sein, ein Pelletkessel, ein Fernwärmeanschluss, ein Nahwärmenetz oder auch eine Wärmepumpe. Die verschiedenen Konzepte sollen in diesem Buch verdeutlicht werden.

INFO **Zehn gute Gründe für thermische Solaranlagen**

- Erschließung einer unerschöpflichen Energiequelle
- Entlastung vom zunehmenden Preisdruck der fossilen Energieträger
- Reduktion der CO_2-Emissionen aus fossiler Verbrennung
- Förderung durch staatliche Maßnahmen und Programme
- In Mehrfamilienhäusern umlagefähig auf Mieter per Modernisierungsumlage
- Ausgereifte Technik, Qualität wird durch EU-Normen und deren Prüfung gesichert
- Abgestimmte Sanierung von Bauhülle und Energietechnik optimiert die Energieeinsparung und vermeidet unnötige Kosten
- Wohnkomfort und Wert der Liegenschaft steigen
- Volkswirtschaft wird von teuren Importen entlastet und unabhängiger von Krisenregionen der Welt
- Impulse für die einheimische Wirtschaft, neue Arbeitsplätze bei Herstellern, Handel und Handwerk in der eigenen Region.

Die Verbindung verschiedener Energiequellen zu einer Heizungsanlage nennt man in der Fachsprache **bivalenter Betrieb.** Beim Kraftfahrzeug heißt das heute schlicht Hybridauto. Vielleicht wird in Zukunft dieser Begriff auch im Heizungsbau gebräuchlich werden. In der Anfangszeit der thermischen Solaranlagen sah man sie lediglich als „Add on“ an, als Ergänzung bei der Warmwassererzeugung und als sogenannte Kombianlage, zusätzlich auch noch „heizungsunterstützend“ – das waren die Etiketten, die man diesen Anlagen etwas verharmlosend aufdrückte. Das ist Vergangenheit. Thermische Solaranlagen haben sich emanzipiert, sind gleichberechtigter Bestandteil einer hybriden Anlagentechnik. Die moderne Anlagen- und Regelungstechnik macht das möglich.

An einem weiteren Punkt ist Bewegung in die solare Wärmeerzeugung gekommen. Rund 95 Prozent der bislang installierten Solarwärmeanlagen befinden sich auf den Dächern von Einfamilien- und Zweifamilienhäusern. Inzwischen bieten die Hersteller auch größere Anlagen für Mehrfamilienhäuser an. Damit wächst die Sonnenwärme betriebswirtschaftlich gesehen aus der rein privaten Nutzung in den Bereich der kommerziellen Anwendung. Auch Klein- und Amateurvermieter müssen eine transparente Heizkostenabrechnung vorlegen, können die Kosten einer Solarwärmeanlage per Modernisierungsumlage auf die Nettokaltmiete aufschlagen. Kurzum, auch die Solarthermie erlebt eine beschleunigte Entwicklung, in deren Folge sich wirtschaftliche und rechtliche Rahmenbedingungen verändern beziehungsweise neu ergeben. Um so wichtiger ist für den potenziellen Investor ein Kompendium mit grundlegenden Informationen.

Dieses Buch informiert über technische Details, bietet nützliche Tipps für Planung und Betrieb und gibt Antworten auf rechtliche und finanzielle Fragen. Mit diesem Wissen lässt sich die Solarthermie als zukunftssichere Einspartechnologie angemessen einschätzen.

BILD Als ausgereifte Technologie kann die Solarwärme heute mit jeder anderen Energiequelle kombiniert werden. Das mag eine Öl- oder Erdgasheizung sein, ein Pelletkessel, ein Fernwärmeanschluss, ein Nahwärmenetz oder auch eine Wärmepumpe.

SOLARTHERMIE UND PHOTOVOLTAIK

Sonnenwärme wurde seit jeher zur Erwärmung der Behausungen genutzt. Baumeister setzten ihr Können ein, um soviel Sonnenwärme wie möglich in einem Gebäude einzufangen. Beispiel dafür sind eine Südausrichtung des Gebäudes oder zumindest unverschattete Südfenster, wodurch die Strahlen auch bei tiefstehender Sonne ins Haus eindringen und es erwärmen können. Aber in unseren Breiten waren der **passiven Nutzung** der Sonnenenergie in der kalten Jahreszeit Grenzen gesetzt. Brennstoffe waren kostbar, und man musste sparsam mit ihnen umgehen. So hielt man wiederum Fenster und Türen als Quelle von Energieverlusten möglichst klein. Das änderte sich erst, als Brennstoffe billig zur Verfügung standen. Fenster konnten größer gebaut und Teile der äußeren Gebäudehülle, etwa in Form von Wintergärten, bewusst lichtdurchlässig konstruiert werden. Heute lässt sich mit ausgeklügelter Technik die Sonnenwärme aktiv eingefangen und in unsere Heizungssysteme einspeisen.

Die **aktive Nutzung** der Sonnenwärme ist ein Kind des Hightech-Zeitalters. Es bedurfte der Entwicklung der Heizungstechnik bis zum heutigen Stand, also von der primitiven Feuerstelle bis zur elektronisch geregelten Feuerungsanlage. Auch wenn die sogenannte Zentralheizung einen großen Fortschritt bedeutet, haftet ihr doch der Makel an, dass ihr Brennstoff fossiler Natur ist. Die Begeisterung früherer Generationen über eine zentrale Öl- oder Erdgasheizung ist der nüchternen Erkenntnis gewichen, dass fossile Brennstoffe endlich sind und ihre Verbrennungsrückstände das Klima stark beeinflussen.

Der Übergang von der passiven Nutzung der Sonnenenergie hin zur aktiven ist heute Teil eines grundlegenden Verfahrenswechsels bei der Erzeugung von Energie: Stand am Anfang der Zivilisation die Beherrschung des Feuers, so beginnt die Menschheit sich gerade von den Verbrennungsprozessen zum Zwecke der Energieerzeugung zu verabschieden. Diese Dekarbonisierung gilt nicht nur für die Heizungstechnik, sondern auch für die Mobilität, wo Elektroantriebe, Brennstoffzellen und Batterien die Verbrennungsmotoren ersetzen werden. Neue physikalische und chemische Prozesse treten Schritt für Schritt an die Stelle der Verbrennungstechnik. Bei der Stromerzeugung wird bereits in großem Umfang die Physik des Windes (Windräder) genutzt, zugleich drängt die Photovoltaik, die ebenfalls auf der Sonneneinstrahlung als Energiequelle basiert, in den Vordergrund.

Solarstrom

Auch wenn mit Hilfe von Sonnenkollektoren und Solarzellen aktiv Wärme und Strom erzeugt werden kann, unterscheiden sich beide Techniken grundlegend. Ein Solar(wärme)kollektor ist im Grunde erst einmal ein dunkler Kasten, durch den

in Schlangenlinien geführte Röhrchen laufen. Er wandelt Sonnenlicht in Wärme und erhitzt durchfließendes Wasser als Wärmeträger. Das kann dann in einem Gebäude hydraulisch verteilt werden. Davon handelt dieses Buch.

Anders als Kollektoren erzeugen Solarzellen aus dem Sonnenlicht unmittelbar elektrischen Strom, der Geräte direkt antreiben, Batterien laden oder ins öffentliche Stromnetz fließen kann. Solarzellen bestehen aus speziellen Materialien, den Halbleitern. Der bekannteste und gebräuchlichste ist Silizium. Wenn Licht darauf trifft, entsteht eine elektrische Spannung zwischen der dem Licht zugewandten und der dem Licht abgewandten Seite. Wird der Kreis geschlossen, fließt elektrischer Strom. Diese Eigenschaft beruht auf dem photovoltaischen Effekt, daher wird diese Technik Photovoltaik genannt (von „Photos" für Licht und „Volt" für elektrische Spannung).

Solarzellen sind standardmäßig in Glas und Kunststoff gekapselt. Eine größere Anzahl von ihnen wird mit einem Aluminiumrahmen versehen und zu einem Solarmodul zusammengefasst. Ohne den drei bis vier Zentimeter dicken Rahmen sind moderne Module weniger als ein Zentimeter dünn. Modernste Dünnschichtzellen liegen sogar noch darunter. Sie erzeugen

UNTERSCHEIDUNG VON SONNENSTROM UND SONNENWÄRME

	Sonnenstrom/Photovoltaik	Sonnenwärme/Solarthermie
Was wird erzeugt?	Strom/Elektrizität	Wärme für Heizung und Dusche
Auf dem Dach...	Photovoltaikmodule	Sonnenkollektoren
Wirkungsgrad	Module etwa 14 – 18 %	Kollektoren etwa 75 – 85 %
Energieernte pro m² und Jahr	70 – 120 kWh/m² a	200 – 600 kWh/m² a

BILD Modul oder Kollektor? Immer wieder Gegenstand der Verwechslung: Solarkollektoren (links) liefern Wärme – Solarmodule (rechts im Bild) produzieren elektrischen Strom.

elektrische Energie nicht nur bei gerichteter Einstrahlung, sondern schon bei diffusem Licht. Blickt man auf die Dächer, so erkennt man Solarmodule im Vergleich zu Sonnenkollektoren an den größeren Flächen, bis hin zum voll belegten Dach – zusammengesetzt aus vielen ein bis zwei Quadratmeter großen Modulen. Typisch ist die schachbrettartige Anordnung der Solarzellen innerhalb der Module.

Vielfach werden Solarmodule und Solarkollektoren verwechselt. Das geht dem fachlich nicht vorgebildeten Bürger so, aber auch in den Medien wird beides nicht selten durcheinander gebracht. Selbst Installateuren und Fachhändlern fällt es manchmal schwer, die richtigen Begriffe auf Anhieb zu verwenden. Es bleibt also festzuhalten: Der Kollektor liefert Wärme und Module liefern Strom.

SONNENSTRAHLEN IN WÄRME WANDELN

Physikalisch gesehen gibt die Sonne als Kernfusionsreaktor ihre Energie in Form von elektromagnetischen Wellen ab. Nach einem fast verlustfreien Weg durch den Weltraum trifft die Strahlung auf die äußere Erdhülle. Sie wird dort unter anderem absorbiert, zurückgestrahlt oder löst chemische Reaktionen aus. An der Grenze der Erdatmosphäre liegt die Bestrahlungsstärke bei rund 1 370 W/m². Dies nennen Physiker die **Solarkonstante**. Beim Durchgang durch die Atmosphäre wird dieser Wert durch verschiedene Faktoren (zum Beispiel Wasserdampf, Ozon etc.) reduziert. Zusätzlich treten Streueffekte auf, die für die Entstehung von diffuser Strahlung verantwortlich sind. Was auf der Erdoberfläche ankommt, nennt man **Globalstrahlung**. Im günstigsten Fall – bei hohem Sonnenstand und klarer Luft – treffen in unseren Breiten pro Quadratmeter horizontaler Fläche maximal 1 000 W/m² auf die Erde.

Das Strahlungsangebot auf der Erdoberfläche

In Deutschland liegt die Jahressumme der eingestrahlten Energie je nach Region zwischen 900 und 1 200 kWh/m² a. Das entspricht einem Heizwert von 90 – 120 l Heizöl. In der Sahara oder in vergleichbaren Gebieten beträgt die Jahressumme etwa 2 500 kWh/m² a, also mehr als das Doppelte. Aber von einem Energiemangel kann man auch in Mitteleuropa nicht sprechen. Bezogen auf die Gesamtfläche Deutschlands liegt das theoretische Angebot der Strahlungsenergie etwa um den Faktor 100 höher als der jährliche Primärenergiebedarf. Die Nutzung dieses gewaltigen Potentials ist eine der zentralen technisch-wirtschaftlichen Herausforderungen dieses Jahrhunderts.

Die diffuse Strahlung bewirkt übrigens, dass auch auf der Nordseite eines Hauses Licht und Wärme in die Fenster „scheint",

BILD Die Globalstrahlung besteht in Deutschland je nach Jahreszeit zu 50–80 Prozent aus diffuser Strahlung.

obwohl die Sonnenstrahlen dort direkt gar nicht hin kommen. Im Durchschnitt liegt der Anteil der diffusen Strahlung in Mitteleuropa je nach Jahreszeit bei 50 bis 80 Prozent der Globalstrahlung. Aber auch dieser ist nutzbar. Alle nicht konzentrierenden Kollektoren setzen diffuses Licht genauso gut in Wärme um wie das direkte. An einem bewölkten Sommertag mit einem diffusen Anteil von 80 Prozent kann die Globalstrahlung noch 300 W/m² betragen. Nur an Wintertagen mit schlechtem Wetter und einer geschlossenen Wolkendecke, den Tagen also, an denen es scheinbar gar nicht hell werden will, kann dieser Wert bis auf 50 W/m² absinken. Dann ist auch mit der besten Solarwärmeanlage nichts mehr zu holen.

Jahreszeitlicher Verlauf der Sonnenstrahlung

Die Einstrahlung unterliegt starken jahreszeitlichen Schwankungen. Die Tage sind im Winter kürzer, und die Sonne steht tiefer als zur gleichen Tageszeit im Sommer. Fast drei Viertel des solaren Angebots fallen im Halbjahr von April bis September an. Die tägliche Einstrahlung liegt im Winter bei etwa 1 kWh/m²d, in den Übergangszeiten bei etwa 2,5 Wh/m²d und im Sommer bei rund 5 kWh/m²d.

Verantwortlich für diese Unterschiede ist die Erdrotation. Zudem ist die Drehachse der Erde um 23,45 Grad gegen die Ebene der Umlaufbahn geneigt. Dieser Neigungswinkel, verbunden mit der Drehung, beschert uns die unterschiedlichen Jahreszeiten, Tageszeiten und Sonnenstände.

Deutschland erstreckt sich von etwa 46,3 Grad (Allgäuer Alpen) bis 54,9 Grad nördlicher Breite (dänische Grenze). Die dadurch bedingten unterschiedlichen Sonnenhöchststände vermindern theoretisch die Jahressumme der Sonnenstrahlung von Süd nach im Nord. Ein Blick auf die Strahlungskarte zeigt aber, dass es kein klares Süd-Nord-Gefälle gibt. Denn auch das Wetter, verbunden mit der Bewölkung, hat seinen Einfluss auf die Strahlungswerte. So gibt es auch im Norden und Nordosten Standorte, die von der Sonne fast genauso verwöhnt werden wie Gebiete in Süddeutschland.

Globalstrahlung in Deutschland

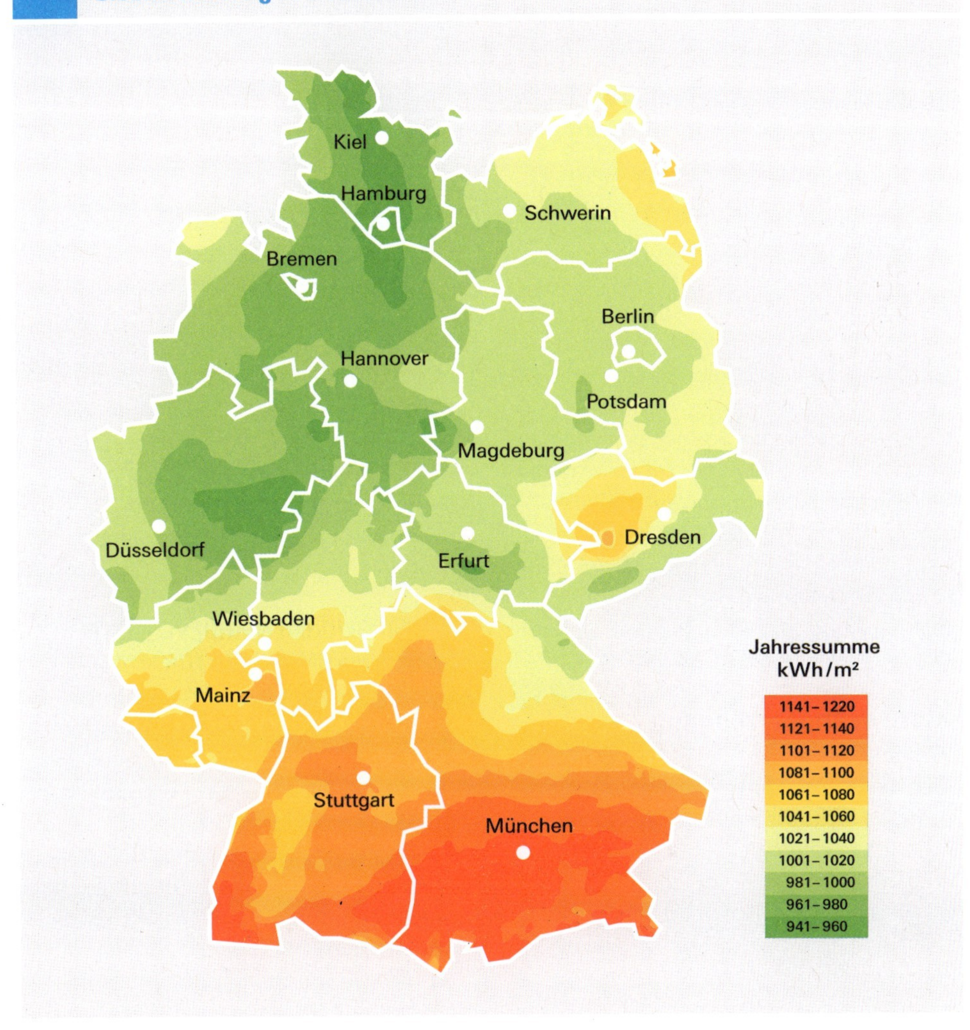

BILD Langjährige Mittelwerte der Globalstrahlung in Deutschland zwischen 1981 und 2000. Einstrahlung in Kilowattstunden pro Quadratmeter im Jahr auf die ebene Fläche

Optimierung der Kollektorausrichtung

Bevor die Entscheidung zum Bau einer Solaranlage getroffen werden kann, muss der Hausbesitzer oder sein Fachplaner prüfen, ob die vorhandene Fläche (Dach, Fassade, Nebengebäude etc.) eine geeignete Ausrichtung und Neigung für den Betrieb einer Kollektoranlage besitzt. Thermische Solaranlagen mit Kollektoren funktionieren bei verschiedenen Dachausrichtungen und Neigungen zwischen 10 und 45 Grad Neigung oder an einer Fassade (90°). Am besten kann ein Dach mit 30 bis 40 Grad Neigung und Südausrichtung die Strahlung einfangen. Selbst nach Westen oder Osten ausgerichtete Dachflächen ermöglichen noch einen guten Ertrag. Je höher der Anspruch an das Temperaturniveau einer Anlage ist, desto geringer

BILD Anschnitt der verschiedenen Bestandteile eines Flachkollektors

wird die Toleranz gegenüber Abweichungen von der optimalen Ausrichtung. Der Neigungswinkel von heizungsunterstützenden Anlagen sollte bei Südausrichtung so groß wie möglich sein, damit die im Winter bei niedrigem Sonnenstand einfallende Strahlung möglichst senkrecht auf die Kollektorfläche trifft. Wenn keine geeignete geneigte Dachfläche verfügbar ist, besteht auch die Möglichkeit der Aufständerung (vor allem bei Flachdach- oder Freiaufstellung) beziehungsweise die Integration in die Fassade.

Solare Wärmeerzeugung

Wir haben die Sonne als Kernfusionsreaktor beschrieben, der seine Energie in Form von elektromagnetischen Wellen aussendet. Treffen diese auf Materie, so schwächen sie sich beim Durchdringen des Materials ab. Diese Intensitätsschwächung beruht auf der Umwandlung der Strahlungsenergie in Wärme. Den Vorgang nennt man Absorption.

Das bestrahlte Material erwärmt sich bis zu der Temperatur, bei der die absorbierte zur abgegebenen (emittierten) Energiemenge im Gleichgewicht ist. Das ist dann die Stagnationstemperatur des entsprechenden Körpers. Wärmer kann er nicht mehr werden. Ein dunkler Körper absorbiert vom Sonnenlicht mehr Strahlungsenergie als ein heller des gleichen Materials und erwärmt sich dabei stärker.

In einem Solarkollektor, wir haben ihn erst einmal als dunklen Kasten beschrieben, ist der wichtigste Bestandteil der Absorber. Er besteht in der Regel aus schwarz oder selektiv beschichteten Absorberblechen aus den gut wärmeleitenden Metallen Kupfer oder Aluminium und damit verbundenen Röhrchen, die in Schlangenlinie hindurch geführt werden. Der Absorber ist also der unmittelbare Empfänger der einfallenden Sonnenstrahlung. Hier spielt sich die Wärmeerzeugung ab.

MÖGLICHE ENERGIEVERLUSTE AN EINEM KOLLEKTOR

- **Abstrahlung in die Umgebung**, das heißt an die Halbkugel aus erwärmter Luft, die über dem Absorber liegt
- **Reflexion:** Die Strahlung wird reflektiert und erwärmt den Körper nicht.
- **Transmission:** Erwärmung des umgebenden Mediums, also Luft beziehungsweise Untergrund
- **Konvektion:** Abtransport der Wärme durch Luftströmung; die Luft an sich ist ein guter thermischer Isolator.

Die Glasabdeckung des Kollektors begrenzt die Wärmeverluste durch Transmission und Konvektion, während sie die Sonnenstrahlung möglichst vollständig durchlässt. Innerhalb des Kollektors steigt das Temperaturniveau weit über die Temperatur der umgebenden Luft an.
Diese von der Solarwärmeanlage „eingesammelte“ Wärme wird dann zur Warmwasserversorgung oder Heizungsunterstützung weiter geleitet.

Anwendungsgebiete solarer Wärme

Bei der Umwandlung von Sonnenstrahlung in Wärme (thermische Energie) zu Heizzwecken werden drei grundsätzliche Konzepte unterschieden. Hier werden sie zum besseren Verständnis separat beschrieben. In der Praxis kommen sie natürlich nicht isoliert vor, sondern ergänzen sich im Idealfall. Ein Architekt kann passive und aktive Komponenten so geschickt kombinieren, dass sein Entwurf ein Höchstmaß an Energieeffizienz erreicht.

PASSIVE SYSTEME: Die Umwandlung der Sonnenstrahlung in Wärme erfolgt an geeigneten Baustoffen und Bauteilen eines Gebäudes. Das sind zum Beispiel südorientierte Fensterflächen oder Wintergärten und andere architektonische Lösungen. Dazu gehört übrigens auch ein kluger Umgang mit den Dämmstoffen. Denn diese sollen nicht nur Wärmeverluste verhindern, sie dürfen ein Gebäude auch nicht von der Sonnenstrahlung hermetisch abriegeln. Diese Art der Wärmegewinnung erfolgt ohne Hilfsenergieverbrauch für Pumpen oder Ventilatoren. Kurz gesagt, es ist die Domäne der Baumeister.

AKTIVE SYSTEME: Darunter fallen Solarwärmeanlagen, die mit Absorbern oder Kollektoren die Sonnenenergie in thermische Energie umwandeln. Für den Wärmetransport vom Ort der Wärmeerzeugung zum Ort der Wärmenutzung wird Hilfsenergie (Strom) für Pumpen oder Ventilatoren benötigt. Zudem verfügen diese Systeme über eine hochentwickelte Steuerung. Dies ist das Aufgabengebiet der Haustechnik.

HYBRIDE SYSTEME: Dies sind erweiterte passive Systeme, meistens mit Luft als Wärmeträger, bei denen kleine Ventilatoren den Wärmetransport unterstützen. Auch wenn sie in Wohnhäusern (noch) keine Bedeutung haben, dürfte ihre Verbreitung in Industrie, Gewerbe und der Landwirtschaft (Trocknung von Früchten wie Getreide oder Tabak) in naher Zukunft zunehmen.

Betrachten wir den grundlegenden Aufbau der aktiven Systeme zur Solarwärmegewinnung. Auch wenn landläufig gerne von Solaranlage oder solarthermischer Anlage gesprochen wird, sollte klar sein, dass es sich bei modernen Solarwärmeanlagen um einen Teil eines bivalenten Systems handelt. Der prinzipielle Aufbau der

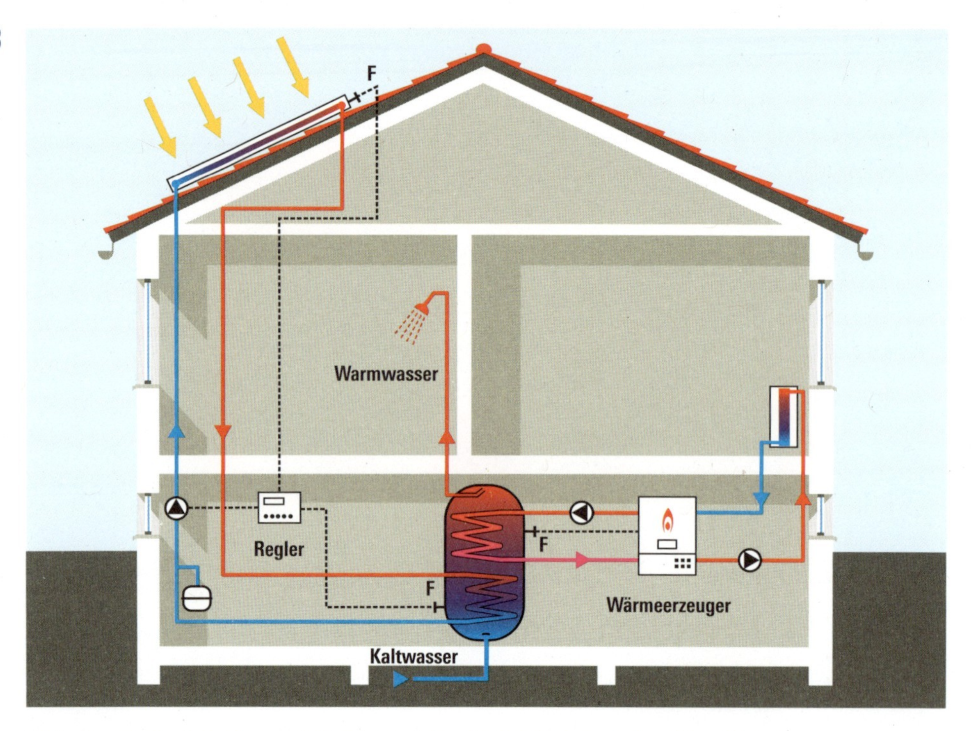

BILD Standardsolaranlage mit Heizkessel für die Nachheizung (F = Messfühler)

oftmals recht unterschiedlich ausgeführten Anlagen folgt einem einheitlichen Muster.

- Zentrale Komponente und Ausgangspunkt ist der **Kollektor**, in dem die solare Strahlungsenergie absorbiert und in Wärme umgewandelt wird. Ein Wärmetransportsystem führt die Wärme über einen Wärmetauscher einem Speicher oder einem Verbraucher zu. In diesem geschlossenen Solarkreislauf zirkuliert, von einer Solarkreispumpe angetrieben, ein frostsicheres Wärmeträgermedium. Dazu kommt eine Sicherheitsgruppe mit Ausdehnungsgefäß. Das System mit einem vom Trinkwasser- oder Heizkreis getrennten Solarkreis wird Zweikreissystem genannt. Für die Versorgungssicherheit bei Schlechtwetter sorgt die zweite Komponente (Energiequelle), die mit konventioneller oder erneuerbarer Energie (Gas-, Ölkessel, Strom, Holzfeuerung, Fernwärme, Wärmepumpe) betrieben wird. Sie ist das zweite Standbein in einem bivalenten System. Es gibt übrigens auch trivalente Systeme.
- Die **Anlagensteuerung** regelt – in Abhängigkeit von Sonneneinstrahlung und Energiebedarf – das Zusammenspiel der Systemkomponenten. Ziel ist die möglichst effiziente Nutzung der insgesamt eingesetzten Energie, nicht nur der solaren, auch der fossilen. Die Steuerung selbst soll möglichst wenig Zusatzenergie erfordern. Unter dem Strich kommt es auf die Energieeffizienz des Gesamtsystems an.

Auch wenn der Schwerpunkt in diesem Buch auf Systemen für die Wohngebäudeheizung liegt, soll die ganze Breite der möglichen Anwendungen nicht unerwähnt bleiben. Die rechts stehende Tabelle gibt einen knappen Überblick über die Arbeitstemperaturen des jeweiligen Solarenergiewandlers beim Einsatz für unterschiedliche Anwendungsfälle.

SYSTEMTECHNIK UND ENERGIEEFFIZIENZ

Solarthermische Anlagen werden seit über zwei Jahrzehnten entwickelt, hergestellt und vertrieben. In ihrer Anfangszeit sah man sie nur als ein Hilfsmittel bei der Warmwassererzeugung an, das an die bestehende Heizung angedockt wurde. So eingeschränkt wie der Verwendungszweck waren auch die technischen Konzepte. Der Ertrag aus den Kollektoren, der sogenannte Solarertrag, wurde als Vorwärmung angesehen, die anschließend von der „eigentlichen" Heizung auf die endgültig gewünschte Temperatur gebracht werden sollte. Diese Sichtweise änderte sich auch nicht, als die nächste Stufe der Entwicklung, die Heizungsunterstützung, eingeführt wurde. Für die Solarpioniere war der Solarertrag das Maß aller Dinge. Was danach in der Heizungsanlage passierte, interessierte erst einmal nicht.

Das änderte sich, als sich in der Praxis herausstellte, dass die einfache Rechnung: „früherer fossiler Energieverbrauch minus Solarertrag" so nicht aufgeht. Die Sache

ANWENDUNGSMÖGLICHKEITEN FÜR SOLARTHERMISCHE ANLAGEN

Anwendungsgebiet	Arbeitstemperatur in °C	Sonnenenergiewandler	Nutzbare Strahlungsenergie
Wassererwärmung im Schwimmbad	20–40	Freiliegende Absorber	Direkte und diffuse Strahlung
Raumheizung (Luftsysteme)	20–30	Luftkollektoren, Gebäudeteile (passive und hybride)	Direkte und diffuse Strahlung
Raumheizung (Niedertemperaturwassersysteme)	30–80	Flachkollektoren, Vakuumröhrenkollektoren	Direkte und diffuse Strahlung
Warmwasser	20–80	Flachkollektoren, Vakuumröhrenkollektoren	Direkte und diffuse Strahlung
Prozesswärme bei niedrigen Temperaturen	60–130	Vakuumröhrenkollektoren, leicht fokussierende Systeme	Direkte und diffuse Strahlung
Prozessdämpf, Dampf- und Stromerzeugung	100–250	Fokussierende Systeme (Strahlungskonzentration mit Spiegeln)	Nur direkte Strahlung

war doch komplizierter, und die Kombination zweier Energiequellen erforderte intelligentere Konzepte. Die Verarbeitung solar vorgewärmten Wassers im Heizkreislauf einer Öl- oder Gasheizung führte vielfach zu verkürzten Brennerlaufzeiten, da die Temperaturdifferenz, die durch das Aufheizen überbrückt werden sollte, jetzt kleiner geworden war. Kurze Brennerlaufzeiten – also Zünden, Heizen und bald darauf wieder Abschalten – sind aber unwirtschaftlich. Das ist wie bei einem Auto im Stadtverkehr: beim „Stop and Go" wird viel Sprit verbraucht. Deutlich geringer ist der Verbrauch bei einer langen Autobahnfahrt mit konstantem Tempo (im optimalen Drehzahlbereich der Motorleistung).

Die Lösung lag darin, Solarwärmeanlage und fossile Heizung als Gesamtsystem zusammenzufassen, zu rechnen und zu steuern. Die getrennte Regelung wich einer integrierten Steuerung. Damit relativierte sich auch das Credo, einen möglichst großen Solarertrag über viele Quadratmeter Kollektorfläche einfahren zu müssen. Die alte Bauernregel des „Viel hilft viel" hatte sich nicht bewährt. Sie machte der Einsicht Platz, dass nur soviel solare Wärme geerntet werden sollte, wie auch tatsächlich im Rahmen des Gesamtsystems verbraucht werden kann. Eine „Überproduktion" solarer Wärme führt nicht nur zu Stillstandszeiten des Solarkreislaufs, sie erzeugt auch Kosten in Form eigentlich überflüssiger Kollektorflächen. Es hat eine Weile gebraucht, bis man verstanden hat, dass sich solarer Deckungsgrad und Systemnutzungsgrad gegenläufig verhalten. Entscheidend aber ist letzterer.

Nicht alle Solaranlagenbauer machte diese Erkenntnis glücklich, wollten sie doch möglichst viel Kollektorfläche verkaufen. Aus Anwendersicht stellt sich dies natürlich genau anders herum dar. Je niedriger die Investitionskosten, desto schneller amortisiert sich eine Solarwärmeanlage und liefert kostenfreie Sonnenwärme. Diese Kinderkrankheiten in Sachen Anlagenphilosophie sind überwunden, auch wenn noch genügend Altanlagen auf deutschen Dächern im Betrieb

BILD Die Erkenntnis, dass Dach und Fassade als wertvolle Energiequelle nicht ungenutzt bleiben sollten, muss sich erst noch durchsetzen.

sind. Ein Argument gegen Solarthermie ist das aber nicht. Es zeigt vielmehr, dass nach Fehlern in der Pionierzeit auch hier eine Lernkurve eingesetzt hat.

Die Branche weiß heute, dass sich der Investor nicht an einer Größe wie dem Solarertrag berauscht, sondern kühl seine Wärmekosten kalkuliert. Dabei kommt es nicht nur auf niedrige Investitionen bei der solaren Komponente an, sondern auch darauf, dass die fossile Komponente, also zum Beispiel ein Gasbrennwertkessel, mit optimalem Wirkungsgrad gefahren wird. Nur solche bivalenten Anlagen sind wirklich energieeffizient. Am Ende zählt die Ersparnis in Euro und Cent und dass sie schnellstmöglich als Gegengewicht gegenüber den Preissteigerungen der fossilen Energieträger zu wirken beginnt.

INFO Was ist Energieeffizienz?

Spricht man von Energie, muss man zwischen Primär-, Endenergie und Nutzenergie unterscheiden.

- **Primärenergie** ist in den natürlich vorkommenden Energieträgern in Form von Erdgas, Erdöl, Kohle, Biomasse oder Sonnenstrahlung gespeichert.
- **Endenergie** entsteht bei der Umwandlung von Primärenergie in eine direkt verbrauchbare Form, also in Heizöl, Benzin, Erdgas, Strom oder Fernwärme. Diese Umwandlung ist mit Verlusten verbunden.
- **Nutzenergie** ist diejenige Energie, die nach der letzten Umwandlung dem Verbraucher zur Verfügung steht. Raumwärme und Warmwasser sind hier die uns interessierenden Beispiele.

Energieeffizienz betrifft zwar beide Stufen der Umwandlung. Aus wirtschaftlicher Sicht geht es aber um die letzte Stufe der Umwandlung, also wie viel Raumwärme (oder warmes Wasser) aus der gekauften Endenergie Erdgas (oder Heizöl, Pellet usw.) herausgeholt werden kann. Mit welchem Wirkungsgrad (in % ausgedrückt) arbeitet der Gas- oder Ölkessel?

Der Betreiber einer Heizungsanlage kann aus seiner Erdgasrechnung lediglich ersehen, wie viel Kubikmeter respektive Kilowattstunden Erdgas (oder Liter Heizöl) durch seine Leitung geflossen sind und von ihm bezahlt wurden. Ob seine Anlage gut oder schlecht arbeitet, erschließt sich ihm nicht.

Von einer Situation wie im Automobilbau, wo mit den Angaben zum Drittelmix zumindest eine grobe Orientierung möglich ist, ist man im Heizungsbau noch weit entfernt. Auf das Thema Verbrauchsmessung und Monitoring wird später noch eingegangen.

KOMPONENTEN VON SOLARANLAGEN

Auch wenn das theoretische Wissen darüber, wie Sonnenstrahlen in Wärme umgewandelt werden, schon lange vorhanden war, mussten erst die technischen Verfahren und Apparaturen entwickelt werden, mit denen man diese Form der Energiegewinnung in der Praxis wirtschaftlich nutzen kann.

DER KOLLEKTOR

Die Solarthermie wiederholt im verkleinerten Maßstab, was bei der Erwärmung der Erde durch die Sonne passiert: An die Stelle der Erdoberfläche tritt der Absorber und an die Stelle der Lufthülle eine Glasscheibe. Das Gesamtsystem bezeichnen wir als „Kollektor", eine Art „Wärmefalle" mit geregeltem Ausgang. Kollektoren sind der wichtigste und zugleich exponierteste Teil einer thermischen Solaranlage, das Bindeglied zwischen der Sonne und dem Verbraucher.

Es gibt grundsätzlich drei Kollektor-Bauformen, die für unterschiedliche Anwendungsgebiete und Leistungen gedacht sind: Unverglaste Kollektoren (Absorber), Flachkollektoren und Vakuumröhrenkollektoren.

Ihr technisches Herzstück, der **Absorber**, wird manchmal auch „Motor der Solaranlage" genannt. Im Inneren des Absorbers zirkuliert ein Arbeitsmedium (in der Regel ein Wasser-Propylenglykol-Gemisch als Frostschutz), das die aufgenommene Wärme durch eine Sammelleitung innerhalb des Gebäudes über einen Wärmetauscher in den Heizungs- oder Warmwasserkreislauf transportiert.

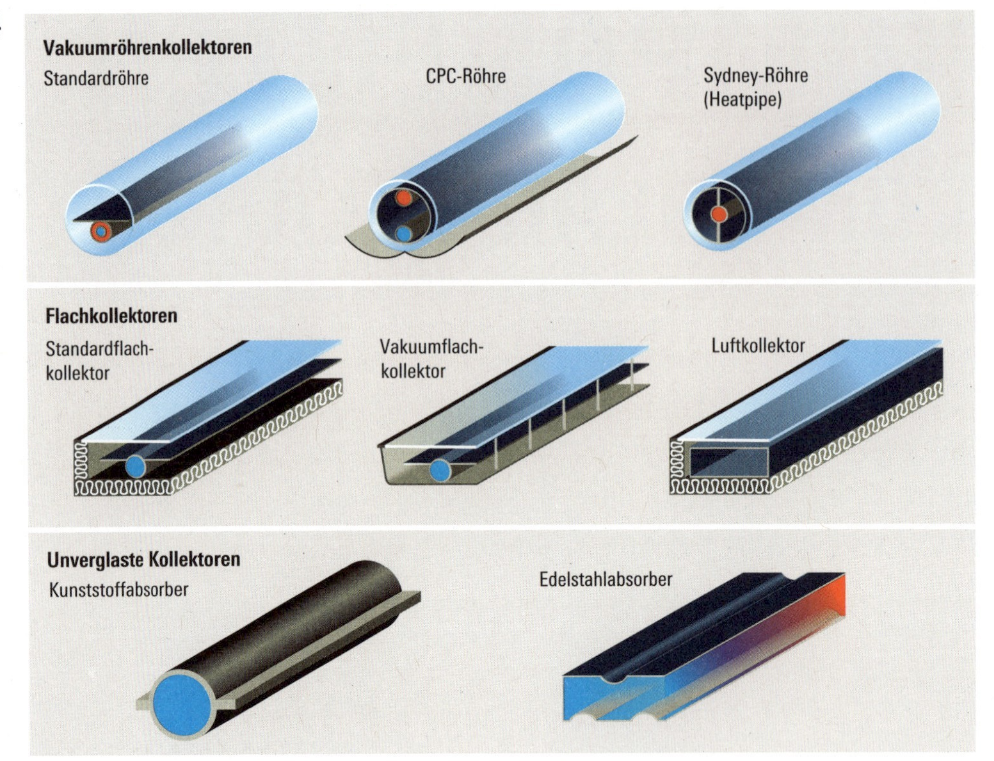

BILD Die wichtigsten Kollektor-Bauformen

VERWIRRUNG BEIM BEGRIFF ABSORBER

„Absorber" ist im Solarwärme-Anlagenbau ein Begriff mit zwei nicht ganz trennscharfen Bedeutungen.
Als Absorber werden die frei liegenden Wärmesammler (meist: Kunststoffrohre) bezeichnet, die unabgedeckt und großflächig verlegt werden. Auch ein in der Sonne liegender Gartenschlauch könnte so als Absorber dienen.
Aber auch das zentrale Bauteil innerhalb von Flach- oder Röhrenkollektoren, an dem die einfallende Sonnenstrahlung in Wärme umgewandelt wird, heißt Absorber. Beim Flachkollektor sorgen die Glasabdeckung und eine seitliche und rückwärtige Wärmedämmung für geringe Wärmeverluste an die Umgebung. Beim Röhrenkollektor minimiert das Vakuum die Wärmeverluste.

Ein Sonnenkollektor wird nur dann sinnvoll genutzt, wenn die aufgenommene Sonnenwärme auch nachgefragt, also abtransportiert und verbraucht wird. Eine einfache Art, das ordnungsgemäße Funktionieren einer Kollektorreihe zu überprüfen, ist, mit der Hand die Temperatur der Glasscheiben beziehungsweise Röhren zu fühlen. Sind diese unterschiedlich warm oder sogar heiß, deutet dies auf einen schlechten Wärmeabtransport hin. Bei gut funktionierenden Solaranlagen sind die Kollektoren in der Sonne kühl, bei schlechten heiß.

Unverglaste Kollektoren (Absorber)

Diese Bauform besteht nur aus dem Absorber. Kollektor und Absorber sind praktisch ein und dasselbe – ganz nach dem Gartenschlauchprinzip: Ein schwarzer Schlauch liegt in der Sonne und erwärmt

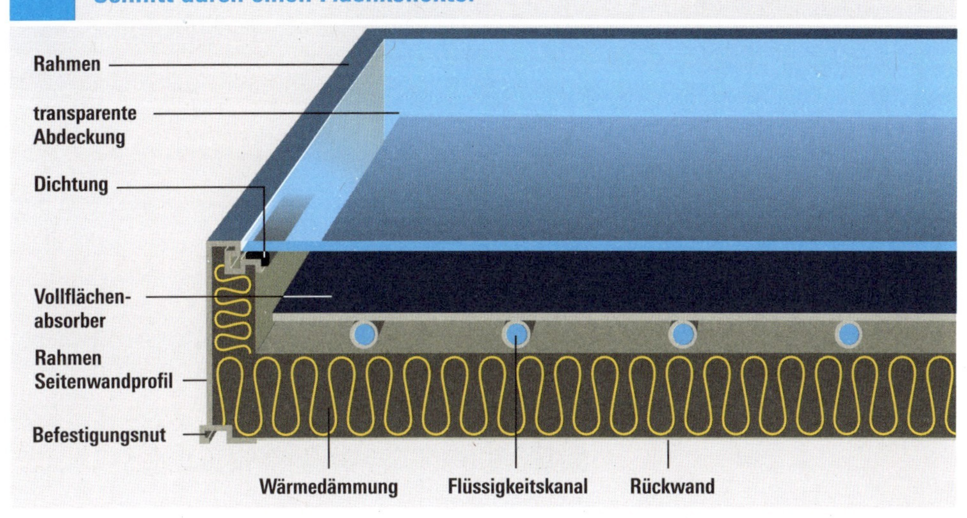

BILD Längsschnitt durch einen aktuellen Flachkollektor

sich. Wird er von Wasser durchströmt, gibt er seine Wärme ab. Heute werden allerdings industriell gefertigte Absorbermatten eingesetzt, die aus Kunststoff bestehen. Je nach Anwendungsfall wird Polypropylen (PP) oder auch Polyethylen (PE) verwendet. Sie sind UV-beständig, witterungsfest, begehbar und häufig sogar in gefülltem Zustand frostsicher. Als sogenannte Schwimmbadabsorber vertragen sie auch chlorhaltiges Schwimmbadwasser, das sie durchströmt. Es gibt auch Edelstahlabsorber, zum Beispiel für die Trinkwasservorwärmung.

Dieser Kollektortyp hat geringere Leistungen als ein Flachkollektor, da ihm Glasabdeckung, Gehäuse und Wärmedämmung fehlen. Er hat dagegen eine Reihe von Vorteilen, die ihn interessant machen. So können unverglaste Edelstahlabsorber anstelle der Dachhaut (zum Beispiel Zinkverblechung) verbaut werden. Sie sind für verschiedene Dachformen geeignet und sogar an leichte Krümmungen anpassbar. Auch sind mit Edelstahlabsorbern durchaus ästhetische Lösungen zu realisieren. Obgleich ein unverglaster Edelstahlabsorber aufgrund seiner niedrigeren spezifischen Leistungen mehr Fläche erfordert, kann er mit niedrigen Wärmegestehungskosten aufwarten.

Flachkollektoren

Marktgängige Flachkollektoren sind rechteckige Gehäuse mit einem Metallabsorber in ihrem Inneren. Auf der Rückseite und an den Seiten sind sie wärmegedämmt, auf der vorderen, der Sonne zugewandten Seite sind sie mit einer transparenten Abdeckung versehen. Die Materialien für Rückwand und Rahmen sind meist eloxiertes Aluminium, Edelstahl oder glasfaserverstärkter Kunststoff. Da die Gehäuse nicht dampfdicht sind, verfügen sie über Lüftungsöffnungen, durch welche die Luftfeuchtigkeit austreten kann. Vor allem bei der Indachmontage dürfen diese nicht zugebaut werden.

Flachkollektoren sind am häufigsten auf unseren Dächern zu finden. Angeboten werden sie in unterschiedlichen Formen und Größen zwischen 0,5 und 12 m². Ein

BILD Handelsüblicher Standardkollektor oder maßgeschneidertes Sonnendach

Standardkollektor ist zwischen 2 und 2,5 m² groß. Mit Glasabdeckung wiegen Kollektoren zwischen 15 und 25 kg/m², ein gängiger Standardkollektor bringt also rund 40 kg auf die Waage. Vakuumröhrenkollektoren sind etwas leichter, sie wiegen etwa 11 bis 20 kg/m².

Neben den Standardformaten bieten verschiedene Hersteller maßgeschneiderte Formen an. Die gängige Rechteckform kann mit anderen Abmessungen realisiert werden, es gibt auch dreieckige Bauformen. Hersteller, die traditionell Fensterprodukte liefern (zum Beispiel Roto, Schüco, Velux), bieten Kollektoren im Rastermaß von Dachflächenfenstern an. Dadurch sind optisch Lösungen möglich, die sich den Gegebenheiten eines Daches besser anpassen.

Der Absorber

Er ist, wie schon erwähnt, das wichtigste Element des Kollektors. Arbeitet er nicht vernünftig oder ist von minderer Qualität, so erzielt der Kollektor nur wenig Wirkung. Grundsätzlich hat dieser Energieumwandler gleich vier Aufgaben zu erfüllen: Er

- sammelt die Sonnenstrahlung (direkte und diffuse) ein,
- wandelt Sonnenlicht in Wärme um,
- hält diese Wärme fest und
- gibt die Wärme an den Wärmeträger weiter.

Jeder Gegenstand, der eine Weile der Sonne ausgesetzt ist, erwärmt sich. Wie stark, ist jedoch abhängig vom Material, seiner Größe, Form und Farbe. Dunkle Gegenstände erwärmen sich stärker als helle, matte Oberflächen stärker als glatte oder gar spiegelnde. Diese physikalischen Prinzipien müssen auch beim Aufbau eines Absorbers beachtet und angewandt werden.

In einem Flachkollektor wird also nicht einfach ein Schlauch oder Röhrchen durchgeführt. Er besteht vielmehr aus einem gut wärmeleitenden Metallblech, vollflächig oder in Streifen, das dunkel beschichtet ist. Auf seiner Unterseite wird ein langes dünnes Röhrchen befestigt, das vom Trägermedium durchströmt wird und dadurch die Wärme abtransportiert. Der Wärmeübergang zwischen Absorber-

BILD Über den Absorber soll möglichst viel Sonnenenergie geerntet werden können.

blech und Röhrchen erfolgt durch eine möglichst gut wärmeleitende Verbindung. Absorber in Flachkollektoren werden hauptsächlich in den zwei folgenden Bauarten angeboten:

HARFENABSORBER: Die parallelen Absorberstreifen sind an beiden Enden mit einem Verteil- und Sammelrohr verbunden (Marktanteil größer 50%). In einigen Kollektoren werden auch Doppelharfen eingesetzt. Mit Harfenabsorbern lassen sich alle Montagearten realisieren, denn im Gegensatz zum Mäanderabsorber kann der Harfenkollektor sowohl quer als auch hochkant eingesetzt werden.

MÄANDERABSORBER: Unter das selektiv beschichtete Absorberblech wird das Kupferrohr mäanderförmig angeschweißt. Nun soll aus der Sonnenstrahlung möglichst viel Wärme herausgezogen werden. Deshalb wird angestrebt, dem Absorber einen hohen Absorptionsgrad für Licht und einen niedrigen Emissionsgrad für Wärme zu geben. Dies erreicht man durch eine spezielle Beschichtung, die sogenannte **Selektivbeschichtung**. Sie unterscheidet sich von einfachen schwarzen Lacken durch eine andere Schichtstruktur. Sie begünstigt die Umwandlung von kurzwelliger Sonnenstrahlung in Wärme, während sie die langwellige Wärmestrahlung so gering wie möglich hält. In der Regel verwendet man dafür Schwarzchrom oder Schwarznickel. Über noch besser geeignete Materialien und Beschichtungsverfahren wird ständig geforscht. Ziel ist nicht nur ein höherer Energiegewinn, sondern auch eine geringere Umweltbelastung bei der Herstellung.

Übliche Absorberbauformen und -materialien

ABSORBER AUS KUPFER: Aufgrund seiner hervorragenden thermischen Leitfähigkeit wurde bisher meist Kupfer als Absorbermaterial verwendet. Unterschiede bestehen bei den verschiedenen selektiven Beschichtungen (siehe oben). Während früher fast alle Kupferabsorber aus dünnen Blechen gefertigt wurden (Streifenbreite 110 bis 130 mm), so haben sich heute Vollflächenabsorber durchgesetzt. Die rückseitigen Absorberröhrchen haben in der Regel einen Durchmesser von

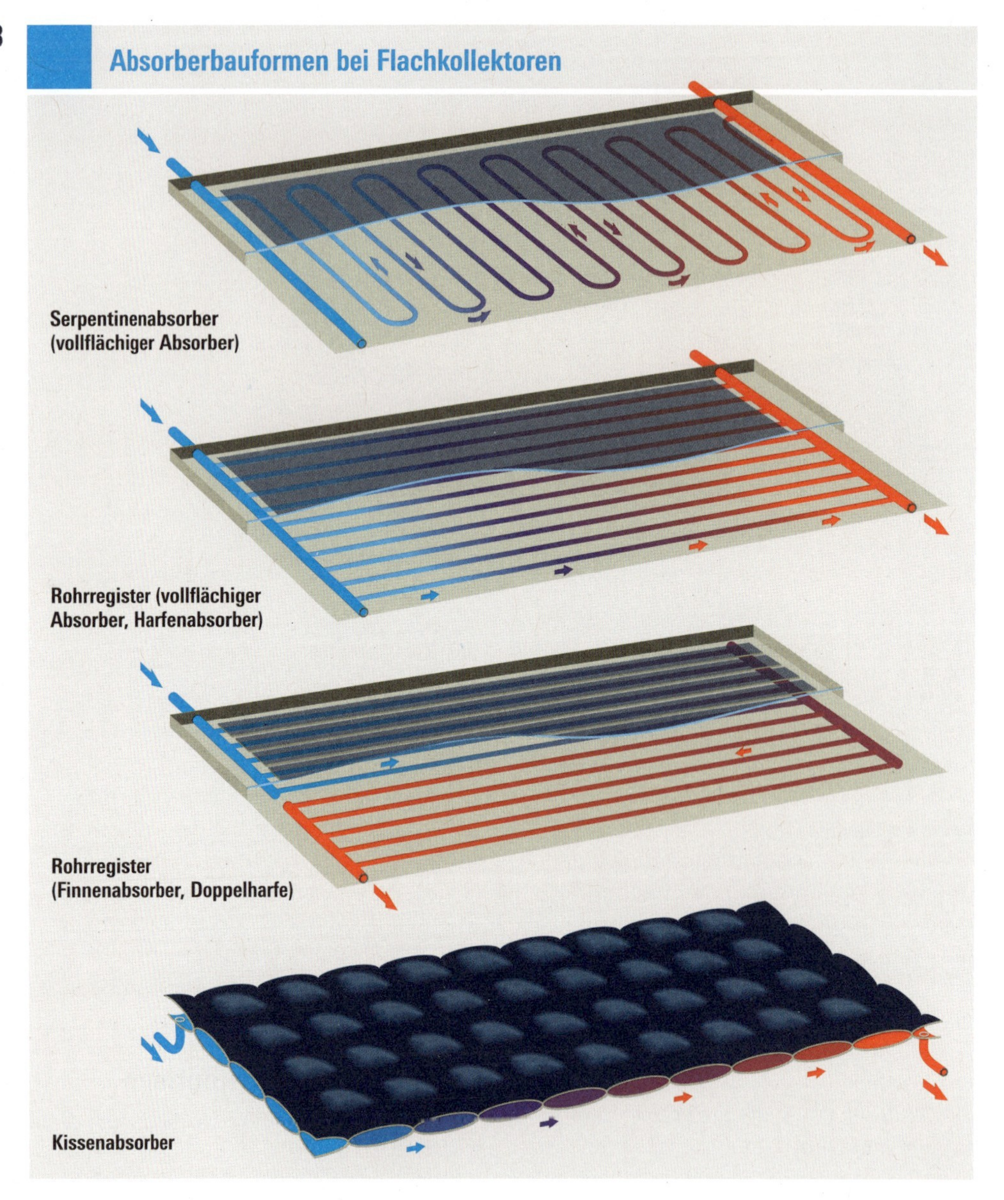

8 mm. Die Verbindung zwischen dünnem Absorberblech und Röhrchen wird geschweißt (Punkt-, Ultraschall-, Plasma- oder Laserschweißen) oder gelötet. Mechanische Verbundtechniken wie Bördeln, Falzen oder Kleben sind kaum vertreten, da sie die Wärme schlechter leiten. Aufgrund der hohen Rohstoffpreise wird zunehmend versucht, Kupfer zu ersetzen.

ABSORBER AUS ALUMINIUM: Flächenabsorber aus Aluminium gewinnen an Bedeutung, bei denen günstigere selektiv beschichtete Aluminiumbleche mit Kupferrohren mittels Laserschweißtechnik verbunden werden. Aluminiumabsorberbleche sind wegen der schlechteren Wärmeleitfähigkeit meist etwas dicker (0,4 – 0,5 mm) als solche aus Kupfer (0,2 mm).

BILD Verschiedene Absorberbauformen

ABSORBER AUS EDELSTAHL: Edelstahlabsorber werden als sogenannte Kissenabsorber nahezu vollflächig durchströmt. Sie werden in West- und Mitteleuropa entweder in Flachkollektoren montiert oder als frei liegende Absorber zur Vorwärmung eingesetzt. Absorber in Edelstahl werden in südlichen Ländern auch in Solaranlagen zur direkten Warmwassererzeugung, das heißt ohne getrennten Kreislauf und Kopplung per Wärmetauscher, eingesetzt. Problematisch kann dabei die Verkalkung durch das nachfließende Frischwasser sein.

Die transparente Abdeckung

Die transparente Abdeckung, die über dem Absorber liegt, soll möglichst wenig des energiereichen Lichtspektrums der Sonne absorbieren und gleichzeitig möglichst viel der vom Absorber emittierten Wärmestrahlung zurückhalten. Sie muss aber auch den Schutz vor Regenwasser, Hagelschlag und herabfallenden Ästen gewährleisten. Dazu wird eisenarmes (hochtransparentes) Glas oder klares, 3 bis 4 mm starkes Sicherheitsglas verwendet, selten Kunststoff. In der Regel weist es, bezogen auf das Sonnenspektrum (zwischen 400 und 2 500 nm Wellenlänge), eine Transparenz (Transmissionsfaktor) von 90 Prozent auf.

Die Mehrzahl der Kollektoren erhält heute Gläser mit strukturierter Oberfläche. Diese matten Scheiben verringern die Reflexion und erzeugen gewissermaßen als Nebeneffekt ein homogenes Erscheinungsbild, sodass das „verknitterte" Absorberbleche nicht deutlich sichtbar sind. Seit einigen Jahren sind „Antireflexgläser" auf dem Markt, ihr Marktanteil steigt ständig. Eine verbesserte Antireflexschicht steigert die Lichtdurchlässigkeit über nahezu das gesamte energetisch genutzte Spektrum des Sonnenlichts. Mit diesen speziell entspiegelten Glasabdeckungen liegt die solare Transmission sogar bei mehr als 95 Prozent. Die Energieausbeute von solarthermischen Anlagen lässt sich damit um rund 5 Prozent steigern.

Isolierung

Die Wahl des Isoliermaterials ist für die Haltbarkeit des Kollektors von großer Bedeutung, da Maximaltemperaturen von 150 – 200 °C (im Stillstand) erreicht werden können. Die technisch hochwertigste Isolierung bietet das Vakuum. Dieses muss aber über Jahre erhalten bleiben.

Für Flachkollektoren kommen nur Dämmstoffe in Frage, die hohe Stillstandtemperaturen aushalten. Dafür werden bisher fast ausschließlich mineralische Dämmstoffe verwendet. In den letzten Jahren wird vermehrt auch der Einsatz nachwachsender Rohstoffe geprüft. Früher wurde bei einigen Kollektortypen seitlich oder direkt unter dem Absorber Polyurethan-(PU)-Schaum eingebaut. Doch PU-Schaum wird durch Wärme und Luftfeuchte im Laufe der Zeit zerstört. Außerdem dampft er dann noch aus, was die Scheiben von innen beschlagen lässt.

Energiefluss am und im Kollektor

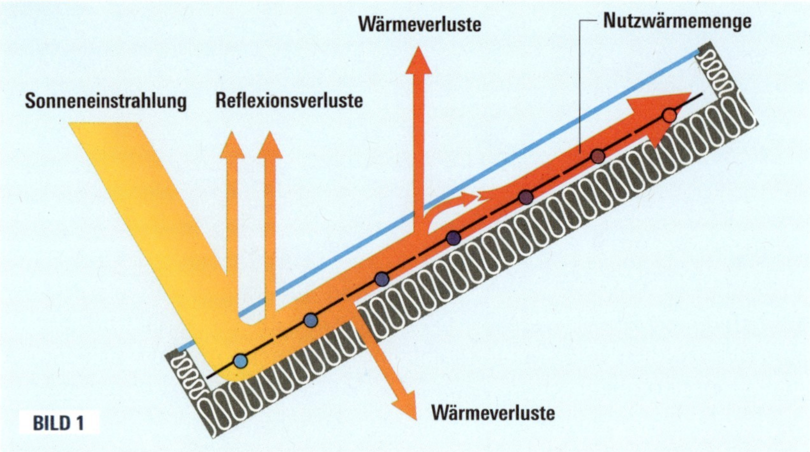

Wärmeverluste
Nutzwärmemenge
Sonneneinstrahlung
Reflexionsverluste
Wärmeverluste

BILD 1

Funktionen eines Flachkollektors

■ Die Sonnenstrahlung (Bestrahlungsstärke E) trifft auf die Glasabdeckung. Schon hier werden vor dem Eintritt in den Kollektor kleine Anteile der Strahlung an der Außen- wie an der Innenseite der Glasscheibe reflektiert.

■ Die selektiv beschichtete Oberfläche des Absorbers reflektiert gleichfalls einen geringen Teil des Lichtes, die absorbierte Strahlung wird in Wärme umgewandelt.

■ Je besser die Wärmedämmung auf der Rückseite und an den Seitenrändern des Flachkollektors ist, desto schwächer fallen hier die Wärmeverluste aus.

■ Wie in einem Treibhaus hat die lichtdurchlässige Frontabdeckung gleichzeitig die Funktion, Verluste durch Wärmestrahlung und Konvektion nach außen zu verringern. Die Konvektionsverluste beschränken sich auf die Verluste der von innen erwärmten Glasscheibe.

■ Nach Abzug aller Energieverluste durch Reflexion von Strahlung und Wärmeverluste verbleibt die Nutzwärmemenge, die über das Transportmedium in den Solarkreislauf eingespeist werden kann.

WAS EINEN GUTEN KOLLEKTOR AUSMACHT

Wer vor der Entscheidung steht, zwischen Kollektoren verschiedener Hersteller und/oder Bauform wählen zu müssen, ist mit einer Reihe von Fragen und Fachbegriffen konfrontiert. Dabei geht es um die Qualität und Leistungsfähigkeit der angebotenen Produkte, aber auch um Flächen und Größen. Dies wird manchem Leser als lästiges Fachchinesisch erscheinen. Aber im Gespräch mit Planern oder Installateuren ist es gut zu wissen, wovon die Rede ist.

Kollektorwirkungsgrad

Der Kollektorwirkungsgrad ist die Kenngröße für die Effizienz der Umwandlung von Sonnenstrahlung in nutzbare Wärme. Er gibt also Auskunft darüber, welcher Anteil der eingestrahlten Sonnenenergie als

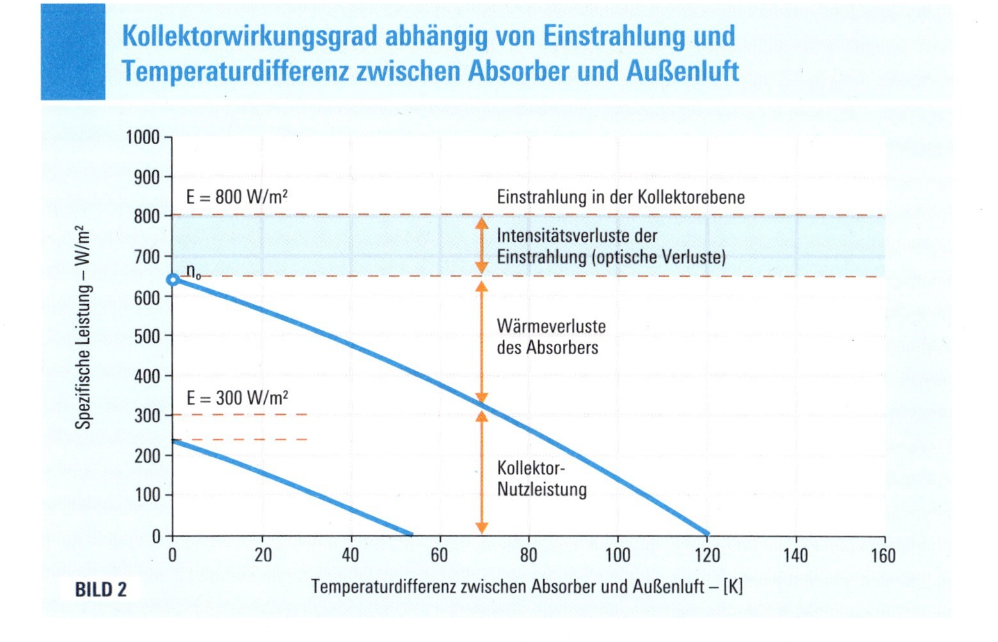

BILD 1 Die gezeigten Energieverluste gilt es beim Flachkollektor zu minimieren.
BILD 2 Klingt kompliziert, ist aber doch einfach: Ist die Rücklauftemperatur im Solarkreis niedrig, weil im Haus viel Wärme verbraucht wird, kann bei starker Sonneneinstrahlung viel „geerntet" werden; die Anlage arbeitet also mit hohem Wirkungsgrad.

Wärmeenergie eingesammelt und genutzt werden kann.

Viele Anbieter etikettieren ihre Kollektoren mit einem festen Wert für den Wirkungsgrad, zum Beispiel 80 Prozent und höher. Tatsächlich ist er nicht konstant, sondern wird von mehreren, teilweise variablen Faktoren beeinflusst, unter anderem durch Witterungsbedingungen, den jeweiligen Wärmebedarf und die Bauart des Kollektors. Dabei unterscheidet man zwischen den optischen und thermischen Eigenschaften des Kollektors.

Der **optische Wirkungsgrad** ist das vom Kollektor erreichbare Maximum an Sonnenstrahlung, das vom Absorber aufgenommen wird. Optische Verluste, die dem entgegenstehen, beschreiben den Anteil der Sonnenstrahlung, der durch den Absorber nicht aufgenommen werden kann. Er ist abhängig von der Durchlässigkeit der Glasabdeckung (Transmissionsgrad) und von der Absorptionsfähigkeit der Absorberfläche (Absorptionsgrad).

Beim **thermischen Wirkungsgrad** geht es darum, wie groß die Wärmeverluste des Kollektors sind und wie man sie verringern kann. Denn für jeden Kollektor gilt, dass er zunächst seine Eigenverluste gegenüber der Umgebung ausgleichen muss, ehe er nutzbare Wärme liefert. Thermische Verluste sind von der Temperaturdifferenz zwischen Absorber und Außenluft, von der Stärke der Einstrahlung und von der Kollektorkonstruktion abhängig. Der Einfluss der Kollektorkonstruktion wird dabei durch zwei Wärmeverlustkoeffizienten (Wärmedurchgangskoeffizient und Wärmeverlustfaktor) beschrieben.

Die Eigenverluste wachsen mit steigender Temperaturdifferenz zwischen Absorber und Außenluft, der Wirkungsgrad nimmt ab, auch wenn die Sonnenstrahlung konstant bleibt, etwa durch Wind.

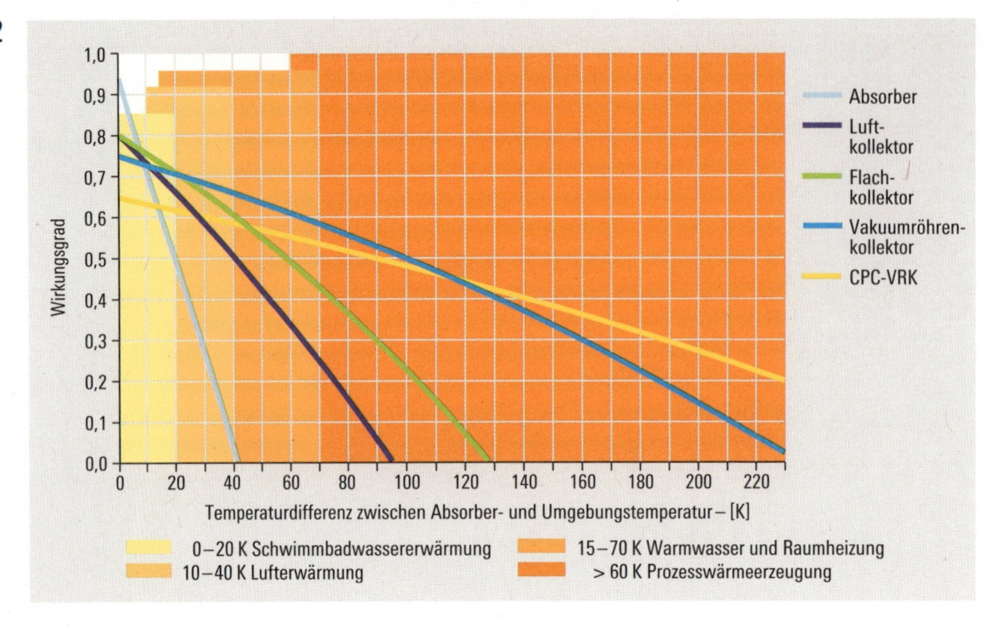

BILD Wirkungsgradkennlinien der verschiedenen Kollektorarten und ihre Einsatzbereiche

Der Wirkungsgrad des Kollektors folgt also nicht einfach der Sonneneinstrahlung. Steigt die Einstrahlung bei gleichbleibender Temperaturdifferenz zwischen Absorber und Außenluft, so steigt auch der Wirkungsgrad.

Mitentscheidend für den Ertrag einer thermischen Solaranlage ist zudem eine möglichst niedrige **Rücklauftemperatur im Solarkreis**. Sie ist das Indiz dafür, dass ein großer Teil der eingesammelten Wärme im Gebäude verbraucht wird. Kommt eine hohe Einstrahlung hinzu, fällt der Wirkungsgrad besonders hoch aus. Es sind also auch die Schwankungen im Wärmeverbrauch (zum Beispiel Duschen), die den Wirkungsgrad des Kollektors variieren lassen.

Ein weiterer Faktor spielt für den tatsächlichen Wirkungsgrad eine Rolle. Theoretisch geht man erst einmal davon aus, dass die Sonneneinstrahlung senkrecht auf den Absorber trifft. Da dies in der Praxis kaum der Fall ist, wird für den Kollektor ein **Winkelkorrekturfaktor** ermittelt. Er gibt an, um welchen Wert sich der Wirkungsgrad verändert, wenn der Einstrahlwinkel von der Senkrechten abweicht. Meist wird in den Datenblättern ein Korrekturfaktor für einen Winkel von 50 Grad angegeben.

Nutzungsgrad

Der Nutzungsgrad bezieht dieses Verhältnis von Wirkungsgrad und Einstrahlwinkel auf einen bestimmten Zeitraum mit real wechselnden Bedingungen bei Sonneneinstrahlung und Wärmebedarf. Während der Wirkungsgrad also ein Maß für die Qualität des Kollektors unter definierten Bedingungen (Lufttemperatur, Einstrahlung, Windgeschwindigkeit etc.) ist, dokumentiert der Nutzungsgrad das Zusammenwirken von Gesamtsystem, Nutzerverhalten und Klima. Hier sei nochmals angemerkt, dass auch das beste System bei fehlender Wärmeabnahme einen schlechten Nutzungsgrad haben muss.

Definition der Flächen am Kollektor

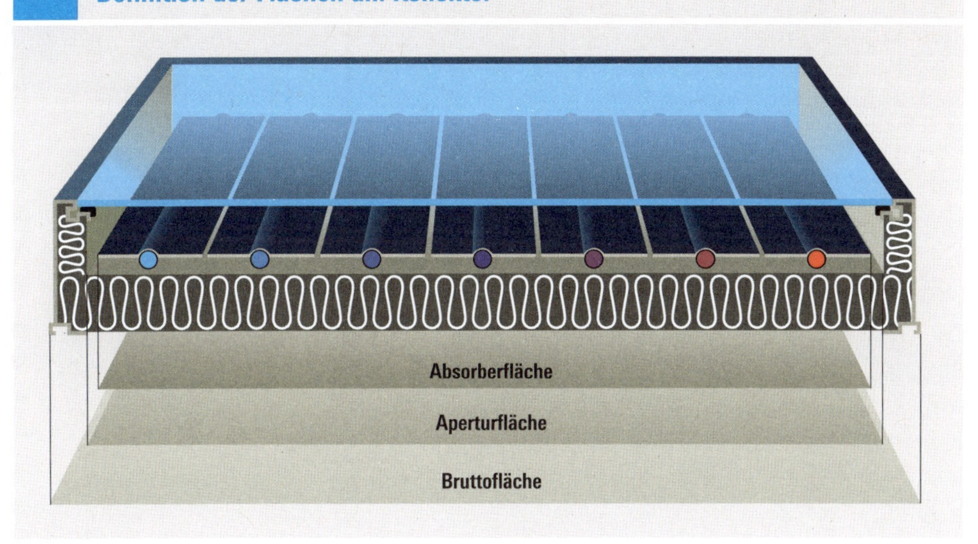

BILD Definition der verschiedenen Flächenangaben bei Flachkollektoren

Stillstands- oder Stagnationstemperatur

Kann die Wärme im Absorber nicht abgeführt, also in irgendeiner Form verbraucht oder gespeichert werden, dann erwärmt sich der Absorber. Je wärmer er wird, desto größer werden seine Wärmeverluste. Sind die Verluste genauso groß wie die Gewinne, wird der Wirkungsgrad gleich null, der Kollektor hat dann seine – bei der gegebenen Einstrahlung – maximale Stillstandstemperatur erreicht. Sie wird auch Stagnationstemperatur genannt.

Je besser der Absorber thermisch isoliert ist, desto höher liegt diese Stillstandstemperatur. Bei unverglasten Kollektoren liegt sie bei etwa 60 °C, bei selektiven Flachkollektoren um 170–240 °C, bei evakuierten Röhren und CPC-Kollektoren (Compound Parabolic Concentrators = Kollektoren mit konzentrierender Reflektortechnik) kann sie auf 200–300 °C ansteigen. Diese maximale Temperatur kann im Kollektor durchaus erreicht werden, wenn zum Beispiel die Regelung die Kollektorkreispumpe ausschaltet (Speichermaximaltemperatur erreicht) oder die Pumpe ausgefallen ist. Sie ist für die Sicherheitsarmaturen, besonders für die Dimensionierung des Ausdehnungsgefäßes sowie für die Stabilität des Frostschutzmittels von Bedeutung. Waren hohe Stillstandstemperaturen in der Frühzeit des Kollektorbaus ein Problem, so ist deren Beherrschung heute Stand der Technik.

Flächen

Für die Berechnung der bereits erläuterten Werte und Faktoren ist es wichtig zu wissen, welche Fläche des Absorbers oder des Kollektors als bestrahlte Fläche zugrunde gelegt wird. Die europäische Normung (EN 12975–1 und –2, EN 12976–1 und –2, ENV 12977–1 bis –3) sieht für Prüfberichte und Dimensionierungsunterlagen zwei Bezugsflächen vor: die Aperturfläche und die Absorberfläche.

In Wirkungsgrad-Diagrammen sind zwingend beide Flächen parallel einzubeziehen. Gemäß EN ISO 9488 werden die folgenden Kollektor-Bezugsflächen definiert: **Brutto-Kollektorfläche** oder **Bruttofläche** nennt man die Fläche zwischen den äußeren Begrenzungen des Absorbers oder Kollektors, also die Außenmaße. Sie ist wichtig für die Ermittlung des Flächenbedarfes und für die Montage. Bei Vakuumröhrenkollektoren werden auch die nicht bedeckten Zwischenräume mitgerechnet. **Aperturfläche** nennt man die Fläche, durch die die Sonnenstrahlung senkrecht oder schräg in den Kollektor eintritt. Bei CPC-Kollektoren zählt auch der Spiegel mit dazu. Die Aperturfläche gilt bei der DIN-Prüfung als Bezugsfläche. Alle gemessenen Werte wie Wirkungsgrad oder Wärmeverlust beziehen sich darauf.

Absorberfläche ist die Fläche, auf der effektiv die Strahlung der Sonne in Wärme umgewandelt wird. Sie ist in der Regel kleiner als die Aperturfläche. Gewellte oder ähnlich strukturierte Oberflächen werden wie ebene Flächen behandelt. Beim konzentrierenden Kollektor ist die Absorberfläche die Fläche, welche für die Absorption der Sonnenstrahlung bestimmt ist.

Natürlich macht die Kenntnis des Kollektorwirkungsgrads Sinn. Deshalb wird er für jeden Kollektortyp mit Hilfe von Messungen ermittelt. Bei der Auswertung der bereits genannten Faktoren (optischer Wirkungsgrad, Wärmedurchgangskoeffizient und Wärmeverlustfaktor) erhält man deshalb zwangsläufig eine Kurvenschar. Um die Darstellung zu vereinfachen und eine einzige Kennlinie zu erhalten, wurde eine vereinfachte normierte Darstellung entwickelt (EN 12975–2). Solche **Kollektorwirkungsgradkennlinien** werden international verwendet. Jeder Kollektor(typ) kann damit charakterisiert werden.

Damit wird ein Vergleich der Güte von verschiedenen Kollektorfabrikaten möglich. Allerdings muss daran erinnert werden, dass diese drei Konstanten für einen Kollektor je nach gewählter Bezugsfläche (also Kollektorgröße) unterschiedliche Werte annehmen. Für die Praxis ist außerdem von Bedeutung, dass nur bei gleichartig ermittelten Kennlinien die Simulation des Jahresergebnisses (Kollektorertrag) anhand von Wetterdaten ermöglicht wird. Kennlinien verschiedener Kollektoren dürfen nur untereinander verglichen werden, wenn alle auf die Aperturfläche oder alle auf die Absorberfläche bezogen sind.

EIN GUTER KOLLEKTOR IST NOCH NICHT ALLES

Der Wirkungsgrad ist zwar eine wichtige Kennziffer für die Qualität eines Kollektors. Als einzelner Parameter sagt er über den tatsächlichen Kollektorertrag direkt noch nichts aus und hat eine begrenzte Aussagekraft für die gesamte thermische Solaranlage. Um ihre Qualitäten ausspielen zu können, müssen auch bei guten Kollektoren die Größe beziehungsweise die Fläche zum Wärmebedarf des Gebäudes passen. Es macht wenig Sinn, zu viel Wärme auf dem Dach einzufangen (zu große

Kollektorfläche), wenn sie anschließend nicht verbraucht oder zumindest gespeichert werden kann. Das wäre so, als ob man einen modernen LKW mit sparsamer Motortechnik kauft, um damit morgens ein paar Frühstücksbrötchen zu holen.

Die Kennlinien haben noch eine weitere Bedeutung. Um in Deutschland für die Installation einer Anlage Fördermittel zu erhalten, muss ein bestimmter Kollektorertrag nachgewiesen werden. Dieser **Mindestertragsnachweis** muss vom Hersteller erbracht werden. Er ist übrigens auch für die Auszeichnung mit dem „Blauen Engel" erforderlich.

VOR- UND NACHTEILE VON FLACHKOLLEKTOREN

Vorteile gegenüber Vakuumröhrenkollektoren:

- Besseres Preis-Leistungs-Verhältnis
- Geringere thermische Belastung im Stillstandsfall
- Gut geeignet für die Dachintegration

Nachteile gegenüber Vakuumröhrenkollektoren:

- Geringerer Wirkungsgrad
- Ungeeignet für Erzeugung hoher Temperaturen oder von Prozessdampf
- Flachdachmontage erfordert höheren Aufwand (Aufständerung, Verankerung)
- Höherer Flächenbedarf bei gleicher Leistung

TIPP

Auf diese Details sollten Sie beim Kauf eines Flachkollektors achten

- **Interne Anordnung der Absorberstreifen**: Kollektoren mit Mäanderabsorber können je nach Anordnung der Rohrschlange entweder nur quer oder längs nebeneinander montiert werden. Bei der Reihenschaltung von Kollektoren sind der interne Druckverlust und die maximal mögliche Anzahl von Kollektoren in Reihenschaltung zu berücksichtigen (Herstellerangaben beachten). Kollektoren mit Doppelharfe beziehungsweise Doppelmäander bieten hier Vorteile
- **Zertifizierung:** Der Kollektor muss den Anforderungen von EN 12975–1 genügen. Der Qualifikationstest Solar Keymark muss bei einem in der EU anerkannten Institut bestanden sein. Der Wirkungsgrad muss ebenfalls von einem in der EU anerkannten Institut gemessen worden sein.
- **Selektive Absorberbeschichtung**: Der Absorber muss selektiv beschichtet sein. Mittlerweile gibt es eine Vielzahl von Beschichtungen: Sunselect, Eta plus, Tinox, Mirotherm, Schwarzchrom u. a.
- **Vollständigkeit der Lieferung**: Überprüfen Sie bei Lieferung, ob alle Befestigungsmaterialien, gegebenenfalls Seitenbleche, Kollektorverbinder usw. beiliegen.

BILD 1

VAKUUMKOLLEKTOREN

Vakuum ist ein besonders guter Wärmeisolator, besser als alle Dämmstoffe. Das wird für besonders leistungsstarke Kollektoren genutzt, bei denen der Absorber in eine auf unter 10^{-2} Bar evakuierte Glasröhre eingebaut wird. Verringert man den Druck weiter, können auch die Verluste durch Wärmeleitung verringert werden. Die Strahlungsverluste lassen sich allerdings durch ein Vakuum nicht verhindern, für den Transport von Strahlung ist kein Medium erforderlich. Vakuumkollektoren sind zwar leistungsfähiger als Flachkollektoren, allerdings auch erheblich teurer. Sie werden in verschiedenen Bauformen angeboten. Gemeinsam ist ihnen der evakuierte Glaskörper, der als Gehäuse und transparente Abdeckung dient. Am Markt angeboten werden die direktdurchströmte Sydney-Röhre und die Heatpipe-Röhre.

Direktdurchströmte Vakuumröhre

Der Durchmesser des Glasrohrs beträgt 47 mm oder mehr. Verwendet wird meist Borosilikatglas, aber auch Kalknatronglas mit einer Antireflexbeschichtung (Narva). Beide Glassorten weisen eine sehr hohe mechanische wie thermische Stabilität auf. Hagelschlag und Temperaturschocks überstehen sie in der Regel problemlos. Borosilikatglas verfügt über Eigenschaften, die vergleichbar mit denen von eisenfreien Gläsern sind. Die Narva-Röhre erreicht durch ihre Antireflexbeschichtung eine Transmission von rund 96 Prozent.

Im evakuierten Glasrohr eingepasst befindet sich ein selektives Absorberblech, unter dem ein koaxiales Rohr befestigt ist. Der Wärmeträger wird über dieses Rohr-im-Rohr-System bis zum Boden des Glaskolbens geführt, um dann im Gegenstrom zurückzufließen. Dabei nimmt die Trägerflüssigkeit die Wärme auf.

Ein Vakuumröhrenmodul besteht aus einer Anzahl miteinander verbundener Röhren, deren Vor- und Rücklaufleitungen in einem Sammlerkasten zusammenlaufen. Am anderen Ende werden die Röhren auf einer Schiene mit Röhrenhalterungen befestigt. Vakuumröhrenkollektoren müssen nicht geneigt installiert werden, vielmehr können die Röhren einzeln gedreht und mit den Absorberblechen zur Sonne ausgerichtet werden. Sie liefern dadurch

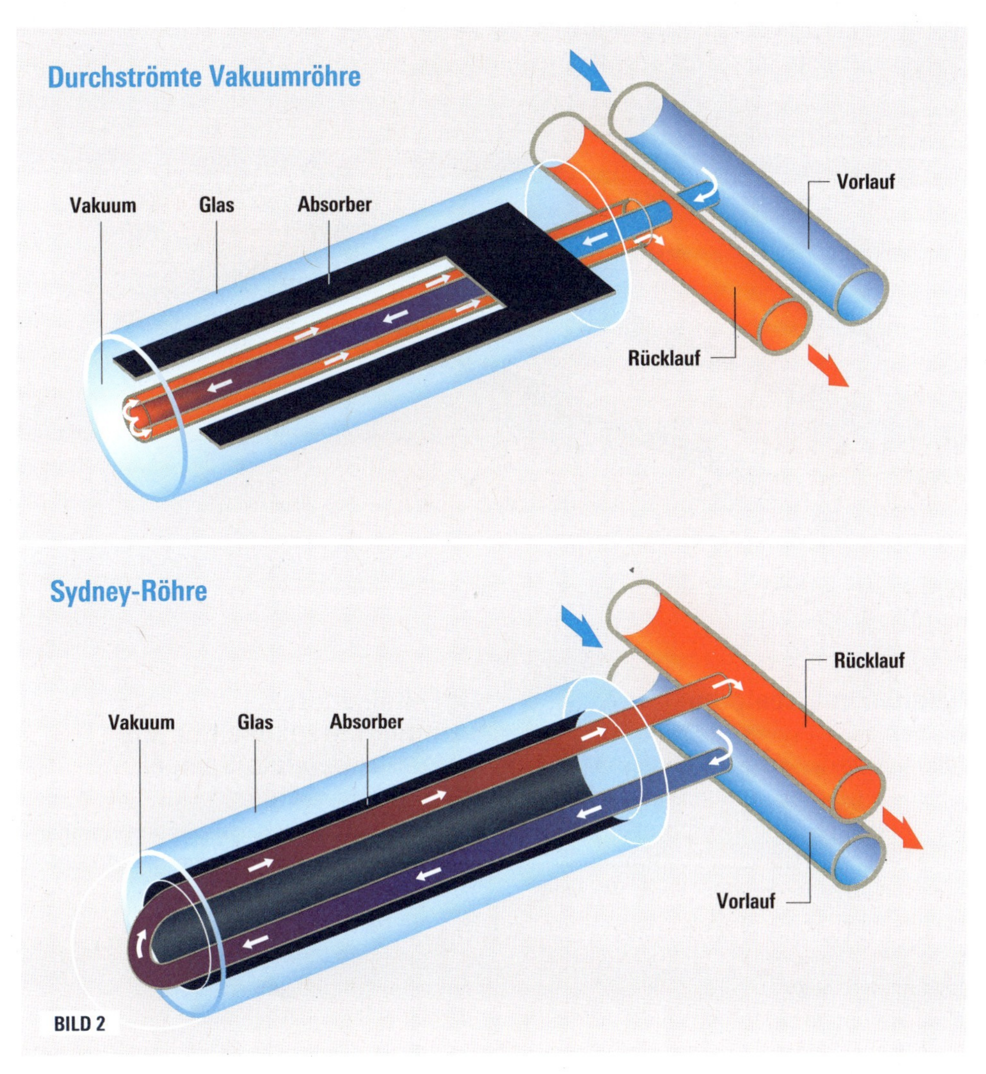

BILD 1 Dachmontage eines Vakuumröhrenkollektors
BILD 2 Direktdurchströmte Vakuumröhre mit koaxialem Wärmeträgerrohr, darunter Vakuumröhre nach dem Sydney-Prinzip

auch bei niedrigem Sonnenstand gute Wärmeerträge.

Sydney-Röhre

Da die Metall-Glas-Verbindung als eine Schwachstelle der Röhrenkollektoren gilt –, zumindest hatten einige Hersteller anfangs damit Schwierigkeiten – wurde die Sydney-Röhre als eine Variante der direktdurchströmten Vakuumröhre entwickelt. Sie ist eine doppelwandige, evakuierte Glasröhre nach dem Prinzip einer Thermoskanne und gewährleistet ein dauerhaft stabiles Vakuum. Zudem ist der innere Glaskolben mit einer selektiven Beschichtung auf Kupfergrund ausgestattet, die die Strahlung in Wärme umwandelt. In dieses Rohr wird ein Wärmeleitblech in Verbindung mit einem U-Rohr gesteckt, über das die Wärme abgeführt wird.

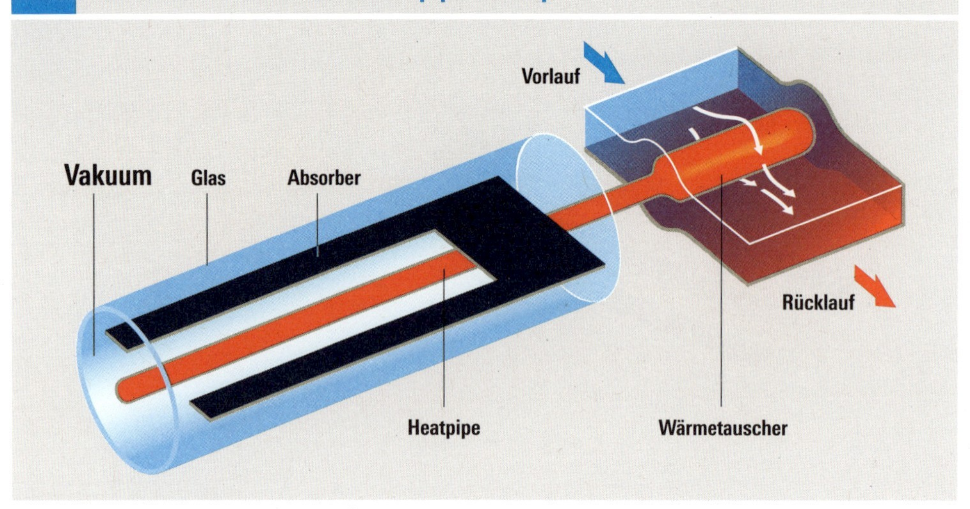

BILD Heatpipe-Kollektor

Vakuum mit Heatpipe

Diese Bauform kann auch als Vakuum-Röhrenkollektor mit eingeschmolzener Heatpipe (Wärmerohr) bezeichnet werden. Hier sind nicht alle Röhrchen mit der gesamten Zirkulation des Wärmeträgermediums zusammengeschlossen, sondern als geschlossene Einheit konstruiert. In jeder Glasröhre befindet sich jeweils ein geschlossenes Wärmerohr, dessen verdicktes Ende in einen Sammler mündet. Darin befindet sich in einem Unterdruck eine Flüssigkeit (das kann Wasser, aber auch Alkohol sein), die schon bei geringen Temperaturen der Vakuumröhre verdampft, aufsteigt, außen im kalten Bereich wieder kondensiert und dabei die Wärme abgibt. Das Kondensat fließt ins Wärmerohr zur erneuten Wärmeaufnahme zurück. Damit dieser Vorgang funktioniert, müssen die Röhren allerdings mit einer Mindestneigung von 25 Grad montiert sein. Aufgrund der geringen Füllmenge und des Unterdrucks auch im Röhrchen gelten sie als besonders frostfest. Eine horizontale Anordnung ist jedoch nicht möglich.

CPC-Kollektoren – Vakuumröhrenkollektor mit konzentrierendem Spiegel

Unter dem Begriff CPC (Compound Parabolic Concentrators) werden Spiegelsysteme verstanden, die mit parabolisch geformten Spiegelrinnen die direkte Sonnenstrahlung auf einen Absorber leiten. Dabei wird das zwischen den Glasröhren einfallende Licht zusätzlich auf die Rückseite des Absorbers gespiegelt. Die Aperturfläche wird dadurch vergrößert und höhere Arbeitstemperaturen können erreicht werden.

Röhren in CPC-Kollektoren müssen mit einem gewissen Neigungswinkel, im Allgemeinen größer als 30 Grad, aufgestellt werden. Nur so reicht der natürliche Regen aus, um Verschmutzungen auf den Spiegelflächen wieder abzuwaschen. Auf keinen Fall dürfen CPC-Kollektoren waagerecht montiert werden. Röhrenkollektoren mit konzentrierenden Spiegeln sind aufwendiger herzustellen als Flachkollektoren und daher pro Flächeneinheit auch teurer.

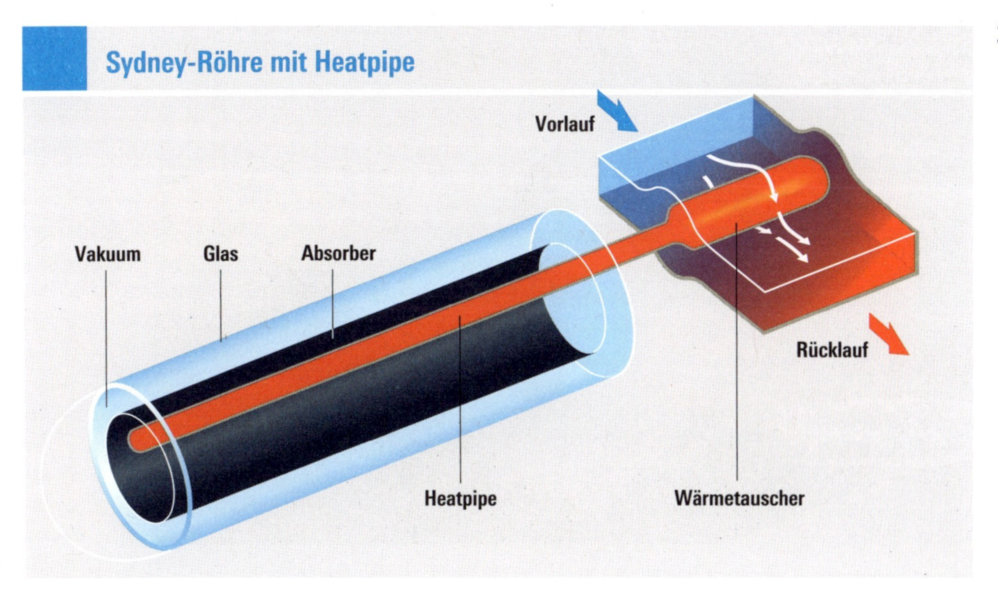

BILD Sydney-Röhre mit Heatpipe

VOR- UND NACHTEILE VON VAKUUMRÖHRENKOLLEKTOREN

Vorteile gegenüber Flachkollektoren:

- Höherer Wirkungsgrad bei hohen Temperaturdifferenzen zwischen Absorber und Umgebung (im Sommer)
- Höherer Wirkungsgrad bei niedriger Einstrahlung (im Winter)
- Geringerer Flächenbedarf bei gleichem Ertrag
- Bietet vor allem bei diffusem Sonnenlicht eine bessere Wärmeausbeute und Unterstützung der Heizung
- Durch höhere Temperaturen für Prozessdampferzeugung oder Klimatisierung geeignet
- Geringeres Gewicht, leichterer Transport (bei einige Fabrikaten ist eine Vor-Ort-Montage möglich)
- Als direktdurchströmte Röhre können sie ohne Aufständerung auf Flachdächer montiert werden (geringere Kosten), Absorberstreifen können schräg zur Sonne ausgerichtet werden.
- Geeignet für Fassadenmontage

Nachteile gegenüber Flachkollektoren:

- Höherer Preis
- Für Indachmontage ungeeignet
- Bei Heatpipe-Systemen ist Horizontalmontage nicht möglich
- Für Einsatz in Dachheizzentralen nicht zu empfehlen: hohe Stillstandstemperaturen erfordern Schutzmaßnahmen für Membranausdehnungsgefäß (zusätzliche Kosten)

BILD Solarluftkollektor auf dem Dach einer Autolackiererei, auffällig sind die großvolumigen Anschlussrohre

WEITERE BAUFORMEN VON KOLLEKTOREN

Bis zum Anfang des Jahrzehnts schien der Markt der Kollektoren recht übersichtlich. Es wurden mehrheitlich Flachkollektoren verbaut. Mit rund drei Viertel der Wärmesammler dominieren Flachkollektoren zwar auch heute noch den Markt, ein weiteres Fünftel entfällt auf Vakuumröhrenkollektoren. Daneben etablieren sich aber andere, längst bekannte und neue Bauformen. Seinen Grund findet dies im Zusammenwachsen von regenerativem Strom und Wärme und der Entwicklung neuer Anlagenkombinationen. Gemeinsam haben die optisch sehr verschiedenen Bauformen, dass sie auf den Dächern platziert sind. Dies dürfte sich in der Zukunft ändern, wenn daneben auch die Fassaden für das Einfangen von Sonnenwärme genutzt werden.

SOLARLUFTKOLLEKTOREN

In Solarluftkollektoren wird anstelle einer Flüssigkeit als Wärmeträger Luft eingesetzt. Luft hat zwar eine deutlich geringere Kapazität zur Wärmeaufnahme, bietet aber den Vorteil, dass sie nicht einfriert und keine so hohen Anforderungen im Hinblick auf Dichtigkeit und Wärmetransport stellt. Luftkollektoren sind Flachkollektoren, bei denen in der Regel eine Metallplatte als Absorber dient. Sie gibt die durch die Sonne eingestrahlte Wärmeenergie an die umströmende Luft weiter. Oft ist der Absorber gleich so gewellt oder in Form von Rippen ausgearbeitet, dass er Luftkanäle bildet, durch welche die Luft strömen kann. Die Oberseite bildet eine Glasabdeckung, die vor Umwelteinflüssen (Regen, Hagel etc.) schützt. Im Kollektor wird frische Außenluft angesaugt, aufgeheizt und mit Hilfe eines Ventilators direkt in das Gebäude geleitet. So bringen die Kollektoren zusätzlich frische Luft ins Haus und ermöglichen eine Lüftung mit Energiegewinn.

Das Grundprinzip hinter einer wirksamen Entfeuchtung, Durchlüftung und Erwärmung durch einen Solarluftkollektor

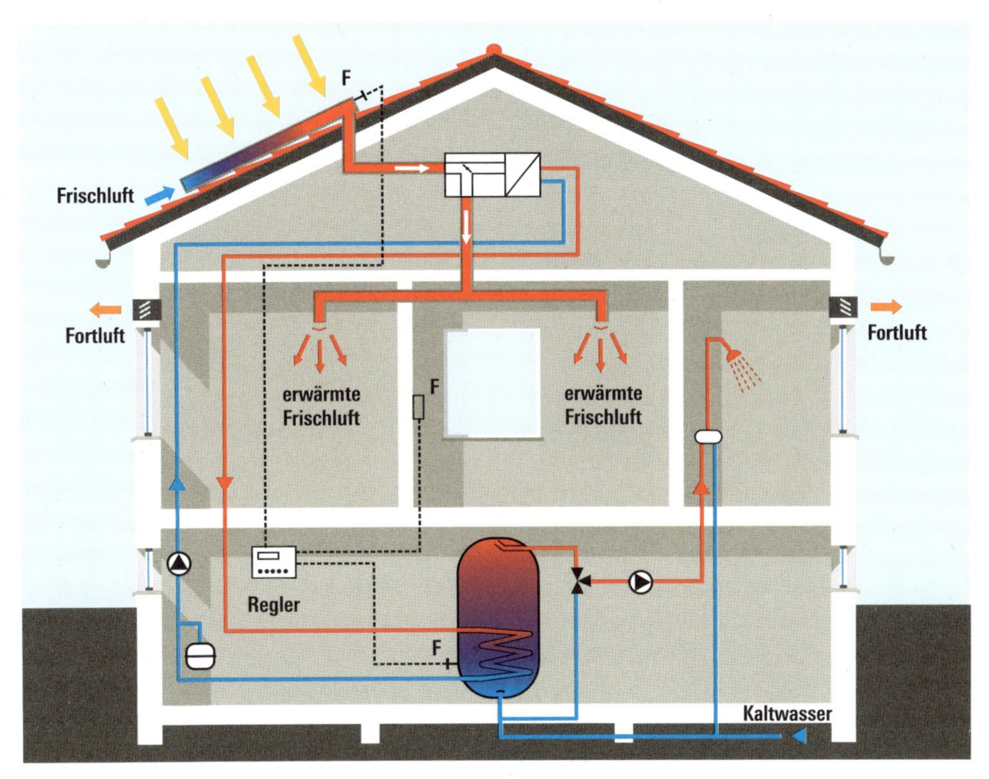

BILD Solarluftkollektoren heizen und lüften automatisch und ohne Energieverlust, sobald die Sonne scheint („F" sind hier die Fühler = Messsensoren zur Anlagensteuerung).

ist, dass er große Luftmengen bei einer Temperatur ins Haus bläst, die optimal in Bezug auf das Luftvolumen ist.

Der wichtigste Richtwert für die Bewertung der Wirksamkeit eines Solarluftkollektors ist stets die Anzahl der Kubikmeter eingehender Luft pro Stunde bei einer vorgegebenen Temperatur. Ein gut konstruierter Solarluftkollektor bläst, sobald die Sonne scheint, große Luftmengen in das Haus, die über dessen Innentemperatur liegen. So wird das Haus zugleich mit einer automatischen und kostenlosen Durchlüftung versorgt, die zu spürbaren Einsparungen bei Strom und Heizkosten, aber auch einem guten Raumklima führt.

Da Luft an sich so gut wie keine Energie über längere Zeit speichern kann, ist dieser direkte Weg die technisch simpelste und dennoch wirksame Variante beim Heizen und Lüften mit der Sonne. Solarluftkollektoren bieten sich immer da zur Gebäudebeheizung an, wo Zuluftsysteme bereits vorhanden oder gewünscht sind.

KOMBINIERTE LEISTUNGSKENNZAHLEN

Die Arbeitsleistung eines Solarluftkollektors bei einer vorgegebenen Temperatur muss stets zusammen mit der Anzahl der eingehenden Luft in Kubikmetern pro Stunde angegeben werden – ansonsten ist die angegebene Temperatur als Produktkennzahl wertlos.

Grundsätzlich kann die Wärme wie bei einem mit Wasser gefüllten Kollektor über einen Wärmetauscher an eine herkömmli-

Hybrid-Luftkollektor

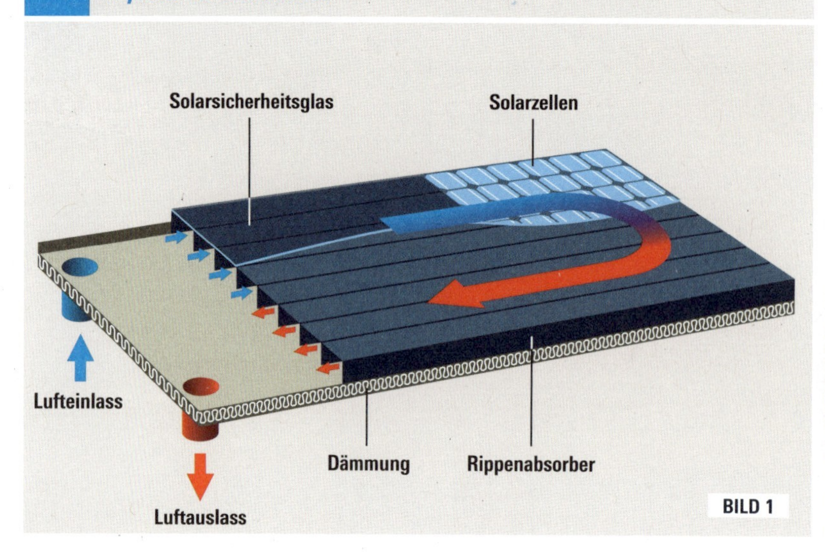

BILD 1 Hybrid-Luftkollektor mit integrierten Solarzellen zum Betrieb eines Ventilators
BILD 2 Warmes Wasser, Lufterwärmung und -entfeuchtung und Ventilation aus einem Gerät

che Hydraulik abgegeben und neben der Heizung auch zur Warmwassererzeugung herangezogen werden. Der Sonnenluftkollektor kann überall dort montiert werden, wo er der Sonne im Laufe des Tages zugewandt ist. Das kann auf dem Hausdach oder an einer Fassade sein. Optisch sind Kollektoren mit und ohne transparente Abdeckung in verschiedenen Materialien und Ausführungen auf dem Markt.

Luftkollektoren können weder überhitzen noch einfrieren oder auslaufen. Ihre Technik ist unkompliziert und kostengünstig. Sie arbeiten bereits bei niedrigen Temperaturen und sind reaktionsschneller als Wasserkollektoren, die mehr Sonneneinstrahlung benötigen. Angesichts der geringen Materialkosten gehören sie zu den effektivsten Systemen der Sonnenwärmenutzung. Moderne Ausführungen erreichen bei der Wärmeübertragung Wirkungsgrade von 50 bis 70 Prozent. Ihr Kollektorertrag liegt zwischen 250 und 500 kWh pro Jahr und m^2 Kollektorfläche.

In Landwirtschaft und Industrie sind Luftkollektoren schon seit vielen Jahren erfolgreich zur Trocknung von Biomasse wie Heu, Getreide und Kräutern im Einsatz. In Industrie- und Gewerbehallen werden sie zunehmend als Teil eines bivalenten Heizungssystems verwendet. Auch hier wird der Heiz- und Lüftungseffekt der Anlage ausgenutzt.

Im Vergleich zu wassergefüllten Kollektoren sind Luftkollektoren in Wohngebäuden noch immer wenig verbreitet. Das liegt daran, dass unsere herkömmlichen Heizungssysteme traditionell die Wärme über eine wasserführende Hydraulik im Gebäude verteilten. Das Wärmeträgermedium Wasser ist hier also immer noch Platzhirsch, während Luftsysteme eher im Zusammenhang mit Klimaanlagen (Wärmen, Kühlen, Lüften) präsent sind.

Es steht aber zu erwarten, dass Luftwärmesysteme zukünftig eine weit größere Rolle spielen werden, da sie eine einfache und doch gut steuerbare Kombination

BILD Thermosiphonanlage: Im Kollektor erwärmtes Wasser steigt selbstständig in den darüberliegenden Tank

von Heizung und Lüftung ermöglichen. Dies gilt zumindest für den Neubau, weil im Bestand eine Abkehr von der wasserführenden Hydraulik und Einbau von Lüftungsrohren oder -kanälen in der Regel zu kostspielig sein dürfte.

Für Gebäude, die nur zeitweise genutzt werden, also beispielsweise Lauben, Hütten und Ferienhäuser, sind sie geradezu prädestiniert und dementsprechend häufiger anzutreffen. Hierfür werden Modelle angeboten, die zusätzlich über ein integriertes Photovoltaikmodul verfügen. Der Sonnenstrom treibt einen Ventilator an, der sich ebenfalls im Kollektor befindet. Die Regelung erfolgt über eine einfache Thermostatsteuerung. Durch eine solche autarke Luftkollektoranlage wird der Innenraum zugleich trocken gehalten und temperiert, ohne großen Aufwand für die Besitzer.

Sonstige Kollektortypen

Der Vollständigkeit halber werden noch zwei Kollektorvarianten erwähnt, die in Deutschland aus verschiedenen Gründen kaum Verwendung finden, in anderen Regionen aber sehr lange bekannt sind.

THERMOSIPHONANLAGEN: In den Mittelmeerländern fallen auf Dächern stehende Wassertanks mit vorgelagerten Kollektoren auf. Die Kollektoren, die speziell für solche Anlagen gebaut sind, liegen tiefer als der Speicher. Das im Kollektor erwärmte Wasser steigt aufgrund des thermischen Auftriebs selbstständig, also ohne Pumpe und Steuerung nach oben in den Wassertank. Diese Bauweise ist eine elegante und zugleich billige Lösung für die Warmwassererzeugung.

Im kälteren Klima Mittel- und Nordeuropas würden einkreisige Thermosiphonanlagen, wie sie für die südlichen Dächer typisch sind, im Winter schnell einfrieren. Deshalb müssen ganzjährig betriebene Anlagen in unseren Breiten grundsätzlich zweikreisig ausgeführt werden. Durch die Absorberstränge zirkuliert ein frostfestes Trägermedium, das die von der Sonne aufgenommene Energie über einen Wärmetauscher an das zum Verbrauch bestimmte Wasser abgibt.

BILD Auf dem Dach des Schulneubaus der Otto-Seeling-Schule in Fürth wurden PVT-Kollektoren verbaut.

SPEICHERKOLLEKTOREN funktionieren ähnlich wie Thermosiphonanlagen, doch entfällt hier der separate Speicher. Stattdessen ist er in den Kollektor integriert. Sein Wasserinhalt wird so groß ausgelegt, dass er zumindest einem Tagesbedarf entspricht. Das Gerät wird direkt in die Wasserversorgungsleitung eingebunden. Damit entfallen die Rohrleitungen für den Solarkreis, den Wärmetauscher, die Solarkreispumpe und die Steuerung. Allerdings muss die Isolation des Kollektors wesentlich besser sein als bei handelsüblichen Flachkollektorsystemen. Dies gilt besonders für die transparente Abdeckung des Kollektors. Gegebenenfalls kann eine Nachheizung bei Speicherkollektoren mit einem Durchlauferhitzer (Gas oder Elektro) erfolgen. Der Speicherkollektor ist eine interessante Lösung für die Warmwasserversorgung kleiner Gebäude wie etwa Datschen, die nur saisonal genutzt werden.

PVT-Hybridkollektoren – Lösung mit Potenzial

Strom und Wärme mit einem einzigen Gerät zu ernten, ist eine Idee, die viele Sonnenfreunde schon immer faszinierte. Sie sehen darin eine Möglichkeit, der Entscheidung „entweder Strom oder Wärme" zu entkommen. Gleichzeitig wird gefordert, Sonnenenergie immer kostengünstiger zur Verfügung zu stellen. Ein Weg dazu besteht in der Verbindung der elektrischen und thermischen Solarenergiewandlung in einer einzigen Komponente, einem photovoltaisch-thermischen Hybridkollektor, kurz PVT-Kollektor genannt. Hybrid ist Latein und bedeutet gemischt oder gebündelt. In der Technik versteht man unter Hybrid ein System, bei welchem zwei Technologien miteinander kombiniert werden. In früheren Technikepochen wurden Hybridlösungen vermieden, heute hat man ihr Potenzial erkannt und versucht sie gezielt einzusetzen.

Die Besonderheit liegt darin, dass die zusammengebrachten Elemente für sich schon Lösungen darstellen, durch ihre Kombination aber neue Eigenschaften entstehen können. Im PVT-Hybridkollektor verwandelt das Photovoltaikelement den sichtbaren Anteil des einfallenden Sonnenlichts in elektrischen Strom, während

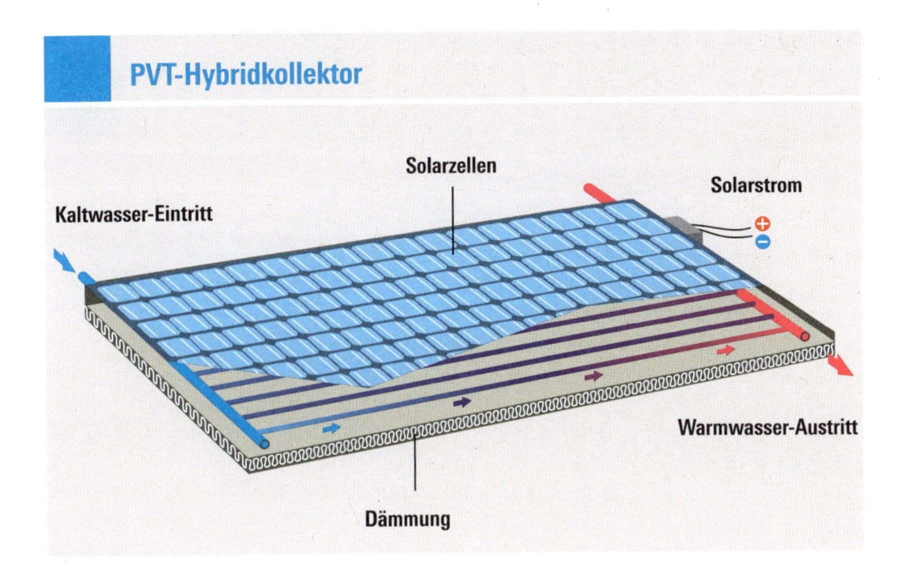

BILD Schematische Darstellung eines PVT-Hybridkollektors: hohe Gesamtausbeute durch Synergieeffekte

der Absorber den wärmenden Infrarot-Anteil des Sonnenlichts einfängt und die Wärme zur Nutzung bereitstellt. Ein PVT-Kollektor nutzt also einen viel größeren Teil des Lichtspektrums der Sonne aus.

In einem herkömmlichen Photovoltaikmodul wird die einfallende Sonnenergie nur zu etwa 15 Prozent in elektrische Energie umgewandelt. Der größere Anteil der Strahlungsenergie wird zu (ungenutzter) Wärme, die wiederum die Leistungsfähigkeit der Zelle bei der Stromproduktion beeinträchtigt. Wenn die Zellen im Sommer heiß werden, steigt der innere Widerstand im Halbleitermaterial und sie können bis zu 30 Prozent an Leistung verlieren. Ein 230-Watt-Modul liefert im Hochsommer dann nur noch 184 Watt.

Bei PVT-Kollektoren wird ein Photovoltaikmodul mit einem darunter angeordneten solarthermischen Absorber kombiniert und beides in ein robustes Gehäuse integriert. So wird auf der Rückseite des PV-Moduls Luft (per Ventilator) oder in Absorber-Röhrchen bzw. einem Wabenregister eine Flüssigkeit geleitet. Die Module werden auf die gewünschte Temperatur gekühlt und die abgeleitete Wärme kann in das Heizungssystem transportiert werden.

Die Systeme verfügen über eine hohe Gesamtausbeute. Im Solarkreis werden Temperaturen von 30 – 70 °C erreicht, es treten keine Überhitzungsprobleme der Kollektoren auf (die Stillstandtemperatur liegt bei ca. 75 °C) und bei der Solarstromproduktion kann durch die Kühlung der Zellen ein Plus von 10 bis 15 Prozent erreicht werden. Damit liegen die elektrischen Erträge etwa im Bereich guter herkömmlicher PV-Module, die thermischen im Bereich von Kollektoren ohne selektive Beschichtung. PVT-Kollektoren weisen zudem Potenziale für Kosteneinsparungen gegenüber getrennten Photovoltaik- und Kollektorsystemen auf, da nur ein Gehäuse und nur ein Montageschritt erforderlich sind. Zudem lässt sich damit der begrenzte Platz auf einem Dach besser ausnutzen, und das bei einer optisch einheitlichen und ansprechenden Dachfläche.

Die Hybridkollektoren müssen allerdings auch mit einem Widerspruch ihrer beiden integrierten Technologien zurande kommen. Solarzellen erreichen einen umso höheren Wirkungsgrad, je mehr sie bei intensiver Sonneneinstrahlung heruntergekühlt werden. Dafür wäre ein schneller, möglichst kalter Kühlkreislauf am besten geeignet. Für den Solarwärmeertrag hingegen wäre dies nicht optimal. Um möglichst viel Wärme einfangen und möglichst viel thermische Energie zum Wärmetauscher transportiert zu können, sollte das Wärmeträgermedium langsam zirkulieren. Aus diesem Grund werden unterschiedliche Varianten angeboten. Entweder sind sie ein gut austarierter Kompromiss oder sie sind jeweils für einen Schwerpunkt ausgelegt: entweder Stromerzeugung oder solarthermische Wärmegewinnung.

EIN VERGLEICH MIT GETRENNTEN SOLARANLAGEN (DURCHSCHNITTSWERTE) LOHNT SICH:

- 10 m² Solarthermie-Kollektoren erzeugen: 3 650 kWh/Jahr
- 10 m² Photovoltaikmodule erzeugen 1 190 kWh/Jahr
- Totaler Solarertrag 4 840 kWh/Jahr
- 20 m² PVT-Kollektoren erzeugen 5 500 kWh/Jahr

Bei modernen PVT-Kollektoren mit Schwerpunkt auf einer besonders leistungsfähigen solarthermischen Energiegewinnung kann eine Spitzenleistung von über 650 Watt erreicht werden, während die elektrische Nennleistung bei 180 Watt liegt. Erreicht wird dies durch die Verwendung von speziellem Solarglas, das optimiert ist für Infrarotstrahlung mit Wellenlängen über 700 Nanometer. Monokristallines PV-Glas hingegen ermöglicht den Wellenlängen des Sonnenlichts bis 700 Nanometer eine bessere Durchlässigkeit. Damit lassen sich photovoltaische Nennleistungen von 200 Watt erreichen. Die solarthermische Leistung bleibt mit 450 Watt hingegen ein wenig zurück.

Welche Version gewählt wird, hängt von den vorhandenen oder geplanten Anwendungen ab. Werden die PVT-Kollektoren z. B. zusammen mit einer Erdwärmepumpe eingesetzt und soll neben dem „normalen" Wärmeverbrauch möglichst viel überschüssige Solarwärme in den Boden geleitet werden, um den Wirkungsgrad einer Wärmepumpe hochzutreiben, kann der Schwerpunkt auf der solarthermisch optimierten Variante liegen. Vorausgesetzt, der PV-Strom reicht zum Betrieb der Verdichter in den Wärmepumpen aus. Dies zu berechnen erfordert einen versierten Planer oder Installateur. Gelingt es mit einer Kombination aus Wärmepumpe, Photovoltaik und Solarthermie die Arbeitszahl der Wärmepumpe deutlich anzuheben, kann der Energiebedarf eines Gebäudes vollständig mit der Sonnenstrahlung gedeckt werden. Um gerade bei diesen Kombinationen die Investitionskosten der solarthermischen Anlagenkomponenten zu senken, wird an unverglasten PVT-Kollektoren geforscht und entwickelt, auch mit Dünnschichttechnologie, die als Substrate direkt auf die metallische Absorberplatte aufgetragen werden können.

BILD 1 Aufdachmontage eines Flachkollektors
BILD 2 Flachkollektoren auf Flachdach aufgeständert
BILD 3 Die Nutzung der Fassaden zum Einsammeln von Sonnenwärme bietet ein vielfach größeres Potenzial als die Dachflächen – die technischen Voraussetzungen sind vorhanden, sie müssen nur genutzt werden.

MONTAGE UND PLATZIERUNG

Flachkollektoren nehmen am meisten Energie auf, wenn die Sonne senkrecht einstrahlt. Am besten wären es deshalb, sie dem wechselnden Stand der Sonne folgen zu lassen. In der Praxis ist dies allerdings zu aufwendig. Man kann sich mit der starren Montage der Flachkollektoren in Richtung der vorherrschenden Sonneneinstrahlung begnügen, da sie auch das diffuse Licht verwerten, das durch Reflexion in der Atmosphäre und an der Erdoberfläche entsteht.

In der Regel ist die Ausrichtung in einem weiten Bereich zwischen Südost und Südwest und bei Neigungen zwischen 10 und 50 Grad ohne wesentliche Einbußen beim jährlichen Solarertrag möglich. Dadurch wird eine sehr flexible Ausnutzung von Dachflächen, Erkern, aber auch von Balkonbrüstungen möglich. Selbst die ebenerdige Aufstellung ist bei genügend großen Gärten machbar. Es existieren also viele gestalterische Möglichkeiten, um Solaranlagen harmonisch in den Gebäudekontext integrieren zu können.

Zur Befestigung werden vielfältige, vorkonfektionierte Systemlösungen angeboten. Für die Wahl des Befestigungssystems spielt die Art der Kollektoren eine wesentliche Rolle. Grundsätzlich muss entschieden werden, ob die Solaranlage auf dem Dach beziehungsweise an der Fassade befestigt oder in das Dach beziehungsweise die Fassade integriert werden soll.

Aufdachmontage

Für die Aufdachmontage auf Schrägdächern, bei denen die Solarkollektoren über der Dacheindeckung befestigt werden, gibt es eine Vielzahl an Befestigungssystemen. Dabei handelt es sich zum Beispiel um Schienensysteme aus Aluminium oder Edelstahl.

Auf ein bestehendes geneigtes Dach muss keine zusätzliche Aufständerung angebracht werden, um für die Solaranlage eine rechnerische Verbesserung von wenigen Prozentpunkten zu erreichen. Abgesehen von ästhetischen Gesichtspunkten sind solche Aufständerungen teuer und anfällig gegenüber Windlasten und Schneefall.

Bei Anlagen in Bestandsgebäuden, die über Dachflächen mit einer etwas ungünstigen Neigung oder Ausrichtung verfügen, ist es ökonomisch sinnvoller, einen zusätzlichen Kollektor einzubauen statt komplizierte Aufständerungen zur Optimierung der Ausrichtung vorzunehmen. Erfahrene Solarinstallateure können ihren Kunden mit entsprechenden Rechenprogrammen helfen und oftmals auch auf erfolgreich funktionierende Ausführungsbeispiele hinweisen.

Indachmontage

Auch für die Indachmontage auf Schrägdächern gibt es verschiedene Profilsysteme oder spezielle Dachelemente, mit denen sich Solarkollektoren befestigen lassen. Bei der Indachmontage ist eine der wichtigsten Aufgaben des Systems, dass das Dach nicht undicht wird. Bei Neubauten haben Architekten dagegen viele Möglichkeiten, die Kollektoren von Anfang an in die Außenhülle des Gebäudes zu integrieren. Je früher ein Architekt den Auftrag erhält, eine Kollektoranlage vorzusehen, desto besser kann er diese Aufgabe lösen. Auch die Anbieter von Fertighäusern haben Modelle mit entsprechend integrierten Kollektoranlagen im Angebot.

Flachdachmontage

Bei der Flachdachmontage werden die Module und Kollektoren ähnlich wie bei Schrägdächern mit einer Metallkonstruktion, Betonsockeln oder befüllbaren Wannen aus Kunststoff- oder Faserzement schräg über der Dachhaut befestigt. Dabei muss die Statik des Flachdachs beachtet werden. Schienensysteme werden entweder im Dach verankert, um der Windkraft entgegenzuwirken, oder mit Betonplatten (bei Metallgestellen) oder Kies (bei Wannen) beschwert, ohne die Dachhaut zu durchdringen. Dazu muss das Dach ausreichend belastbar sein.

Die statischen Anforderungen an die Kollektorbefestigung sind in der DIN 1055 geregelt. Grundsätzlich gilt: Der Fachhandwerker übernimmt mit der Errichtung der Solaranlage die Verantwortung dafür, dass die Kombination aus Anlage und Dach den statischen Anforderungen entspricht und dass die Dachhaut ihre Schutzfunktion uneingeschränkt behält.

Fassadenmontage

Bei der Fassadenmontage können Flach- wie auch Vakuumröhrenkollektoren, aber auch PVT-Kollektoren Verwendung finden. Sie lassen sich auch nachträglich an einer Fassade anbringen. Dafür sind Schienen- und Klammermontagesysteme am Markt vorhanden. Werden die Solarkollektoren direkt in die Fassade integriert, übernehmen sie zusätzlich die Funktion der Gebäudehülle und fungieren zugleich als gestalterisches Element der Gebäudearchitektur.

Kollektoren an einer Fassade werden in einem sehr steilen bis senkrechten Neigungswinkel angebracht. Bei niedrigem Stand der Sonne, also im Winter, hat das Vorteile. Es garantiert einen höheren Wirkungsgrad des Kollektors. Verstärkt werden kann dies zusätzlich durch die Reflektion von Schnee. Bei einer Fassadenmontage wird Schnee den Kollektor allerdings nicht abdecken. Der Wirkungsgrad im Sommerhalbjahr fällt wegen des hohen Sonnenstandes und seines flacheren Einstrahlungswinkels naturgemäß geringer aus. Das hat einen durchaus erwünschten Effekt, da der Ertrag genau in der Jahreszeit optimiert wird, in der die Wärmenachfrage am größten ist.

Bei der Planung ist darauf zu achten, ob das Gebäude selbst die Gefahr birgt, einen Teil der Kollektorelemente abzuschatten, etwa durch einen Dachvorsprung, Balkone oder ein Vordach. Ebenso wichtig ist, ob Nebengebäude oder Bepflanzungen zur Verschattung beitragen. Das könnte den Wärmeertrag erheblich stören. Zudem sind bei der Planung einer Gebäudefassade die geltenden Brandschutzbestimmungen zu beachten.

QUALITÄTSPRÜFUNGEN, LABELS UND ZERTIFIKATE

Wie bei allen technischen Produkten erwarten die Verbraucher, aber auch Planer und Ingenieure nicht nur Qualität, sondern die Gewissheit, dass die Produkte nach dem neuen Stand der Technik und der Sicherheit entworfen und gefertigt sind. Solarthermische Anlagen und ihre Bauteile müssen sich heute den kritischen Tests unabhängiger Prüfinstitute stellen, bevor sie die begehrten Zertifikate erhalten.

Damit sich bei der Frage der Zertifizierungs- und Gütezeichen keine unterschiedlichen Labels etablieren, die sich gar in den Prüf- und Überwachungskriterien unterscheiden, haben die Europäischen Normungsorganisationen CEN und CENELEC das europäische Qualitätszeichen „Solar Keymark" geschaffen, mit dem ein Hersteller durch eine aussagekräftige Zertifizierung den Anwendern und Verbrauchern die Qualität seiner Produkte dokumentiert und damit einen Marktvorsprung gegenüber den Mitbewerbern erlangen kann.

„Solar Keymark" ist ein freiwilliges Prüfsiegel, das von der europäischen Solarindustrie und den Standardisierungseinrichtungen im Rahmen des EU-Pro-

gramms ALTENER entwickelt wurde und das auch für die Förderfähigkeit von Anlagen Verwendung findet.

Nur diejenigen Produkte erhalten ein „Solar Keymark" in Verbindung mit dem „DIN-Geprüft", die ihre Übereinstimmung mit den Normen durch eine erfolgreich bestandene Prüfung in einem von CEN-Zertifizierungsrat und DIN CERTCO anerkannten Prüflaboratorium und anschließender neutraler Bewertung unter Beweis gestellt haben.

QUALITÄTSPRÜFUNG VON SOLARKOLLEKTOREN

Die europäische Norm EN 12975–1 beschreibt allgemeine Anforderungen an Sonnenkollektoren. Die Qualitätsprüfungen erfolgen durch akkreditierte Institute nach der Norm EN 12975–2.
Die Prüfungsreihe umfasst:

- Innendruckprüfung des Absorbers
- Hochtemperaturbeständigkeit
- Exposition an hoher Sonnenstrahlung während mindestens 30 Tagen (Stagnationstest)
- Schneller äußerer Temperaturwechsel
- Schneller innerer Temperaturwechsel
- Eindringendes Regenwasser
- Mechanische Belastung
- Frostbeständigkeit (nur für Kollektoren, die nicht mit Frostschutzmittel betrieben werden)
- Endkontrolle

Darüber wird ein Zertifikat ausgestellt, das unbefristet gültig ist, solange die Fremdüberwachung (jährliche Überprüfung der Herstellungskontrolle und Kontrollprüfung der Produkte alle zwei Jahre im Werk) erfolgreich durchgeführt wird. Alle Zertifikatinhaber werden in einer öffentlichen Liste geführt, die unter den Internetadressen www.dincertco.de und www.solarkeymark.org abgerufen werden kann. Seit dem Jahr 2009 ist die Vorlage des Prüfzeichens „Solar Keymark" eine Fördervoraussetzung.

Eine Sonderrolle, die nicht selten auch kritisiert wird, spielt das RAL-Gütezeichen Solar, das von der Deutschen Gesellschaft für Sonnenenergie e. V. (DGS) im Jahre 2005 initiiert wurde und neben dem Solar Keymark existiert. Es basiert auf einem Regelwerk, das durch Zertifizierung und stichprobenartige Kontrolle sicherstellt, dass die gelieferten Anlagen den anerkannten Regeln der Technik und der guten fachlichen Praxis entsprechen. Kunden können dies nutzen, indem sie in ihre Bestellungen, Ausschreibungen oder bei der Auftragsvergabe den Passus „Bestellung gemäß RALGZ 966" aufnehmen. Hierdurch definieren sie ihre Anforderungen an eine Solarwärmeanlage in einer Weise, die auch vor deutschen Gerichten Bestand hat. Mehr Informationen zum RAL-Gütezeichen unter www.gueteschutz-solar.de.

BILD Links das Logo RAL der DGS, rechts das „Solar Keymark", das europäische Zertifizierungszeichen, das die Übereinstimmung von Produkten mit Europäischen Normen dokumentiert.

SPEICHERUNG UND WÄRMEÜBERTRAGUNG

Das Angebot an Sonnenenergie ist zwar riesig, steht aber zu den Zeiten des größten Wärmebedarfs nur eingeschränkt direkt zur Verfügung. Wird bei einer Ölheizung die Energie in flüssiger Form in einem Tank gelagert, bei Erdgas ebenfalls – allerdings nur selten direkt beim Wohnhaus –, so stellt sich die Speicherfrage bei einer solarthermischen Heizung ganz anders dar: Die Wärme selbst wird in einen Tank gepackt, wenn auch gebunden an ein Speichermedium, in der Regel Wasser.

Jahreszeitlich gesehen wäre es ideal, die Sommerwärme für den Winter aufzubewahren, also einen Saisonspeicher zu haben. Bislang sind Langzeitspeicher immer noch die Ausnahme. Das liegt aber nur zum Teil an fehlenden technologischen Lösungen. Verfahren, die Wärme unabhängig von der Zeit chemisch abspeichern, existieren bisher nur in Versuchsanlagen. In Niedrigenergiehäusern oder auch speziell errichteten Sonnenhäusern werden seit einigen Jahren große Wasserspeicher von mehreren Kubikmetern Volumen eingebaut, die mit ihrem Wärmevorrat schon sehr weit reichen.

In der Regel sind die in Deutschland eingebauten Speicher in gängigen bivalenten Heizungsanlagen aber Kurzzeitspeicher. Sie sind so ausgelegt, dass der solare Wärmevorrat für einen bis zwei Tage ausreicht. Je nach Wetterbedingungen und Energiebedarf kann dies allerdings in einer Bandbreite von wenigen Stunden bis zu mehreren Tagen variieren.

Während bei solarthermischen Anlagen zur Brauchwassererwärmung ein nutzerabhängiges und relativ konstantes Entnahmeprofil zugrunde liegt, ist der Wärmebedarf bei solarer Heizungsunterstützung abhängig von der Witterung. Je nach Wärmebedarf eines Gebäudes und Auslegung der solarthermischen Anlage können mit Kurzzeitspeichern solare Deckungsgrade von 25 bis 50 Prozent erreicht werden. Das hängt aber auch vom Wärmeschutzstandard, also von der Gebäudedämmung ab.

Mit solarthermischen Anlagen kann Brauchwasser erhitzt, eine Heizung betrieben oder beides zusammen erledigt werden. Kein Wunder also, dass es bei Speichern eine Vielzahl von Ausführungen und Größen gibt. Wird nur das Wasser für Bad und Küche mit der Sonne erwärmt, kommt meist ein einfacher **bivalenter Solarspeicher** zum Einsatz, in dem das warme Wasser, das Brauchwasser (deshalb wird auch vom Brauchwasserspeicher gesprochen) bereitgestellt wird. Bivalent deswegen, weil er zwei Wärmetauscher hat, um neben der Sonnenwärme auch die fossil erzeugte Wärme aus einem Heizkessel einspeisen zu können.

Bei der solaren Unterstützung der Heizung wird die Wärme in einem **Pufferspeicher** aufbewahrt. Für die Kombination von Trinkwassererwärmung und Heizungs-

BILD Schematische Darstellung der unterschiedlichen Speichertypen

unterstützung gibt es die **Kombispeicher**. Weitere unterschiedliche Merkmale sind in der Druckverträglichkeit sowie in der Art und Anordnung der Wärmetauscher und bei den Materialien zu sehen. Ein wichtiger Punkt ist das Speichermedium.

Wasser als Speichermedium

Wasser hat für die Wärmespeicherung Vorteile, aber auch Nachteile. Es ist in ausreichender Menge vorhanden, ist ungiftig und chemisch stabil. Es hat eine vergleichsweise große Wärmekapazität. Speicherung und Transport können im selben Medium erfolgen. Für den Heizungsbereich ist es auch deshalb gut geeignet, weil es im Temperaturbereich bis 90 Grad problemlos zu handhaben ist. Daher ist Wasser hierzulande immer noch das bevorzugte Wärmeträgermedium in Heizanlagen.

In seiner Speicherkapazität schneidet Wasser gegenüber Brennstoffen wie Öl, Gas und Kohle jedoch erheblich schlechter ab. So entspricht der Wärmeinhalt von 150 l Wasser bei einer nutzbaren Temperaturdifferenz von 60 Kelvin (K) dem Heizwert von einem Liter Öl. Um den gleichen Energieinhalt zu erhalten, muss also 150 mal mehr Wasser als Öl gespeichert werden. Um eine höhere solare Deckung beim Energieverbrauch zu sichern, wären also viel größere Speichervolumina erforderlich. Vor allem in Bestandsgebäuden wäre dies oft unmöglich.

Wasser ist zudem ein schlechter Wärmeleiter. Die im Kollektor anfallende Wärme muss daher durch Bewegung zum Speicher transportiert bzw. gepumpt werden. Ein Vorteil besteht allerdings darin, das sich warmes Wasser, das leichter ist als kaltes, ausdehnt und im Speicher nach oben aufsteigt. Es bilden sich in einem Speicher Wasserschichten mit unterschiedlichen Temperaturniveaus aus, die relativ stabil übereinanderliegen. Eine solche Temperaturschichtung lässt sich messen und bei der Entnahme (siehe Schichtenspeicher, Seite 61) gezielt ansteuern.

Andere Speichermedien

Bei der Weiterentwicklung der Speichertechnologien werden sehr unterschiedliche Lösungsansätze bzw. Präferenzen verfolgt. Zum einen wird versucht, die gängigen Wasserspeicher zu vergrößern und als Langzeit- oder Saisonspeicher entweder ins Gebäude zu integrieren oder im Erdreich unter bzw. neben dem Haus zu versenken. Zum anderen kommt im Zusammenhang mit Wärmepumpen das Erdreich als Speichermedium in den Blick. Solare Wärmeüberschüsse aus dem Sommer im Erdreich zu lagern, eröffnet die Perspektive einer Vorhaltung für die Winterzeit. Solche Lösungen werden auch als Niedertemperaturspeicher bezeichnet, da sie als Wärmequelle für Wärmepumpen ein wesentlich niedrigeres Temperaturniveau beanspruchen.

Andere Ansätze arbeiten mit neuen Wärmeträgermaterialien, die als Alternative zu Wasser dienen, in Anlagengröße und Funktionalität vergleichbar den her-

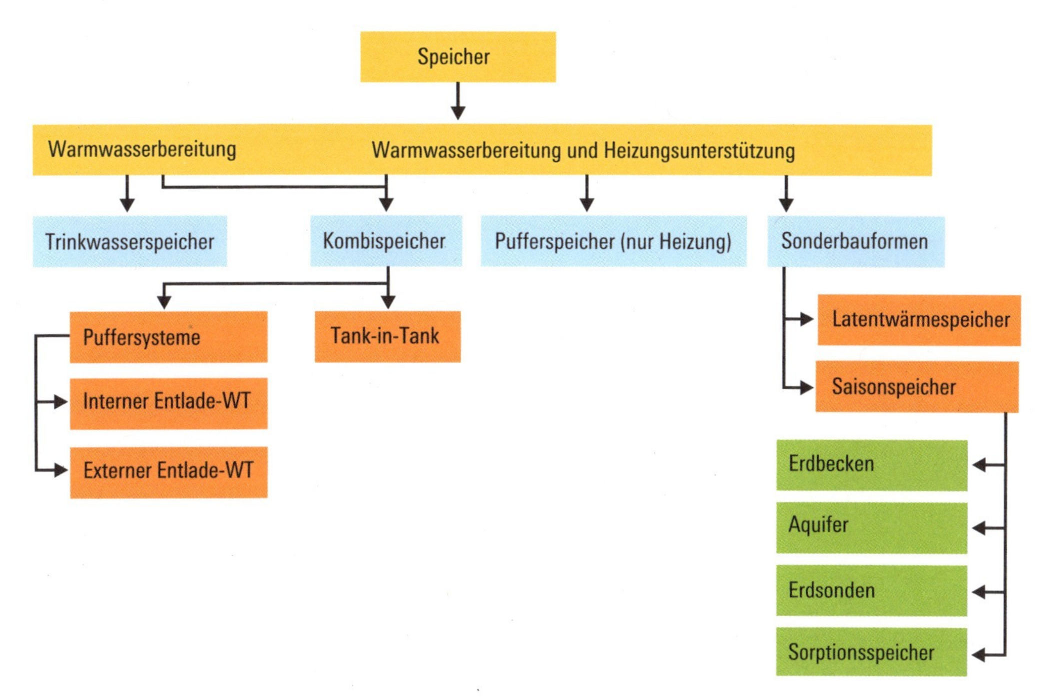

kömmlichen Wasserspeichern sind, aber überlegene Speicherkapazitäten aufweisen. Die wichtigsten Ansätze sollen hier dargestellt werden. Einige sind am Markt längst vorhanden, andere werden in absehbarer Zeit marktreif und bei manchen handelt es sich noch um Zukunftsmusik.

Festkörperspeicher

Hierunter fallen alle **Stein- und Erdspeicher** sowie für höhere Temperaturen auch keramische Speichermassen. Im Gegensatz zu Wasserspeichern wird bei ihnen die Speichermasse selbst nicht transportiert. Der Festkörper gibt die gespeicherte thermische Energie entweder durch Transmission und Konvektion oder durch Strahlung ab. Die spezifische Wärmekapazität von Steinen und anderen keramischen Speichermaterialien ist zwar kleiner als bei Wasser, andererseits können Festkörperspeicher auf höhere Temperaturniveaus aufgeladen werden. Für die gängigen Heizungsanlagen ist Letzteres allerdings von untergeordneter Bedeutung.

Schön länger im Blickpunkt ist das **Erdreich,** das als natürlicher Speicher für solare Wärme genutzt werden kann. Eine aktive Speicherung sommerlicher Wärme im Erdboden zum Zweck einer direkten Wärmenutzung während der Heizperiode ist, wie bereits erwähnt, bisher nur bei großen Objekten oder bei aufwendiger Wärmedämmung des Speichervolumens im Erdreich realisiert worden.

Anders liegt der Fall bei erdgekoppelten Wärmepumpen. Bei solchen Anlagen, die entweder mit horizontalen Erdkollektoren oder vertikalen Erdwärmesonden arbeiten, wird die im Erdreich gespeicherte Sonnenwärme mit Hilfe der Wärmepumpe dem Boden entzogen und für die häusliche Wärmeversorgung genutzt. Arbeitet die Wärmepumpe in Kombination mit einer solarthermischen Anlage, so bilden beide ein bivalentes System, dessen Teile sich ergänzen und den Einsatz von fossilen Brennstoffen überflüssig machen. Die Sonnenwärme kann einerseits direkt in den Verbrauch gehen, die solaren Über-

schüsse dienen darüber hinaus als hochwertige Ergänzung für den anderen Anlagenteil, die Wärmepumpe. Das Erdreich bzw. der Erdkollektor dient als Massespeicher auf Niedertemperaturniveau, dessen energetischer Gehalt für die Wärmepumpe eine hohe und vor allem konstante Quelltemperatur, und damit Wirtschaftlichkeit, garantiert.

Die Einspeicherung solarer Überschusswärme zur Regeneration der Wärmequelle Erdreich stellt eine Möglichkeit dar, die Effizienz rein regenerativer Hybridheizungen nicht nur zu erhöhen, sondern sie zum aussichtsreichen Konkurrenten von Hybridlösungen mit fossilen Komponenten zu machen. Dies vor allem auch deshalb, weil Erdspeicher skalierbar sind, also jeder Gebäudegröße angepasst werden können. Sie sind einsetzbar im Neubau wie in Bestandsgebäuden, im Einfamilienhaus wie im großen Wohnblock oder auch in Nahwärmenetzen. Auf Grundlage dieses breiten Einsatzspektrums dürfte dieser Technologie zukünftig eine größere Bedeutung zukommen. **Fußboden- beziehungsweise Mauerwerkspeicher** nutzen die Speichermasse schwerer Bauwerkteile wie Betonfußböden und massive Wände. Das Prinzip derartiger Speicherheizungen (Hypokausten) wurde bereits von den Römern vor 2000 Jahren für Luftheizungssysteme genutzt. In südlichen Ländern haben sich solare Bodenheizungen bewährt, bei denen die Solaranlagen neben der Warmwasserbereitung den Estrich über eine Fußbodenheizung erwärmen.

Latentwärmespeicher

Geht ein Stoff von einem Aggregatzustand in einen anderen über, etwa von fest nach flüssig oder von flüssig nach gasförmig, so bleibt die Temperatur so lange konstant, bis alle Moleküle diese Zustandsänderung vollführt haben. Ein Eis-Wasser-Gemisch bleibt so lange auf 0 °C, bis entweder alles Eis geschmolzen (Wärmezufuhr) oder alles Wasser gefroren (Wärmeentnahme) ist. Die mit dem Stoffzustandswechsel verbundene Wärme wird Latentwärme genannt. Für die Speicherung von thermischer Energie ist von besonderem Interesse, dass diese Phasenumwandlung größere Energiemengen freisetzt beziehungsweise aufnimmt als eine reine Erwär-

BILD Großer, unterirdisch installierter Wärmespeicher

mung. Latentwärme-Speichermaterialien werden auch **Phasenwechselmaterialien** (**Phase Change Material** oder kurz **PCM**) genannt. Sie versprechen zukünftig Effizienzsteigerung und Kostensenkung. Aktuell kommen vor allem Salzhydrate und Paraffine zur Anwendung. So kann eine ein Zentimeter dicke PCM-Schicht die gleiche Wärmemenge wie eine zwölf Zentimeter dicke Betonwand speichern.

Latentwärmespeicher haben bisher in der Haustechnik keine Anwendung gefunden, da dem Vorteil der höheren Energiespeicherdichte im Vergleich zu Wasserspeichern überproportional höhere Kosten entgegenstanden. Geeignete Chemikalien wie Glaubersalz sind teurer als Wasser und/oder es ist ein erhöhter technischer Aufwand erforderlich, um den Nachteil der beschränkten Wärmeleistungsabgabe des Latentwärmespeichers zu kompensieren. Allerdings haben inzwischen die ersten Systeme mit Latentwärmespeichern (Soleara von Consolar) Marktreife erlangt. In den kommenden Jahren wird hier mit erheblichen Innovationen zu rechnen sein.

Thermochemische Wärmespeicher

Thermochemische Wärmespeicher speichern Wärme durch endotherme Reaktionen (durch von außen zugeführte Wärme) und geben sie durch exotherme (deren Umkehrung) Reaktionen wieder ab. Sie nutzen dabei umkehrbare chemische Prozesse von Stoffpaaren, die mit einem möglichst großen Energieumsatz verbunden sind. Es gibt zahlreiche Stoffe, die für einen chemischen Reaktionsspeicher geeignet sind. Ein Beispiel ist die Zerlegung von Wasser durch elektrischen Strom, die Elektrolyse: Wasserstoff + Sauerstoff → Wasser + Energie (120 MJ/kg).

Ein anderes betrifft zum Beispiel Silicagel und Wasserdampf. Das darauf aufbauende Modell eines thermochemischen Wärmespeichers ist der Sorptionsspeicher, der mit diesem Stoff arbeitet: Ein Tank enthält Granulat aus Silicagel, das auch als Trockenmittel (etwa als Beutel in der Verpackung von elektronischen Geräten) bekannt ist. Der Stoff ist stark porös und verfügt über eine große innere Oberfläche (ein Gramm hat die innere Oberfläche eines halben Fußballfelds). Silicagele haben die Eigenschaft, Wasserdampf anzuziehen und an ihrer Oberfläche anzulagern (Adsorption), wobei Wärme frei wird. Umgekehrt muss zum Trocknen von Silicagel (Desorption) Wärmeenergie aufgewendet werden. Die dafür eingesetzte Energie steckt anschließend in den Silicagel-Kügelchen.

Das Silicagel kann in Granulatform in einen Speicherbehälter gepackt werden, in dem sich ein Wärmeüberträger befindet. Unter Einsatz von Sonnenenergie kann im Sommer das Silicagel getrocknet und ohne Energieverluste gelagert werden. Im Winter wird es belüftet und Schritt für Schritt auf den Wasserdampf-Partialdruck der Umgebung gebracht. Die dabei abgegebene Wärme kann genutzt werden.

Der Vorteil von thermochemischen Wärmespeichern gegenüber konventio-

BILD Längsschnitt durch einen Standardsolarspeicher zur Trinkwassererwärmung (Brauchwasserspeicher)

nellen in der Form eines Wassertanks liegt in ihrer höheren Speicherdichte von 200 bis 300 Kilowattstunden pro Kubikmeter gegenüber nur etwa 60 kWh/m³ bei Wasser. Neben Silicagel können auch Metallhydride oder Zeolithe als Wärmespeicher verwendet werden, die jedoch höhere Betriebstemperaturen benötigen.

Marktreife Systeme sind zurzeit noch nicht erhältlich, allerdings existiert eine Reihe von erfolgversprechenden Versuchs- und Pilotprojekten. Ihr gemeinsamer Ansatzpunkt besteht darin, dass thermochemische Speicher nicht nur bezüglich ihrer Leistungsdichte anderen Speichertypen überlegen sind. Die in den chemischen Verbindungen vorhandene Energie kann darüber hinaus bei Umgebungstemperatur verlustfrei beliebig lange gelagert werden. Bis marktgängige Produkte verfügbar sein werden, dürfte es noch einige Jahre dauern.

SPEICHERTYPEN UND FUNKTIONEN

Das Thema Energiespeicher ist gegenwärtig in aller Munde, vor allem im Zusammenhang mit dem Satz „Nachts sendet uns die Sonne keine Strahlen". Das ist zwar richtig, sollte aber nicht den Blick dafür verstellen, dass Speicherung sich auf unterschiedliche Endenergien beziehen und auch da unterschiedliche Funktionen haben kann. So lässt sich die Speicherung von Strom mit der von Wärme nicht einfach gleichsetzen. Im Falle der Wärmespeicherung, die hier interessiert, ist zwischen der Bevorratung und der Pufferung zu unterscheiden. Die Bevorratung von warmem Brauchwasser, also Wasser mit Trinkwasserqualität, kann mit Wärmeverlusten und auch mit Hygieneproblemen verbunden sein. Wird erwärmtes Wasser des Heizkreises in einem Pufferspeicher zwischengelagert, so dient dies nicht nur der Überbrückung sonnenarmer Phasen während des Tages oder der Nacht, sondern auch der Verstetigung der Wärmeerzeugung in Kombination mit einem fossilen Heizkessel. Da Speichern grundsätzlich aufwendig ist, gilt es, sowohl die Kosten für die Hardware wie auch für die Menge der gespeicherten Energie möglichst gering zu halten. Die Optimierung aller Speichervorgänge in einer solarthermischen Anlage, wie übrigens auch in einer konventionellen fossil befeuerten Heizung, ist ein wichtiger Schlüssel zur Energieeffizienz.

Trinkwasserspeicher

Dieser Speichertyp, auch Solarspeicher genannt, enthält das Brauchwasser als Speichermedium. Trinkwasser aus dem Netz wird direkt in einen **druckfesten Speicherbehälter** geleitet, um später, wenn es erwärmt ist, bis zum Verbraucher

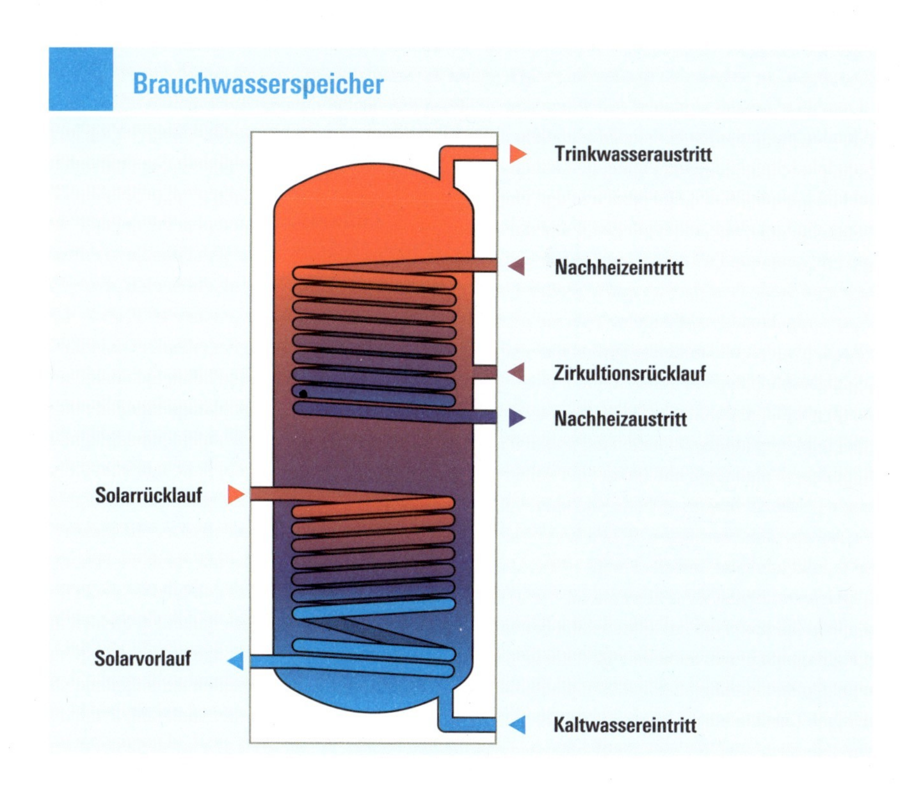

in Küche oder Bad zu fließen. Druckfest bedeutet, dass er den gleichen Drücken standhalten muss wie das Wassernetz, in der Regel bis zu 6 Bar. Die solar gewonnene Wärme wird über einen Wärmetauscher im unteren Teil des Speichers eingebracht. Dieser ist so ausgelegt, dass damit das gesamte Speichervolumen bei entsprechender Einstrahlung nur über die Kollektoren aufgeheizt werden kann.

Im oberen Speicherteil befindet sich ein weiterer Wärmetauscher, über den der Bereitschaftsteil, das obere Speicherdrittel, durch einen konventionellen Kessel nachgeheizt oder auf einer konstanten Temperatur gehalten werden kann. Diese Bivalenz garantiert die Versorgungssicherheit auch während sonnenarmer Perioden.

Im Ein- und Zweifamilienhaus sind Trinkwasserspeicher von 300 bis 500 Liter Fassungsvermögen üblich. Das entspricht dem 1,5- bis 2-Fachen des täglichen Warmwasserbedarfs. Hierfür ist pro Person eine Kollektorfläche von 0,8 bis 1,5 Quadratmeter notwendig, für einen Vierpersonenhaushalt also zirka 6 Quadratmeter Flachkollektor – beziehungsweise 4 bis 5 Quadratmeter Vakuumröhrenkollektor. Auch wenn oftmals mit der Faustregel von 40 bis 45 Litern Warmwasserverbrauch pro Tag und Person gerechnet wird, sollte die Auslegung des Speichers das Ergebnis einer gründlichen Analyse der Verbrauchsgewohnheiten sein.

Bei Trinkwasserspeichern spielt das Material eine große Rolle. Meist sind sie aus Stahl gefertigt und mit einer korrosionsfesten Innenschicht versehen, die aus Keramik (Emaille), Kunststoff oder Edelstahl bestehen kann. Bis zu einem Inhalt von 400 l fallen sie nicht unter die Empfehlungen des Legionellenschutzes (DVGW-Arbeitsblatt 551). Druckfeste Speicher sind für Solarwärmeanlagen zur Warmwasserbereitung weit verbreitet. Einige Vorsichts- und Pflegemaßnahmen

Pufferspeicher mit Frischwasserstation

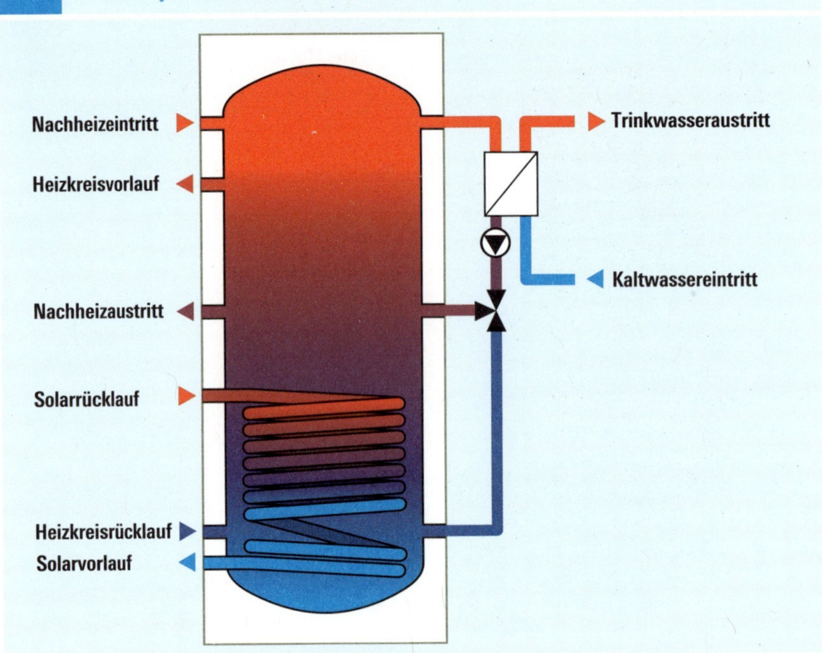

sind für sie von Bedeutung: **Emaillierter Stahl** muss gegen Korrosion geschützt werden, da sonst die in jeder emaillierten Schicht vorhandenen Haarrisse sich zu größeren Schäden ausweiten können. Dies kann entweder mit einer sogenannten Opferanode erreicht werden, die regelmäßig kontrolliert und ausgetauscht werden muss, oder mit einem elektrischen Kathodenschutz. Dies ist heute bei marktgängigen Typen Stand der Technik.

Speicher aus Edelstahl benötigen dies nicht. Allerdings sind sie wiederum empfindlich gegenüber dem Eintrag von Rostpartikeln, die häufig vom öffentlichen Wassernetz in die Hausverteilungsnetze gelangen. Es ist deshalb wichtig, beim Einbau eines Edelstahlbehälters auch einen Feinfilter im Kaltwasseranschluss einzubauen. In Absprache mit dem Installateur sollte dieser regelmäßig gereinigt werden.

Alternativ zu druckfesten Speichern werden **drucklose Speicher** angeboten. Hier dient der Wasserinhalt nur als ruhende thermische Masse. Sie können preiswert aus Kunststoffen – zum Beispiel Polypropylen – hergestellt werden und haben den Vorteil, dass sie leicht sind. Die Materialien müssen Temperaturen bis 95 °C standhalten. Da sie nicht für den Druck des Wassernetzes ausgelegt sind, braucht man einen weiteren Wärmetauscher. Als Trinkwasserwärmetauscher kommt meist ein Wellrohr aus Edelstahl zum Einsatz, das im Speicherinneren eingebaut ist.

Dämmung

Dämmungen für den Speicher sind Weichschaum- oder Hartschaumhüllen. Es gibt auch fest eingeschäumte Speicher im Kunststoff- oder Blechmantel. Die Dämmung sollte seitlich 10 cm und oben 15 cm dick sein. Selbst bei bester Isolierung eines Warmwasserspeichers können Wärmeverluste aber nicht verhindert werden. Die Dämmung sollte möglichst dicht

BILD Pufferspeicher mit Frischwasserstation

sein. Eine Schwachstelle, die besonders beachtet werden muss, sind die Rohranschlussleitungen des Speichers. Bei mangelhafter Ausführung kann dies zu Wärmeverlusten führen, die bis zum Fünffachen der materialspezifischen, physikalisch unvermeidbaren Verluste der Speicherisolierung betragen können. Abhilfe versprechen die lückenlose Isolierung der Leitungen und eine nach unten gerichtete Leitungsführung. Die Wärmeverluste des Speichers sollten unter 2 Watt/Kelvin Temperaturdifferenz liegen.

Pufferspeicher

Soll die Solaranlage auch zur Beheizung des Gebäudes beitragen, muss zusätzliche Sonnenenergie eingefangen werden. Das erfordert eine größere Kollektorfläche. Zugleich muss aber auch weitere Speicherkapazität zur Verfügung gestellt werden. Dieses zusätzliche Speichervolumen kann nicht nur für die Solaranlage, sondern auch für den Heizkessel als Puffer genutzt werden. Die Größe dieser Pufferspeicher liegt in Ein- oder Zweifamilienhäusern zwischen 750 und 1500 Litern.

Pufferfunktion für den Heizkessel: In rein konventionellen Heizungsanlagen mit Verbrennungstechnik arbeitete man früher ohne Pufferung, der Heizkreis wurde direkt vom Brenner erwärmt. Das führt an vielen Tagen der Heizperiode zu häufigen Intervallen mit kurzen Brennerlaufzeiten, die höchst unwirtschaftlich sind. Hinzu kommt, dass älterer Kessel nur zwei, höchstens drei Betriebszustände kennen: An und Aus – eventuell noch halbe Kraft voraus. Ein stufenloses „Gasgeben" wie beim Auto – in der Fachsprache der Heizungsbauer Modulieren genannt – gibt es erst seit wenigen Jahren. Der Pufferspeicher führt zu einer Verstetigung des Heizbetriebes. Er dient der hydraulischen Entkoppelung zwischen Wärmelieferant (Kessel, Solaranlage) und Wärmeabnehmern (Heizkörper, Warmwasser). Der Durchfluss im Heizsystem kann unabhängiger vom Mindestdurchfluss im Kessel sein. Es wird eine gute Auskühlung des Heizwassers ermöglicht, was den Wirkungsgrad von Solaranlage und Kessel steigert.

Solange Heizöl billig war, hat man sich um den Wirkungsgrad eines Kessels keine Gedanken gemacht – eine schlechte Kesselleistung ließ sich kaum an der Ölrechnung festmachen. Eine Pufferung durch einen Speicher, die durch die solarthermischen Anlagen systembedingt ins Spiel kommt, nutzt auch den Heizkesseln. Sie können unabhängig von der jeweiligen Wärmeabnahme mit längeren Brennerlaufzeiten betrieben werden. Die Brennerstarts werden reduziert, die Mindestlaufzeit steigt von früher 1 bis 2 Minuten auf 15 Minuten oder mehr. Die sich daraus ergebenden höheren Nutzungsgrade machen sich im Geldbeutel bemerkbar und senken die Emissionen.

Da die Pufferspeicher nicht mit Trinkwasser, sondern „nur" mit Heizungswasser gefüllt sind, entfallen die Hygieneanforderungen eines Trinkwasserspeichers. Sie können deshalb aus unbeschichtetem

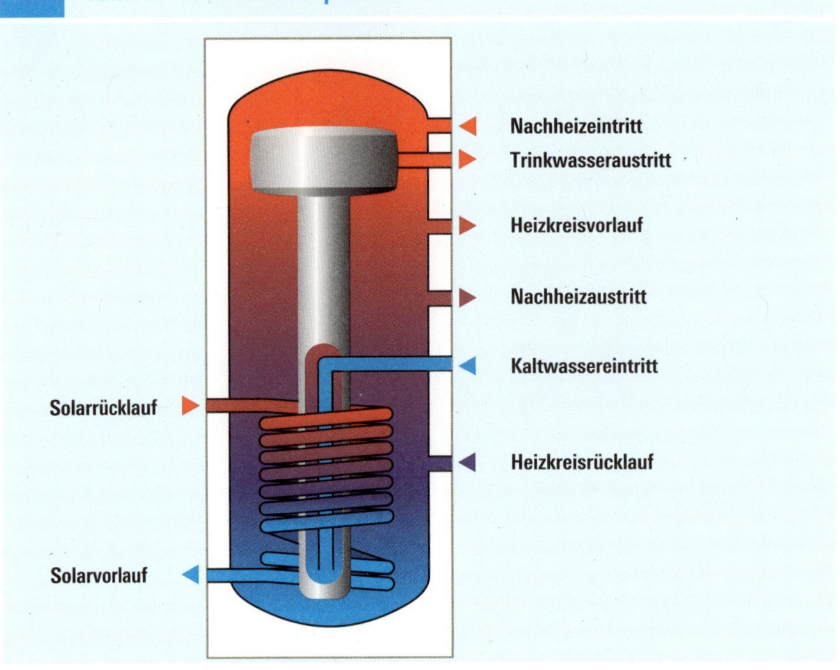

BILD Tank-in-Tank-Kombispeicher

Stahl oder auch Kunststoff gefertigt sein. Das macht sie vergleichsweise billig. Allerdings sollte man nicht vergessen, dass neben dem Pufferspeicher ja auch noch ein separater Brauchwasserspeicher vorhanden sein muss, also beide kostenmäßig zu Buche schlagen.

Um den Solarspeicher einer Zweispeicheranlage einzusparen, bedient man sich auch eines anderen Verfahrens. Zur Trinkwassererwärmung kann der Pufferspeicher mit einer außenliegenden Frischwasserstation kombiniert werden. In diesem Gerät befindet sich ein Plattenwärmetauscher, durch den bei Bedarf Pufferwasser und Trinkwasser im Gegenstrom fließen. Das hat den zusätzlichen Vorteil, dass keine mit potenziellen hygienischen Problemen behaftete Bevorratung mehr stattfindet, sondern Warmwasser immer nur frisch erzeugt und gezapft wird.

Kombispeicher

Kombispeicher sind kompakt, platzsparend und erfreuen sich großer Beliebtheit. Sie können alle Funktionen in ein Gerät integrieren: Sie sind Wärmespeicher für die Solaranlage sowie Puffer für den Heizkessel und dienen darüber hinaus zur Bevorratung des Brauchwassers. Sie stellen also eine Optimierung der Wärmespeicherung dar, die energetische wie wirtschaftliche Vorteile mit sich bringt.

Es gibt Kombianlagen mit und ohne Pufferfunktion für den Heizkessel. Letztere werden als sogenannte **Anlagen mit Rücklaufanhebung** (Vorwärmanlagen) bezeichnet. Hier wird das Wasser des Heizungsrücklaufs solar vorgewärmt (Rücklaufanhebung), bevor es vom Heizkessel auf Vorlauftemperatur erhitzt wird. Hinsichtlich der Brauchwasserbereitung sind zwei Bauarten gebräuchlich:

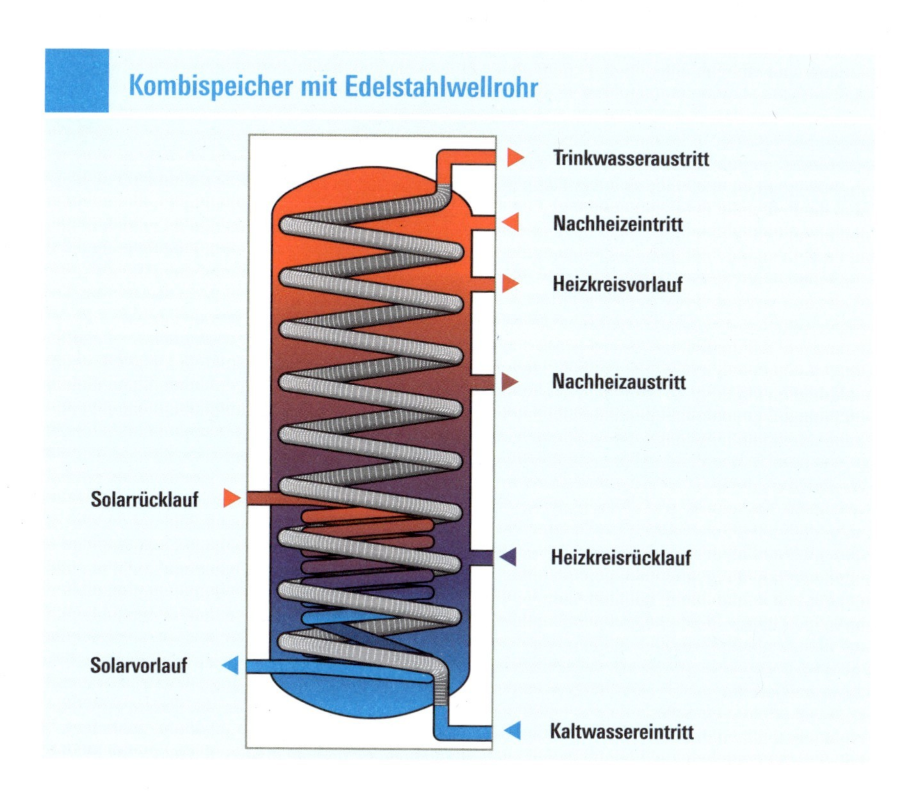

BILD Kombispeicher mit Edelstahlwellrohr als Wärmetauscher

TANK-IM-TANK-KOMBISPEICHER sind Anlagen, bei denen das Brauchwasser vor der Entnahme erwärmt wird. Sie arbeiten ebenfalls nach dem **Speicherprinzip**, sie benötigen aber keinen separaten Brauchwasserspeicher. Bei Tank-in-Tank-Kombispeichern ist der Behälter für das Brauchwasser integriert. Dieser innere Teil, den man Trinkwasserboiler oder auch Trinkwasserblase nennt, hat ein Volumen von 150 bis 200 Litern. Seine Wand dient als Wärmetauscher für das Trinkwasser und besteht aus hygienischen Gründen natürlich aus Edelstahl oder emailliertem Stahl. Häufig sind die Boiler pilzförmig ausgeformt und reichen tief in den unteren Pufferbereich hinein. So erreicht man, dass das einströmende kalte Trinkwasser vorgewärmt wird, bevor es im oberen Teil auf die gewünschte Temperatur aufgeheizt wird.

KOMBISPEICHER MIT ROHRWÄRMETAUSCHER arbeiten demgegenüber nach dem **Durchlaufprinzip**. Das kalte Trinkwasser fließt im Puffer von unten nach oben durch einen Wärmetauscher. Die Erwärmung des Brauchwassers erfolgt erst während der Entnahme, was leistungsfähige Wärmetauscher erfordert. Das bedeutet, dass sie über eine große Oberfläche verfügen müssen. Hierzu werden entweder in den Speicher eingebaute Rippenrohr- und Glattrohrwärmetauscher eingesetzt, aber auch Plattenwärmetauscher, die sich außerhalb des Speichers befinden.

SCHICHTENSPEICHER: Auch wenn Wasser unterschiedlicher Temperatur sich automatisch schichtet, lässt sich dieser Effekt durch eine spezielle Konstruktion optimieren. Das erwärmte Wasser soll nicht physikalisch getrieben in die Höhe steigen und sich die passende Schicht suchen,

Prinzip der Schichtenentladung

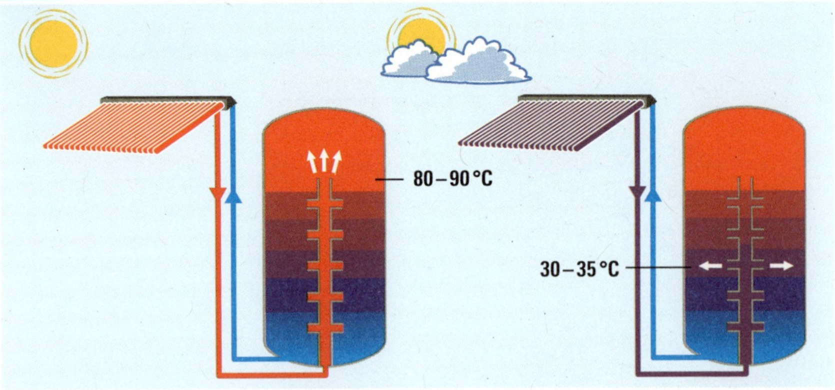

BILD Das einströmende warme Wasser tritt jeweils aus der Klappe aus, deren umgebende Schicht die gleiche Dichte beziehungsweise die gleiche Wassertemperatur aufweist.

sondern gezielt dort eingespeichert werden, wo sich die Schicht mit gleicher Wassertemperatur befindet (Schichtenladeprinzip). Diese Schichtbeladung erfolgt über ein nach oben offenes Rohr mit zusätzlich über die Höhe verteilten Membranklappen, in dem das erwärmte Wasser aufsteigen kann. Es tritt jeweils aus der Klappe aus, deren umgebende Schicht die gleiche Dichte beziehungsweise die gleiche Wassertemperatur aufweist. Der dynamische Druck des im Schichtladerohr aufsteigenden Wassers reicht aus, um die Klappe zu öffnen. Dadurch können Temperaturverluste und Durchmischung des gespeicherten Warmwassers vermieden werden. Im oberen Teil des Speichers steht heißes Wasser schneller zur Verfügung, die Nachheizung kann effektiver geregelt werden. Schichtenspeicher sind zwar spürbar teurer, sie arbeiten aber auch besonders effektiv.

KOMBISPEICHER MIT EINGEBAUTER WÄRMEQUELLE: Es gibt mehrere Hersteller, die einen im Pufferspeicher integrierten Gas-, Öl- oder Pelletbrenner anbieten. Relativ neu auf dem Markt ist die Variante mit integriertem elektrischen Heizstab. Die Integration einer zweiten Wärmeerzeugung in den Pufferspeicher bedeutet zum einen eine Reduzierung des Installationsaufwands und des Platzbedarfs, zum anderen aber auch eine Verringerung der Wärmeverluste. Die Brauchwassererzeugung erfolgt bedarfsgerecht über einen Wärmetauscher. In Verbindung mit Solarkollektoren entsteht so ein komplettes Solarheizsystem für Raumwärme und Warmwasserbereitung inklusive einer integrierten Regelung des Gesamtsystems.

Großspeicher

SOLARSPEICHER IM SONNENHAUS: Für die Konzeption eines sogenannten Sonnenhauses ist ein extra großer Pufferspeicher mit integriertem Warmwasserboiler erforderlich. Er speichert die Solarwärme für Heizung und Warmwasser über mehrere Wochen. Das Speichervolumen wird bei Sonnenhäusern mit einem solaren Deckungsgrad von 60 bis 100 Prozent mit 150 bis 250 Litern pro m² installierter Kollektorfläche ausgelegt. Für ein Einfamilienhaus sind das rund 10 m³. Bei rein solarbeheizten Mehrfamilienhäusern werden noch mächtigere Speicher in der Größenordnung bis

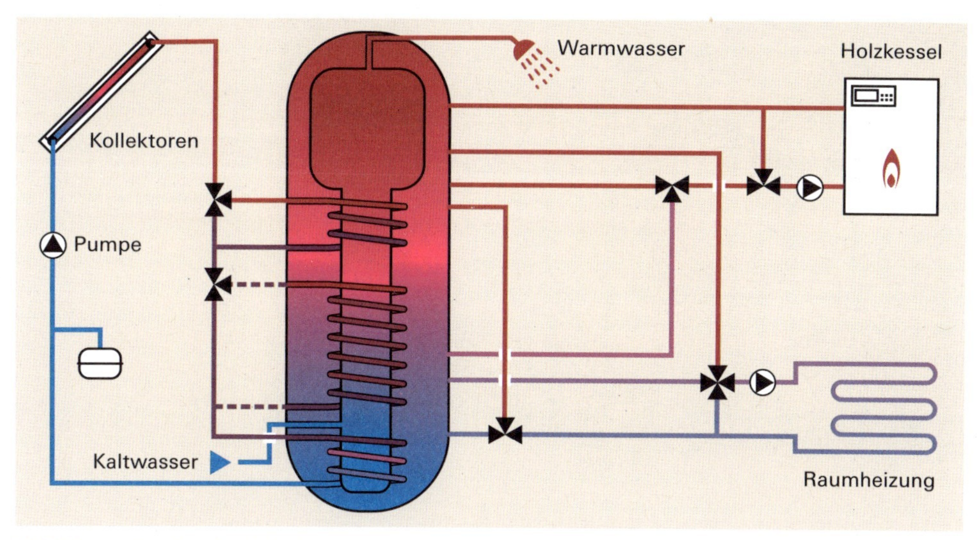

BILD Die zweistufige Ladeeinrichtung sorgt für Schichtenstabilität auch bei starker Entnahme.

40 m³ eingesetzt. Günstig für eine gute Temperaturschichtung ist das schlanke Hochformat. Das führt zu zweigeschossigen Kombispeichern mit zweistufiger Be- und Entladung, die im Inneren des Gebäudes untergebracht werden müssen.

Das lässt sich in der Regel nur im Neubau realisieren. Die Beladung kann durch interne oder externe Wärmetauscher erfolgen. Anstelle des Innenboilers (Tank im Tank) ist die Trinkwassererwärmung auch extern über eine Frischwasserstation möglich. Die Aufstellung des Speichers im Wohnbereich ermöglicht einen nahezu verlustfreien Betrieb der Solarwärmeanlage, da die Speicherabwärme voll der Raumheizung zugute kommt. Gedämmt werden sollte dennoch mit 25 bis 30 cm, damit die Wärmeverluste im Sommer die Wohnräume nicht zusätzlich erwärmen.

Genauso wichtig wie eine temperaturkonforme Beladung des Puffers ist seine exergiegerechte Entladung über den Heizkreis. Je nachdem, ob für den Vorlauf einer Fußbodenheizung eine Temperatur von 35 °C oder für warmes Wasser von 60 °C erforderlich ist, kann die passende Schicht angezapft werden. Die Stärke dieses „Variflow" genannten Prinzips besteht darin, dass die Stabilität der Schichtung auch bei mengenmäßig starker Entnahme erhalten bleibt. Neben der Stabilität der Temperaturschichten zielt das System darauf, den untersten Speicherbereich möglichst kühl zu halten, also vorrangig leer zu fahren. So erhalten die Sonnenkollektoren einen kalten Rücklauf und können bereits Wärme liefern, wenn die Kollektortemperatur nur geringfügig höher liegt als im unteren (kältesten) Speicherbereich. Das steigert natürlich die Kollektorerträge.

Eine mögliche Nachheizung durch einen Heizkessel erfolgt von oben nach unten. Es gilt das Wasser oben im Puffer möglichst schnell für den Gebrauch aufzuheizen. Erst dann steuert ein Vierwege-Mischer den Rücklauf in den unteren Speicherbereich, sodass auf Vorrat weitergeheizt werden kann. Bei vielen Sonnenhäusern wird auch die Wärme zum Nachheizen regenerativ erzeugt, zum Beispiel durch einen wohnraumbeheizten Kaminofen mit Wassereinsatz oder mit einem Pelletkessel. Konsequenterweise kommen Hocheffizienzpumpen zum Einsatz, sodass ein jährlicher Stromverbrauch von

BILD Großspeicher unterwegs. Ihre schlanke Form und mehrstufige Be- und Entladung ermöglichen eine gute Temperaturschichtung. Der Einbau ist dafür eine Herausforderung.

lediglich 200 bis 300 Kilowattstunden für die Hilfsenergien anfällt.

DAS MACHT EINEN GUTEN SOLARSPEICHER AUS

Der Speicher passt mit Volumen und Anschlussmöglichkeiten in das energetische Gesamtkonzept:

- Er ist druck- und temperaturbeständig, gegen Korrosion geschützt und entspricht den Hygienevorschriften.
- Er verfügt über eine ausgeprägte Temperaturschichtung, im günstigsten Fall kann die Wärme auf dem Temperaturniveau entnommen werden, auf dem sie eingespeichert wurde.
- Eine hohe und schlanke Bauform hat sich dafür als besonders geeignet erwiesen.
- Er weist dank einer Dämmung von mindestens 10 cm geringe Wärmeverluste auf; diese sollte eng an der Speicherwand anliegen und Flansche und Anschlussstutzen einschließen. Die Abkühlung bei etwa 50 °C Speichertemperatur sollte höchstens 5 Grad pro Tag betragen.
- Ein Warmwasseranschluss führt seitlich oder im besten Fall oben aus dem Speicher heraus.
- Der Kaltwassereinlauf verfügt über Prall- oder Leitbleche, um Verwirbelungen zu vermeiden, die eine gute Temperaturschichtung stören.
- Die Wärmetauscherflächen sind ausreichend groß dimensioniert, der Solarwärmetauscher erreicht auch tiefliegende Speicherschichten.
- Zur Vermeidung von Wärmebrücken muss der Speicher möglichst kleine Kontaktflächen zum Untergrund (zum Beispiel kühler Kellerboden) haben.

Variable Bauformen

Bestandsgebäude sind die eigentliche Herausforderung für jede Speicherlösung. Bei Größen oberhalb von 1 m^2 wird die konventionelle Bauweise schnell zur Herausforderung bzw. stößt an Grenzen. Zwar werden in größeren Gebäuden auch Speicherkaskaden installiert, eine optimale Raumausnutzung gelingt dabei aber nur selten bzw. die Speichervolumina bleiben zwangsläufig begrenzt. Es bleibt beim Konzept des Kurzzeitspeichers. Fortschritt

BILDER Zwei unterschiedliche Lösungen mit variablen Speicherbauformen, die in die vorgefundenen Räumlichkeiten integriert werden.

bringen da nur innovative und flexible Lösungen.

Neue Formen und Materialien. Lösungen, die sich sowohl im Material, wie auch in der Bauform von traditionellen Stahlspeichern abwenden, sind seit einigen Jahren auf dem Markt. Kunststoffspeicher, vor allem rechteckig und aus glasfaserverstärkten Kunststoffen (GKF) gefertigt, hatten es anfangs schwer, sie mussten eingefleischte Glaubenssätze überwinden, um Eingang in den Markt zu finden. Dabei bieten vor Ort gefertigte bzw. modular aufgebaute Systeme große Vorteile. Sie können problemlos an den Montageort transportiert und den örtlichen Gegebenheiten angepasst werden.

Volumina und Abmessungen. Zur maximalen Raumausnutzung gängiger Keller in Bestandsgebäuden eignen sich quaderförmige und in ihren Außenmaßen variable Pufferspeicher hervorragend. Bis auf wenige Zentimeter kann an die umlaufenden Wände und die Decke herangebaut und so ein größeres Pufferspeichervolumen realisiert werden. Mit entsprechenden konstruktiven Eigenschaften wie Pfosten- und Riegelkonstruktionen lassen sich, ohne statische Probleme, Größen bis 200 m^3 und sechs Meter Höhe realisieren.

Wärmedämmung. Als Wärmedämmung dienen dickwandige Polyurethan-Hartschaumplatten, die mit variablen Stärken über hochwertige Dämmeigenschaften verfügen. Sauber verarbeitet, d.h. ohne Wärmebrücken, kann damit ein 10-m^3-Pufferspeicher eine Temperatur von mehr als 60 Grad Celsius ohne Entnahme über einen Monat halten. Eine Leistung, die mit vergleichbar gedämmten Stahlspeichern auch nicht anders ausfällt.

Thermische Schichtung. Als die ersten flexiblen Kunststoffspeicher auf den Markt kamen, wurde ihnen die Fähigkeit einer guten thermischen Schichtung aufgrund der anderen Geometrie (Höhe-zu-Durchmesser-Verhältnis) bestritten. Tatsächlich stellte sich dies als Vorurteil heraus, da durch den Einbau von Schichtlanzen, Prallplatten und Strömungsverteilern der Aufbau einer Schichtung erreicht bzw. eine Durchmischung des Speichers verhindert werden kann. Diese Einbauten können ebenfalls individuell aus PP-Halbzeugen gefertigt und vor Ort eingebaut werden.

BILD 1 Solarkreisstation mit Regler
BILD 2 Klartextregler mit Ausweisung des Solarertrags

Hydraulische Einbindung. Beim Bau großer Speichervolumina geht der Trend zu drucklosen Konzepten. Ein Vorteil besteht darin, dass für die großen Wassermengen kein Ausdehnungsvolumen (Gefäß) nötig ist. Allerdings ist dann eine Systemtrennung zum druckbehafteten Teil der Heizung erforderlich. Da dies im Solar- oder Wärmepumpenkreis und zur hygienischen Erwärmung des Trinkwassers ohnehin üblich ist, verfügt ein druckloser Kunststoffspeicher hier über keine Nachteile. In den hydraulischen Kreisen der Raumheizung und des Kessels wird dann mit Wärmetauschern gearbeitet. Eine für die Solartechnik naheliegende Lösung besteht darin, den Solarkreis direkt an den Speicher anzubinden. Die Anlage wird gewissermaßen nach dem Drain-Back-Prinzip betrieben, eine Entleerung erfolgt in den drucklosen Speicher.

KOMPONENTEN UND BAUGRUPPEN

Wir haben jetzt die wesentlichen Komponenten einer Solarwärmeanlage, nämlich Kollektoren und Speicher, vorgestellt. Der Solarkreislauf transportiert die in den Kollektoren absorbierte Energie in den Solarspeicher. Diese beiden Hauptkomponenten müssen im Solarkreislauf durch weitere Komponenten verbunden beziehungsweise ergänzt werden. Er umfasst im Einzelnen:

- die Solarflüssigkeit, die die Energie vom Kollektor zum Speicher transportiert.
- Rohrleitungen, die die Kollektoren auf dem Dach und den meist im Keller untergebrachten Speicher verbinden.
- die Umwälzpumpen, die die Solarflüssigkeit im Kreislauf transportieren.
- alle Armaturen und Einbauten zum Befüllen, Entleeren und Entlüften.
- die Sicherheitseinrichtungen Ausdehnungsgefäß und Sicherheitsventil.

Die von den Kollektoren kommende erwärmte Solarflüssigkeit nennt man den **Vorlauf**. Die vom Speicher zu den Kollektoren zurückströmende kältere Flüssigkeit ist der **Rücklauf**.

Rohrleitungen und Pumpen

Im Kollektorkreis können Kupferrohre nach DIN EN 1057, Stahlrohre, also auch Edelstahlrohre und Edelstahlwellrohre, entsprechend DIN EN 10220 eingesetzt werden. Kunststoffrohre dürfen im Kollektorkreis nur verwendet werden, wenn sie über eine spezielle Freigabe für Solaranlagen verfügen. Ebenso wenig dürfen verzinkte Stahlrohre verwendet werden, da Zink von Glykol angegriffen wird.

Für die Verbindung innerhalb des Kollektorfelds eignen sich besonders Edelstahlwellrohre. Kollektoren und Speicher können mit flexiblen, vorkonfektionierten

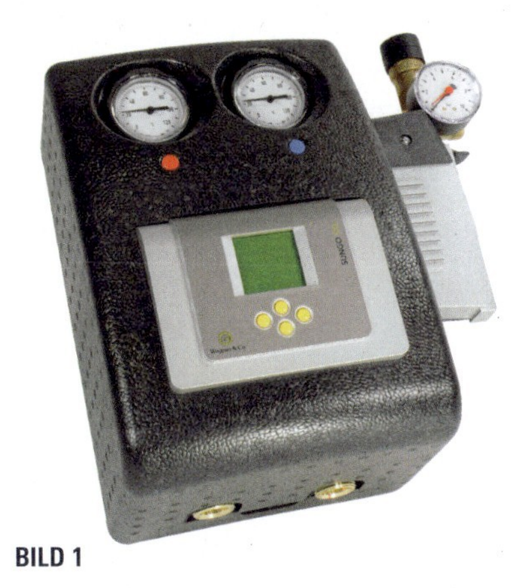

BILD 1

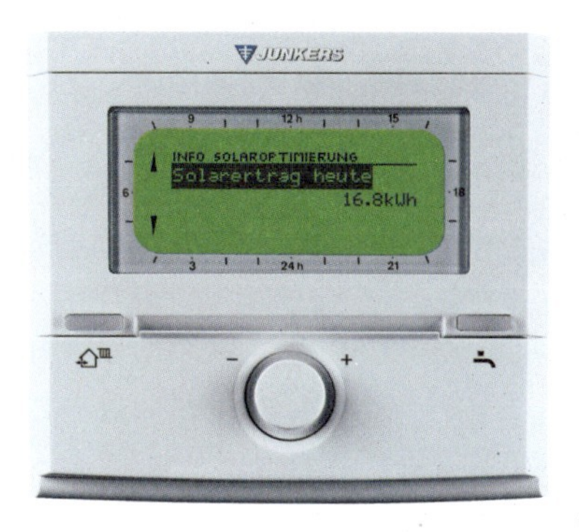

BILD 2

Solarleitungen (Vor- und Rücklaufrohre als Meterware, Doppelrohr, isoliert, mit integriertem Kabel zum Anschluss des Temperaturfühlers) aus Edelstahlwellrohr oder flexiblem Kupferrohr verbunden werden. Diese Art der Verrohrung kann wesentliche Einsparungen der Montagezeiten und damit der Kosten mit sich bringen. Außerdem lassen sich die Leitungen zum Beispiel sehr gut in stillgelegten Schornsteinzügen verlegen. Mit Leitungen in Cu 10x1 lassen sich beispielsweise bei „Low flow"-Betriebsweise bis zu 7 m² Kollektorfläche anschließen. Die heute üblichen Pumpen in vorkonfektionierten Solarstationen sind dafür in der Regel ausreichend.

In älteren Solarwärmeanlagen sind noch normale Heizungspumpen als Kollektorkreispumpen eingebaut, die aber für den solaren Einsatz nicht optimal ausgelegt sind. Diese Heizungspumpen sind für Volumenströme zwischen 1 und 4 m³/h und für Drücke zwischen 0,1 und 0,4 Bar beziehungsweise 1 bis 4 m Förderhöhe konstruiert. In Solaranlagen sind aber drehzahlgeregelte Pumpen erforderlich, die einen kleinen Durchsatz von 0,1 bis 1 m³/h mit hohem Druck von 0,6 bis 1 Bar liefern können. Die Industrie hat spezielle **Solarpumpen** entwickelt, die mit Synchronmotoren und Permanentmagneten ausgerüstet sind. Sie erreichen Förderhöhen über 12 m bei Volumenströmen bis zu 2,5 m³/h. Mit der Entwicklung einer neuen Generation von Solarpumpen bei nahezu allen großen Pumpenanbietern stehen dem Planer großer solarthermischer Anlagen nunmehr spezielle Solarpumpen zur Verfügung. Sie eröffnen mehr Möglichkeiten und Sicherheiten bei der Dimensionierung von Kollektorfeld und Anlagenverrohrung.

Zudem konnte ihr Energieverbrauch deutlich reduziert werden. Inzwischen gibt es auf dem Markt für Solarwärmeanlagen speziell entwickelte Energiesparpumpen, die mit einer neuen Motortechnologie ausgestattet sind und bis zu 85 Prozent weniger Strom brauchen.

Solarstation

Die meisten Hersteller von Solarwärmeanlagen bieten das, was früher einzeln geliefert und montiert wurde, nun als vormontierte und speziell gedämmt Baugruppe. Solarstationen vereinen in sich die Solarkreispumpe, Temperatur-, Druck- und Durchflussanzeigen und eventuell einen Wärmemengenzähler. Häufig wird die Solarstation direkt am Speicher montiert.

Solares Trennsystem

Ein solares Trennsystem ist zwar gleichfalls eine Solarstation, enthält aber neben den beschriebenen Komponenten einen Plattenwärmetauscher und eine zweite Pumpe. Ihren Namen haben die Systeme, weil sie den Solarkreis vom Speicher tren-

BILD 1

BILD 2

nen. Der Plattenwärmetauscher ersetzt den Solarwärmetauscher innerhalb des Speichers. Die zweite Pumpe ist nötig, um das warme Wasser von der Station zum Puffer zu pumpen.

Solare Trennsysteme kommen bei großen Solarwärmeanlagen zu Einsatz, da ein Plattenwärmetauscher eine höhere Wärmeübertragung schafft. Einige Hersteller setzen sie aber auch bei Solarwärmeanlagen im Ein- oder Zweifamilienhaus ein. Mit Trennsystemen kann man über ein Dreiwegeventil eine einfache Schichtung erreichen. Scheint die Sonne kräftig, dann schaltet der Regler das Ventil so, dass die Solarwärme oben in den Speicher fließt. Kommt von den Kollektoren weniger Wärme, dann schaltet der Regler um und speist in den unteren Speicherbereich ein.

Regler

Um die Wärme aus den Kollektoren in den Speicher zu befördern, muss eine Umwälzpumpe im Solarkreis zugeschaltet werden. Diesen Vorgang steuert der **Solarregler**. In älteren Anlagen ist er als separates Gerät platziert, bei modernen in die Solarstation integriert.

In der einfachsten Ausführung arbeitet er mit einer simplen **Temperaturdifferenzsteuerung**. Mit zwei Temperaturfühlern wird die Temperatur an der heißesten Stelle des Kollektorfelds und im unteren, kalten Bereich des Solarspeichers gemessen. Übersteigt diese Temperaturdifferenz einen eingestellten Wert, zum Beispiel 8 Kelvin, wird die Pumpe eingeschaltet. Erreicht die Temperatur einen festgelegten Wert, wird ausgeschaltet. Zur Ansteuerung der Nachheizung durch den Heizkessel dient ein im oberen Bereich des Speichers installierter weiterer Temperaturfühler.

Die meisten Standardregler verfügen über eine Speichertemperaturbegrenzung, die in der Regel bei 65 °C liegt. Sie soll, je nach Kalkgehalt des Trinkwassers, einem Verkalken des Wärmetauschers vorbeugen. Manche Regler steuern den Durchfluss im Kollektorkreis je nach Sonneneinstrahlung mit einer drehzahlgeregelten Pumpe. Je nach Anlagentyp kann der Regler nicht nur die Nachheizung steuern, sondern auch die Beladung eines eventuell vorhandenen zweiten Speichers und die zeit- und temperaturabhängige Zirkulation. Am Markt gibt es inzwischen ein umfangreiches Angebot von Reglern mit weit da-

BILD 1 Das Membranausdehnungsgefäß gleicht Volumenänderungen im Solarkreislauf aus.
BILD 2 Plattenwärmetauscher

rüber hinausgehenden Funktionen. Dazu gehören Schnittstellen zur Datenübertragung auf den PC wie auch integrierte Wärmemengenzähler. Modernste Geräte schalten nicht nur die Kollektorkreispumpe oder die Nachheizung, sie sind zur kompletten Systemsteuerung entwickelt worden, die das Zusammenspiel von solarer und konventioneller Komponente und deren Wärmeverteilung erfasst und optimiert. Dazu gehört auch die Fähigkeit zur Fernparametrierung (Fernsteuerung), die langsam Einzug hält. Auch wenn das im Einfamilienhaus nicht zwingend scheint, erleichtert es vor allem in großen Mehrfamilienhäusern die Kontrolle und Wartung der Anlagen. Fernparametrierung und Monitoring laufen dann per Internet.

Membranausdehnungsgefäß

Keine Solaranlage darf ohne ein Ausdehnungsgefäß zum Druckausgleich betrieben werden. Zusammen mit dem Sicherheitsventil bildet es die Sicherheitsgruppe. Das Ausdehnungsgefäß ist ein mit Stickstoff gefüllter Metallbehälter. Eine Gummimembran dichtet den Gasraum nach außen ab. Deshalb spricht man auch von Membranausdehnungsgefäß (MAG). Es muss die sich ständig ändernden Drücke ausgleichen, die bei der Temperaturänderung des Wärmeträgers entstehen. Steigt die Temperatur im Solarkreis, dehnt sich der Wärmeträger aus und komprimiert das Stickstoffpolster. Bei Abkühlung zieht sich der Wärmeträger zusammen und das Stickstoffpolster wird wieder entlastet.

Da die Membran des Ausdehnungsgefäßes nur bis 100 °C belastbar ist, kann es in Einzelfällen erforderlich sein, ein zusätzliches Vorschaltgefäß in die Sicherheitsgruppe einzubauen. Darin soll bei Stagnation entstehender Dampf kondensieren und das Ausdehnungsgefäß schützen.

Wärmemengenzähler

Eine sinnvolle Ergänzung der Solaranlage ist die Wärmemengenerfassung. Je ein Temperaturfühler im Vor- und Rücklauf des Kollektorkreises sowie ein Durchflussmessgerät sind erforderlich, um die Funktion der Solaranlage zu kontrollieren. Der Wärmemengenzähler errechnet aus den Daten die Wärmemenge in Kilowattstunden und summiert sie. Je nach Regler lassen sich die Werte für bestimmte Zeitspannen abrufen. In einigen Reglern ist die Wärmemengenerfassung bereits integriert oder zumindest optional als Reglerfunktion verfügbar.

Ihre Bedeutung geht weit über die reine Kontrollfunktion hinaus. Wird eine Wärmemengenmessung in der gesamten bivalenten Heizungsanlage vorgenommen, lässt sich eine klare Aussage über den anteiligen Verbrauch von Sonnenwärme und fossil erzeugter Wärme treffen. Das bedeutet auch, dass die Energieeffizienz der jeweiligen Kombination von Solarwärmeanlage und Heizkessel (oder Wärmepumpe) konkret bewertet werden kann. Bislang ist das nur bei wenigen Anlagen möglich. Wie viel Kilowattstunden Endenergie, also Wärme, pro Jahr oder

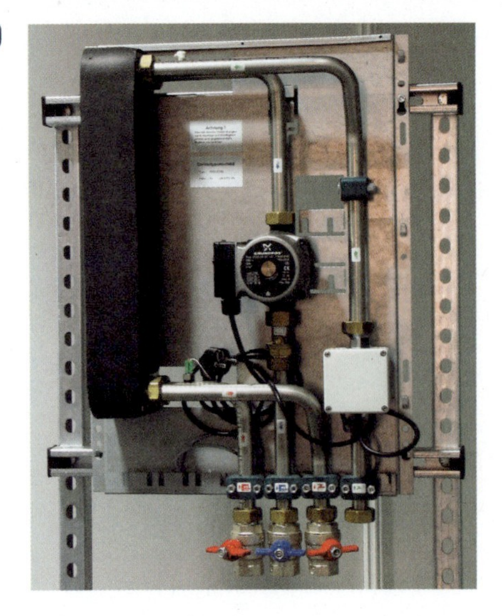

pro Quadratmeter zur Beheizung eines Hauses eingesetzt wurde, bleibt ohne Wärmemengenzähler unbekannt. Erfahrbar – und das auch nur im Nachhinein – ist lediglich die Menge des Brennstoffs, also der Nutzenergie, welche dazu erforderlich bzw. eingekauft worden war. Mit welchem Wirkungsgrad die Anlage arbeitet, ob die Heizung gut oder schlecht ist, bleibt im Dunkeln. Vergleichbar wäre das mit einem Auto ohne Kilometerzähler. Man kennt zwar die Benzinrechnung, weiß aber nicht, wie viele Kilometer man mit der Tankfüllung gefahren ist. Würde ein Kilometerzähler nur optional angeboten, also zusätzlich geordert und bezahlt werden müssen, wäre die Empörung groß. Die Heizungsbauer betreiben dieses Spiel seit Jahrzehnten und die Kunden schlucken dies, wohl aus Mangel an Kenntnis der Zusammenhänge.

Temperaturfühler

Temperaturfühler, die im Kollektorfeld eingesetzt werden, sind bei Stillstand der Anlage zuweilen einer Temperatur von mehr als 200 °C ausgesetzt. Dem müssen sie standhalten. Vor allem die Isolation der Kabel muss temperaturbeständig sein. Meist werden Silikonkabel verwendet. Es dürfen nur die vom Reglerhersteller empfohlenen Fühler verwendet werden, da es sonst zu Messfehlern und Störungen der Anlage kommt.

Brauchwassermischer

Im Speicher können Temperaturen von mehr als 90 °C auftreten, sodass die Gefahr besteht, sich bei der Entnahme am Wasserhahn zu verbrühen. Daher wird zwischen dem Heißwasserabgang am Speicher und der ersten Zapfstelle ein Brauchwassermischer eingebaut. Dies ist ein thermostatisch geregeltes Dreiwegeventil, an dem man die gewünschte Brauchwassertemperatur (zum Beispiel 45 °C) einstellt. Es wird dann immer so viel kaltes Wasser zugemischt, dass diese Temperatur nicht überschritten wird.

Frostschutz

Da Solarwärmeanlagen auch heftigem Frost ausgesetzt sein können, müssen alle frostgefährdeten Anlagenteile des Kollektorkreises vor Einfrieren geschützt werden. Der Kollektorkreis wird deshalb mit einem Gemisch aus Wasser und Frostschutzmittel befüllt. Als Frostschutzmittel

BILD Frischwasserstation mit Plattenwärmetauscher

kommt Propylenglykol zum Einsatz, ein Alkohol, der lebensmittelverträglich ist, auch wenn ein Vermischen des Wärmeträgers mit dem Trinkwasser praktisch ausgeschlossen ist. In der Regel wird ein Mischungsverhältnis von 60 Prozent Wasser zu 40 Prozent Glykol gefahren. Dies hält die Anlage bis etwa –21 °C betriebsbereit. Bei tieferen Temperaturen würde ohne ausreichenden Frostschutz ein zäher Eisbrei entstehen, der den Solarkreis zwar nicht zerstört, ihn aber blockiert. Es gibt allerdings auch Systemlösungen ohne Frostschutzmittel. Beim Prinzip Solar-Aqua sind Solar- und Heizkreis in einem gemeinsamen Kreislauf zusammengefasst, was das Glykol überflüssig macht.

Frischwasserstation

Stark im Kommen sind die Frischwasserstationen. Sie werden auch als Warmwasser- oder Wohnungsstation bezeichnet. Sie nutzen zur Erwärmung von Trinkwasser im **Durchlaufprinzip** die Wärme des Pufferspeichers. Dazu enthält die Frischwasserstation einen Plattenwärmetauscher und eine Pumpe, die sich je nach Warmwasserbedarf aus dem Pufferspeicher bedient. Damit immer konstant warmes Trinkwasser erzeugt wird, auch wenn die Zapfmenge schwankt, sollte die Station einen Regler enthalten, wenn nicht der Solarregler oder die Systemsteuerung diese Aufgabe übernehmen. Oft ist ein Brauchwassermischer integriert. Wie beim solaren Trennsystem ist auch bei der Frischwasserstation eine einfache Schichtung möglich. Das Wasser, das zum Puffer zurückströmt, kann je nach Temperatur in der Mitte oder unten in den Puffer zurückfließen. Wenn eine Zirkulation benötigt wird, kann diese in die Frischwasserstation integriert werden. Entscheidend ist, dass mit Frischwasserstationen die Bevorratung von Brauchwasser samt den damit verbundenen hygienischen Problemen entfällt. Zudem spart das den energetischen Aufwand der Bevorratung ein, was beträchtliche Kosten spart.

Wie in allen Komponenten, durch die warmes Trinkwasser strömt, kann sich auch im Plattenwärmetauscher der Frischwasserstation Kalk ablagern, vor allem in Gegenden mit kalkreichem Wasser. Da sich Kalkablagerungen verstärkt ab einer Temperatur von über 60 °C bilden, tritt dieses Problem nur da auf, wo hohe Temperaturen gefordert werden. Sollten trotzdem Kalkablagerungen entstehen, kann der Handwerker diese bei der Wartung herausspülen. Mit einer vorgeschalteten Entkalkung lässt sich auch das vermeiden.

Frischwasserstationen werden nicht nur zur zentralen Brauchwassererzeugung in kleineren Gebäudeeinheiten eingesetzt. Vor allem in Mehrfamilienhäusern, in denen an die Warmwasserbevorratung wegen des Legionellenschutzes höhere Anforderungen gestellt werden, kommen zunehmend dezentrale Frischwasserstationen zum Einsatz. Sie besorgen sich die erforderliche Wärme nicht aus dem Pufferspeicher, sondern per Wärmetauscher aus dem Heizkreis vor Ort.

ANLAGENKONZEPTE UND AUSLEGUNG

Die ersten solarthermischen Anlagen dienten ausschließlich der Warmwassererzeugung. Seither hat der Anteil der Anlagen, die darüber hinaus der Raumheizung dienen, stark zugenommen. Die Höhe der möglichen Energieeinsparungen hängt wesentlich vom Anlagenkonzept, seiner Auslegung, den Nutzergewohnheiten und den Verbrauchsdaten beziehungsweise dem energetischen Zustand des Gebäudes ab.

WÄRMEQUELLEN IM VERBUND

Eine „Nur-Solarwärme-Heizung“ ist beim gegenwärtigen Stand der Technik zwar möglich, wird aber selten gebaut. Die meisten solarthermischen Anlagen sind bisher Teil einer bivalenten Anlage, also eines **Hybridsystems**.

Komplexer wird es, wenn man sich die Gebäudelandschaft anschaut, in der diese bivalenten Heizungen laufen beziehungsweise an die sie angepasst werden sollen. Über 95 Prozent der Gebäudeheizungen, inklusive der Warmwassererzeugung, werden heute noch mit Verbrennungssystemen betrieben. Die **fossilen Brennstoffe** Erdöl, Erdgas, Kohle (unter anderem in Form von Fernwärme) und das nachwachsende Holz (Pellets, Scheitholz) oder sogar Biogas konkurrieren dabei miteinander. Aber auch Erdwärme- und Luftwärmepumpen treten inzwischen als Partner der solaren Wärmegewinnung auf den Plan. Das ist die eine Ebene, die es zu beachten gilt.

Die nächste besteht in den **Gebäudegrößen und den Gebäudetypen**, aus denen sich ein unterschiedlicher Wärmebedarf und naturgemäß unterschiedlich ausgelegte Heizungsanlagen ableiten. Das fängt beim freistehenden Einfamilienhaus (EFH) an und endet bei der vielgeschossigen Wohnmaschine Marke Plattenbau östlicher wie westlicher Provenienz, in der mehrere hundert Menschen leben.

Als dritte Ebene der Betrachtung ist schließlich zu berücksichtigen, ob es um einen **Neubau** oder **Bestandsbau** beziehungsweise um eine **Bestandsmodernisierung** geht.

BILD Kollektorfläche einer modernen Standardsolaranlage für ein freistehendes Einfamilienhaus

So stellt sich die Situation am Markt für den Heizungsbauer dar, der jeweils passende Lösungen finden soll. Die gute Botschaft dabei ist: Für alle diese unterschiedlichen Anforderungen gibt es auch solarthermische Lösungen.

Beschränkte sich die konventionelle Heizungstechnik in der Vergangenheit auf standardisierte wie auch speziell geplante und angepasste Systeme mit einer einzigen Wärmequelle, so wird in der Zukunft mehrheitlich eine Hybridheizung Einzug halten, mit der Solarkomponente als einem von zwei gleichberechtigten Standbeinen. Der heute noch übliche Begriff der „solaren Heizungsunterstützung" wird in naher Zukunft wohl der „teilsolaren Beheizung" Platz machen. Wir haben bereits gezeigt, dass die Solarthermie unter den regenerativen Energien diejenige mit der höchsten Energieausbeute, also dem besten Wirkungsgrad pro Quadratmeter ist. Mit keiner anderen Technologie lässt sich auf kleinem Raum so viel Sonnenenergie, also Primärenergie, einfangen.

Die hohe Kunst besteht jetzt darin, so viel wie möglich davon in Nutzenergie, also in Wärme umzuwandeln. Je besser dies gelingt, umso weniger fossile Brennstoffe werden von einem hybriden Heizungssystem verbraucht und vom Betreiber bezahlt werden müssen.

KLEINE UND MITTLERE ANLAGEN

Hinter „Anlagenkonzepte und Auslegung" verbirgt sich also mehr als nur die Solarthermie im engeren Sinne. Es geht um die Einbindung der Solarkomponente ins Gesamtsystem, das Zusammenspiel mit der Brenneranlage und um die Optimierung des Kombisystems. Bei einer Bestandsmodernisierung, und das ist die übergroße Mehrzahl der Fälle, geht es um die Einbindung der Solarthermie in die jeweils bestehende Warmwasser- und Heizungsanlage.

Sowohl bei kompletten bivalenten Neuanlagen als auch bei solarthermischen Komponenten zur Integration in die bestehende Haustechnik hat nach zwei Jahrzehnten der Marktpräsenz eine **Standardisierung** stattgefunden, vor allem im Bereich der Einfamilien- und Zweifamilienhäuser. Allerdings ist diese Standardisierung verbunden mit der Beschränkung auf Kurzzeitspeicher.

Größere Speichervolumen – egal, wie lange ihr Wärmevorrat reicht – müssen alle individuell geplant und gebaut werden. Sie sind im Vergleich mit den Standardprodukten mit Kurzzeitspeicher aufwendiger und teurer, zumindest bei den Investitionskosten. Der günstigere Ertrag bezogen auf die Lebensdauer kann das später allerdings mehr als wettmachen. Doch dazu mehr im Kapitel Wirtschaftlichkeit.

Größere Solarwärmeanlagen für Mehrparteienhäuser müssen generell einzeln geplant und realisiert werden. Sie lassen sich nicht wirklich „von der Stange kaufen", auch wenn hier erste Techniken einer Modularisierung zu beobachten sind. Aber je größer ein Wohngebäude ist, desto unterschiedlicher fallen die Nutzerprofile der Bewohner bzw. Mieter aus.

Was die Einstufung in Größenklassen betrifft, besteht leider keine Einheitlichkeit. Manche Anbieter richten sich nach der Größe der Kollektorfläche („mittlere Anlagen bis 30 m²"), andere nach der Anzahl der Wohneinheiten (WE) im Gebäude. Danach gehören Einfamilien- und Zweifamilienhäuser zu den kleinen Anlagen, der mittlere Bereich erstreckt sich von drei bis zu zehn oder zwölf Wohneinheiten.

Darüber hinaus existieren Anlagengrößen für Gebäude bis 200 WE und mehr. Merkwürdigerweise wird der mittlere Bereich von den Herstellern selbst vielfach als „GroSol" (große Solaranlagen) bezeichnet, während es für Anlagen im großen Geschosswohnungsbau, die Mietskasernen, keine gängige Begrifflichkeit gibt. Darin spiegelt sich allerdings die Lage am Markt wider, denn wirklich große Anlagen gibt es bisher nur wenige.

Doch zurück zu den Anlagenkonzepten. Bei den kleinen und mittleren Anlagen wird zwischen solchen zur reinen Trinkwassererwärmung und solchen zur Heizungsunterstützung beziehungsweise der Kombination von beidem unterschieden. In diesem Kapitel sollen die gängigen Konzepte vorgestellt werden. Dabei werden in der Regel geschlossene Zweikreissysteme mit Zwangsumlauf angesprochen. Andere haben im kommerziellen Solarwärmeanlagenbau bei mitteleuropäischen Witterungsbedingungen, von Schwimmbädern einmal abgesehen, keine Bedeutung.

Solare Kühlung und die Beheizung von Schwimmbädern werden auch aus der Perspektive der kleinen und mittleren Anlagen betrachtet, nämlich wie bestehende oder zu planende solarthermische Anlagen durch weitere Verbraucher optimiert und besser ausgenutzt werden können.

Große Anlagen für den Geschosswohnungsbau werden gesondert besprochen. Eine Reihe von Aspekten, wie die Betriebsweise der Kollektoren, der Frost- und der Legionellenschutz werden im folgenden Kapitel behandelt, sie gelten aber natürlich genauso für die Kombianlagen.

Standardsolaranlage zur Trinkwassererwärmung

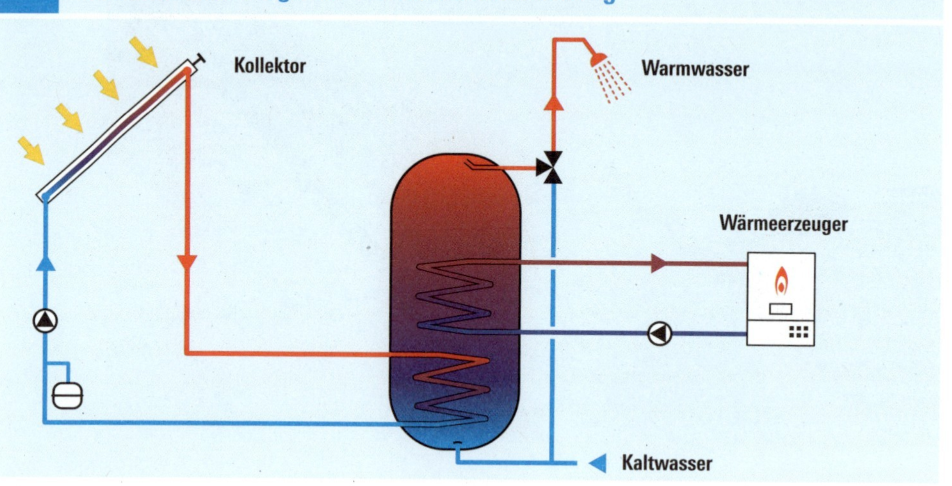

SOLARWÄRMEANLAGEN ZUR WARMWASSERBEREITUNG

Herkömmliche, nur mit einem Brenner befeuerte Kesselanlagen haben im Sommer das Problem, dass sie als Heizung nicht benötigt werden, aber wegen der Warmwasserbereitstellung doch in Betrieb bleiben müssen. Dabei werden zu unterschiedlichen Tageszeiten vergleichsweise geringe Wärmemengen für das Brauchwasser abgerufen. Der Brenner muss aber den Warmwasservorrat ständig auf dem eingestellten Temperaturniveau halten. Das zwingt beim Nachheizen zu einer höchst unwirtschaftlichen Fahrweise mit kurzen Brennerstarts beziehungsweise Brennerlaufzeiten. Es liegt auf der Hand, in der sonnenreichsten Zeit des Jahres die Sonnenwärme einzufangen, um währenddessen die konventionelle Wärmeerzeugungsanlage möglichst abschalten zu können.

In Mitteleuropa werden diese Anlagen also in der Regel als Zwangsumlaufanlagen mit Pumpe und einem Wärmetauscher zwischen dem frostgefährdeten Kollektorkreis und dem Trinkwasserkreis gebaut. Der Kollektorkreis ist mit einem Wasser-Frostschutzmittel-Gemisch befüllt. In den meisten Fällen wird der Sonnenkollektor auf das Dach montiert und der Speicher in den Keller gestellt. Der vom Kollektor erhitzte Wärmeträger wird durch eine Umwälzpumpe zum Solarspeicher befördert. Dort wird die Wärme über den Wärmetauscher, der im unteren Speicherteil sitzt, an das Trinkwasser abgegeben.

Bei guter Einstrahlung im Sommer kann das gesamte Speichervolumen damit beheizt werden.

Der zweite Wärmetauscher im oberen Speicherteil, über den der sogenannte Bereitschaftsteil durch die konventionelle Nachheizung auf einer konstanten Temperatur gehalten werden kann, garantiert die Versorgungssicherheit bei geringem Sonnenangebot.

Der Kollektorkreislauf wird vom Solarregler überhaupt nur dann in Betrieb gesetzt, wenn Energie in den Speicher geladen werden kann. Dazu werden die Temperaturen im Kollektor und im Speicher miteinander verglichen und die Pumpe gestartet, wenn der Kollektor deutlich

BILD Aufbau einer Standardanlage zur Trinkwassererwärmung: Wenn die Speichertemperatur durch den Regler nicht auf 60 °C begrenzt ist, muss ein Brauchwassermischer eingebaut sein. Das gilt für alle in diesem Kapitel behandelten Anlagen mit Ausnahme solcher mit einer modernen Frischwasserstation.

wärmer ist als der Speicher. Die Regelung verhindert auch eine Überhitzung des Speichers, sodass die maximale Speichertemperatur nicht überschritten werden kann. Kollektorkreis, Trinkwasser und konventionelle Nachheizung sind hydraulisch völlig getrennt. In allen Betriebszuständen arbeitet die Solarwärmeanlage eigenständig. Sie lässt sich in jedes konventionelle Heizungssystem integrieren, gleichgültig ob es mit Gas, Öl, Pellets oder einer anderen Energiequelle betrieben wird.

Betriebsweisen der Kollektoren

Die Hauptkomponenten, nämlich Kollektoren und Speicher, müssen gut aufeinander abgestimmt sein, denn ein leistungsfähiger Kollektor nützt wenig, wenn die gewonnene Wärme nicht effizient der Nutzung zugeführt werden kann.

Bei den ursprünglich konzipierten Anlagen betrug der Durchfluss durch die Kollektoren rund 30 bis 50 Liter pro m² Kollektorfläche und Stunde. Dieses Konzept eines hohen Durchflusses wird auch als **High-Flow-System** bezeichnet. Die hohe Fließgeschwindigkeit des Wärmeträgers bedeutet eine kurze Verweildauer im Kollektor; eine hochgradige Erwärmung findet nicht statt. Das hat für die Warmwassererzeugung den Nachteil, dass erst einmal nur lauwarmes Wasser in den Speicher kommt und die Temperatur im Laufe eines Sonnentags nur langsam ansteigt. Die Solltemperatur wird häufig erst mittags erreicht, für Verbraucher in den Vormittagsstunden nicht gerade günstig.

In der Praxis hat sich gezeigt, dass es für die häusliche Anwendung sinnvoller ist, kleinere Volumina im Speicher auf ein möglichst hohes Temperaturniveau aufzuheizen statt den gesamten Speicherinhalt langsam zu erwärmen. Typischerweise wird im Ein- und Zweifamilienhaus in den Vormittagsstunden eine vergleichsweise geringe Warmwassermenge benötigt. Da ist es besser, in einem Teilvolumen des Speichers eine genügend hohe Temperatur vorzufinden, anstatt einer großen Menge lauwarmen Wassers. Dieses höhere Temperaturniveau erreicht man durch die Kombination zweier technischer Maßnahmen: den Low-Flow-Betrieb und den Schichtenspeicher, bei dem die Wärme gezielt in eine passende Temperaturschicht eingelagert werden kann.

Beim **Low-Flow-System** vermindert man den Durchfluss im Kollektorkreis auf 15 bis 20 Liter pro m² Kollektorfläche und Stunde. Dabei wird zwar weniger Wärmeträger pro Zeiteinheit erwärmt, durch die längere Verweildauer im Kollektor wird dieser aber heißer. Es steht also frühzeitig Wasser mit einer Temperatur von 40 °C oder 50 °C zur Verfügung, wenn auch nur in einer relativ kleinen Menge (die Restwärme vom Vortag wird hier außer Acht gelassen). Das heiße Wasser muss nun schnell in den oberen Bereich des Speichers gelangen und sich nicht mit dem kühlen Wasser vermischen. Das gelingt mit modernen Schichtenspeichern. Vorteil dieses Systems: Da mit geringen Durchflüssen gearbeitet wird, können Pumpen

BILD Drain-Back-System im Betrieb (oben) und bei ausgeschalteter Pumpe (unten). Bei ausgeschalteter Pumpe entleert sich der Kollektor zum Schutz vor Frostschäden.

und Rohrleitungen kleiner dimensioniert werden, was zu Einsparungen führt; unter anderem sinkt der Stromverbrauch der Pumpe deutlich.

Mit Hilfe von drehzahlgeregelten Pumpen lässt sich schließlich ein **Matched-Flow-Betrieb** fahren, das heißt, eine Solltemperatur wird mit Hilfe variabler Durchsätze erreicht. Steigt die Temperatur im Rücklauf an, wird die Pumpendrehzahl erhöht, fällt sie ab, wird diese verringert. Damit wird die Rücklauftemperatur bei unterschiedlichem Strahlungsangebot der Sonne in einem definierten Bereich gehalten. Mit dieser variablen Betriebsweise kann der Wärmeertrag gesteigert und der Pumpenstrom noch einmal vermindert werden.

Konzepte zum Frostschutz

Der gängige Frostschutz des Wärmeträgers durch Glykol wurde bereits mehrfach angesprochen. Es gibt aber auch Anlagenkonzepte, die auf ein Frostschutzmittel verzichten und reines Wasser verwenden. Das hat seinen Grund darin, dass Glykol regelmäßig auf Alterungserscheinungen kontrolliert werden muss. Wird das unterlassen, kann es ausflocken und die komplette Anlage blockieren.

Drain-Back-Systeme sind Anlagen mit interner Kollektorentleerung. Sie erfreuen sich in Deutschland seit einigen Jahren steigender Beliebtheit. Bei ausgeschalteter Solarpumpe läuft der Wärmeträger aus den Kollektoren und der Solarleitung vollständig leer, bis hin zum Speicher beziehungsweise einem zusätzlichen Auffanggefäß. Der Kollektor wird nur gefüllt, wenn er frostfrei und warm ist. Auch bei Anlagenstillstand, wenn zum Beispiel die maximale Speichertemperatur erreicht ist, wird er entleert, und es kommt nicht zur Dampfbildung. Kollektoren und Zuleitungen müssen mit dem nötigen Gefälle verlegt sein, damit beim Wiederbefüllen die gesamte Luft aus den Kollektoren gedrückt wird sowie beim Entleeren keine Wassertaschen zurückbleiben. Darüber hinaus erfordern Drain-Back-Anlagen leistungsfähigere Pumpen, die natürlich mehr Strom ziehen. Nach über einem Jahrzehnt Betriebserfahrung haben sich Drain-Back-Anlagen als betriebssicher erwiesen, richtige Auslegung und Montage vorausgesetzt.

Das Prinzip **AQUA-Solar** (Abbildung Seite 81) ist eine weitere Alternative zum Frostschutzmittel und seiner regelmäßigen Inspektion. Wie beim Drain-Back-System fließt auch beim Aqua-System nur Wasser durch den Solarkreis. Hier sind aber Solar- und Heizungskreis zu einem einheitlichen Kreislauf verbunden. Anstelle der sonst erforderlichen Wasser-Glykol-Mischung im separaten Solarkreislauf wird das Heizungswasser direkt durch den Kollektor gepumpt, das anschließend über denselben Wärmetauscher, den auch der Heizkessel benutzt, das Trinkwasser erwärmt. Das Aqua-System wird allerdings nur mit Vakuumröhrenkollektoren angeboten. Um das Einfrieren sicher zu verhindern, wird in Frostnächten gezielt so viel Wärme im

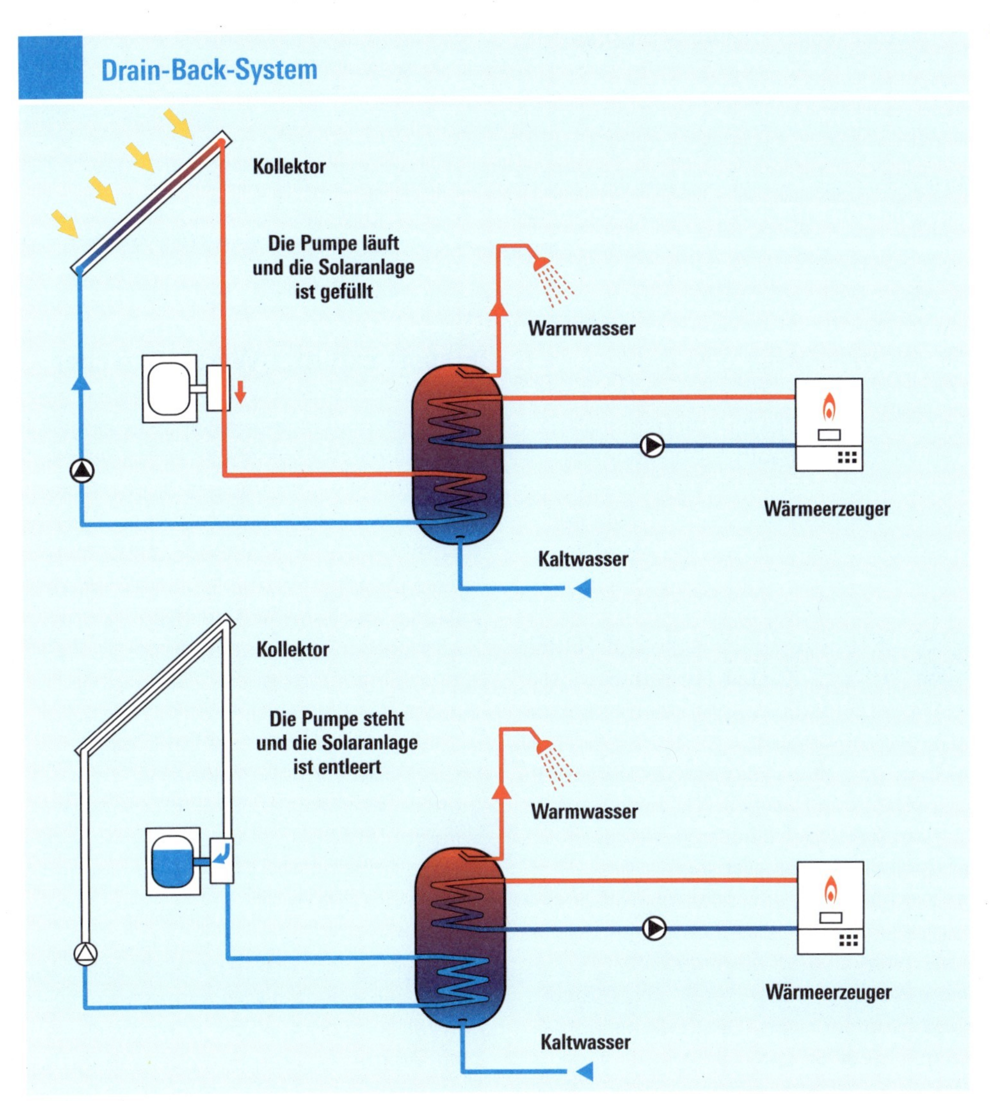

solaren Rohrleitungsnetz verteilt, dass ein Einfrieren zuverlässig und mit geringem Energieaufwand vermieden wird. Dafür sorgt eine speziell ausgelegte Steuerung. Diese Frostschutzfunktion benötigt etwa ein bis drei Prozent der tagsüber gewonnenen Wärme.

Das Aqua-System eignet sich über die Frostschutzfunktion hinausgehend gut für die solare Heizungsunterstützung. Die Solarwärme kann hier ohne Umweg über einen Pufferspeicher direkt an den Verbraucher, also zu den Heizkörpern geleitet werden. So kann der Heizungskreislauf direkt und ohne Heizkessel mit Solarwärme betrieben werden. Eine Solaranlage mit Aqua-System arbeitet quasi wie ein zweiter, zusätzlicher Heizkessel und lässt sich mit jedem anderen Energieerzeuger kombinieren. Der bereits vorhandene Warmwasserspeicher kann erhalten bleiben und zum Solarspeicher umfunktioniert werden. Ein teurer Austausch des bestehenden Wärmespeichers entfällt.

BILD Beim Aqua-System existiert kein separater Solarkreis, die Solaranlage wird vielmehr in den Nachheizkreislauf eingebunden.

Als das Aqua-System auf den Markt kam, schien die direkte Einspeisung der Solarwärme in den Heizkreislauf gegen alle Regeln des Solarwärme-Anlagenbaus zu verstoßen. Aber es hat sich bewährt. Ähnliche Konzepte beginnen heute im Geschosswohnungsbau den Markt zu erobern.

AKTUELLE AUSLEGUNGSKRITERIEN FÜR DEN KOLLEKTORKREIS

- Große Durchflussmengen im Kollektorkreis sind unnötig.
- Bei Low-Flow-Systemen können Leitungen und Pumpen kleiner dimensioniert werden, trotzdem liefern sie schnell warmes Wasser.
- Warmes Wasser muss sich im Speicher gut schichten lassen, daher sind Schichtenspeicher vorteilhaft.
- Anstelle einfacher Regel- und Steuerkonzepte für den Kollektorkreis geht der Trend hin zum Systemregler, der alle Wärmeerzeuger und -verbraucher zentral ansteuert und der Solarwärme Vorrang gewährt: also Nutzung vor Speicherung.
- Systemkonzepte wie Thermosiphon-Anlagen sind bislang nur in Regionen außerhalb Deutschlands verbreitet.
- Drain-Back-Anlagen zum Frostschutz haben sich bewährt und werden von vielen Herstellern angeboten.
- Das Aqua-System bietet neben dem Frostschutz den Vorteil, dass kein separater Solarkreislauf mehr erforderlich ist.

Einsatz externer Wärmetauscher

Neben den internen Wärmetauschern, die als Heizschlange in den Speicher eingebaut werden, besteht auch die Möglichkeit, externe Wärmetauscher einzusetzen. In ihnen wird die Wärme aus dem Kollektorkreis im Gegenstrom an das Speicherwasser abgegeben. In kleinen Standardanlagen wurde früher von dieser Technik kaum Gebrauch gemacht, da die Verrohrung aufwendiger ausfällt und eine weitere Pumpe benötigt wird. Pflegte man externe Wärmetauscher früher nur bei der Übertragung größerer Wärmemengen einzusetzen, so sind sie heute als vorgefertigte Speicherladestation auch in kleinen Anlagen präsent. Denn mit ihnen ist eine bessere Schichtung im Speicher möglich.

Eine andere Variante des externen Wärmetauschers, die eine immer größere Verbreitung findet, ist die **Frischwasser- oder Warmwasserstation**. Sie dient nicht der Speicherladung, sondern mit ihr wird Wärme aus dem Pufferspeicher direkt auf frisches Wasser aus der Leitung übertragen. Das funktioniert ähnlich wie bei einem Durchlauferhitzer. Heißes Wasser wird nur dann frisch zubereitet, wenn der Warmwasserhahn aufgedreht wird. Eine Bevorratung von Trinkwasser findet gar nicht mehr statt, was aus hygienischer Sicht optimal ist.

Die zentrale Warmwasserbereitung weicht also immer mehr einer Dezentralisierung. Dies ist vor allem auch im Geschosswohnungsbau zu beobachten. Das

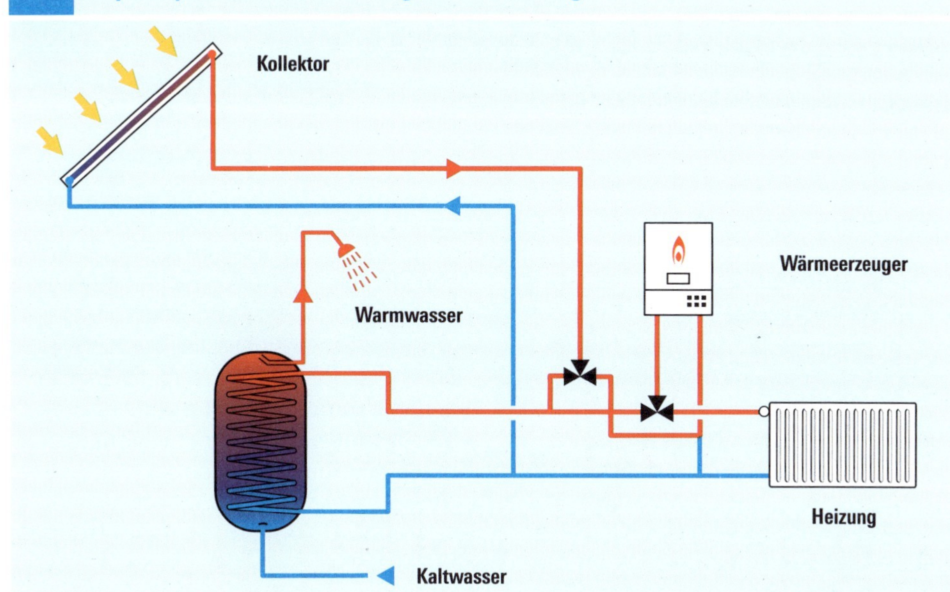

warme Wasser, das den Wärmetauscher durchströmt, kommt nicht mehr aus einem Speicher im Keller, sondern aus der Heizkreisleitung vor Ort, wo das Gerät gewissermaßen zwischen Heizkörper und Wasserhahn installiert wird.

Dimensionierung der solaren Warmwassererzeugung

Bei der Auslegung einer Solaranlage zur Trinkwasserbereitung ist der tatsächliche Warmwasserverbrauch der entscheidende Faktor. Der Energieverbrauch pro Person für Warmwasser macht je nach Nutzerverhalten zwischen 400 und 1 000 kWh pro Jahr aus. Die Bandbreite hat ihre Ursache im unterschiedlichen Verbrauchsverhalten. Man sollte sich hier nicht auf angebliche Standardwerte oder das berühmte „Pi mal Daumen" verlassen, sondern vorsichtshalber den Verbrauch messen oder messen lassen.

Unbedingt ist auch das vorhandene Wassererwärmungssystem inklusive der Hydraulik auf seine Eignung zur Anbindung an eine Solaranlage zu überprüfen.

Für die **Auslegung der Kollektorgröße** kann nach der gängigen Faustregel für jede Person im Haushalt 1,0 – 1,5 m² bei Flachkollektoren oder 0,8 – 1,0 m² bei Röhrenkollektoren gerechnet werden.

Das erscheint einfach. Leider gibt es noch eine Reihe von Faktoren, die zusätzlich beachtet und berechnet werden müssen. Sie treiben den Warmwasserverbrauch nach oben, oder umgerechnet, die Zahl der Personen im Haushalt beziehungsweise im Gebäude.

KATEGORIEN FÜR DEN WARMWASSERVERBRAUCH	
Niedriger Bedarf	20 – 30 Liter Warmwasser (45 °C) pro Kopf und Tag
Mittlerer Bedarf	30 – 50 Liter Warmwasser (45 °C) pro Kopf und Tag
Hoher Bedarf	50 – 60 Liter Warmwasser (45 °C) pro Kopf und Tag

BILD Montage von großen Elementen für ein komplettes Solardach

Warmwasserzirkulation und andere Verbraucher

Nicht nur in Mehrfamilienhäusern sind Zirkulationsleitungen eingebaut, sondern auch in vielen älteren Ein- und Zweifamilienhäusern. Existiert im Haus eine Warmwasser-Zirkulationsleitung, stellt sie einen zusätzlichen Verbrauchsfaktor dar. Teilweise sind ältere Zirkulationsleitungen nicht isoliert, obwohl sie über eine beachtliche Länge verfügen. Da die Temperatur des Wassers bei jedem Umlauf auch ganz ohne Entnahme von Warmwasser sinkt (Wärmeverluste), wird täglich 24 Stunden lang heißes Wasser zu den Zapfstellen geführt und kommt dann lauwarm zurück in den Speicher. Eine derartige Installation kann jeden Solarspeicher über Nacht auskühlen!

Wenn auf eine Zirkulation nicht verzichtet werden kann, sollte man zumindest ein Rückschlagventil und eine kleine, zeitgesteuerte Zirkulationspumpe einbauen lassen. Auch der Einbau eines thermostatisch gesteuerten Zirkulationsunterbrechers kann hilfreich sein.

Aber selbst eine gut gedämmte Zirkulationsleitung von zum Beispiel 15 m Länge, deren Betrieb per Schaltuhr auf 8 bis 12 Stunden am Tag beschränkt wird, verursacht einen zusätzlichen Wärmebedarf von über 1 kWh pro Tag. Dies entspricht einem Warmwasserverbrauch von bis zu 30 Litern/Tag und kann wie eine zusätzliche Person gewertet werden. Ohne Gegenmaßnahmen entsprechen die täglichen Zirkulationsverluste durchaus dem Verbrauch von 2 bis 3 Personen.

Für die Dimensionierung der Kollektorfläche ist eine Warmwasserzirkulation eine wichtige Komponente, die dem eigentlichen Warmwasserverbrauch hinzugerechnet werden muss.

Wenn Wasch- und Spülmaschine an den Warmwasserkreislauf angeschlossen werden sollen, muss je nach Intensität der Nutzung mit einer viertel bis halben Person zusätzlich gerechnet werden.

WARMWASSERVERBRAUCH BESTIMMT DIE KOLLEKTORFLÄCHE

Diese Faktoren bei der Warmwassernutzung bestimmen die notwendige Kollektorfläche der solarthermischen Anlage:

- Anzahl der Personen im Haus
- Wie sind die Verbräuche bei Mietern einzuschätzen?
- Gewohnheiten der im Haus lebenden Benutzer: Wie viele Duschbäder oder Wannenbäder werden genommen? Stehen einige Bewohner mehrmals täglich unter der Dusche?
- Ist eine Warmwasserzirkulationsleitung vorhanden und wie ist sie ausgelegt?
- Werden Geschirrspülmaschinen mit Warmwasser betrieben?
- Werden Waschmaschinen mit Warmwasser betrieben?
- Wie wird sich die Personenzahl im Haus zukünftig entwickeln? Gibt es Jugendliche, die bald das Haus verlassen, oder kommt Nachwuchs?

Auslegung des Speichersystems

Das Speichervolumen muss auf die Kollektorfläche abgestimmt sein. Ein kleines Volumen heizt sich schneller auf, ein zu großes braucht eventuell zu lange, um das notwendige Temperaturniveau von mindestens 40 °C im Speicher zu erreichen. Dadurch würde ein regelmäßiges Nachheizen erforderlich.

Der Solarspeicher sollte als Faustregel rund 80 Liter pro Person fassen, um auch trübe Tage überbrücken zu können. Für Kurzzeitspeicher kann man auch mit dem Eineinhalb- bis Zweifachen des Tagesverbrauchs rechnen. Bei einer vierköpfigen Familie kommt man dann bei 4 bis 6 m² Kollektorfläche auf 320 l Speichervolumen.

Berücksichtigt man zusätzliche Verbraucher wie Wasch- oder Spülmaschine und eine eventuelle Zirkulationsleitung, muss der Speicher größer ausgelegt werden.

Die Solarwärmeanlage muss aber auch die Energieverluste des Solarspeichers selbst abdecken. Der mittlere tägliche Wärmeverlust eines Solarspeichers kann bis zu 1 kWh/Tag betragen. (Der konkrete Wert des jeweiligen Speichers kann aus den Herstellerunterlagen entnommen werden). Also kann das erforderliche Speichervolumen durchaus noch etwas höher liegen.

BEISPIEL SPEICHERVOLUMEN

Eine Familie mit zwei Kindern in einem EFH hat einen mittleren Warmwasserbedarf von 50 Liter pro Person und Tag. Das macht zusammen 200 Liter/Tag. Geschirrspüler und Waschmaschine sollen ebenfalls mit solar vorerwärmtem Wasser betrieben werden. Ausgehend von einer dreimaligen Nutzung des Geschirrspülers und einer zweimaligen Nutzung der Waschmaschine pro Woche ergibt sich ein zusätzlicher täglicher Bedarf von durchschnittlich 20 Liter/Tag (3 x 25 Liter + 2 x 30 Liter = 135 Liter/Woche = 20 Liter/Tag). Insgesamt erhöht sich damit der Warmwasserbedarf auf 220 Liter/Tag. Die Wärmeverluste des Speichers mit eingerechnet, führt dies zu einem Speichervolumen, das rechnerisch etwa 330 bis 400 Liter umfasst.

Wenn die Größe des Kollektorfelds und des Speichers dimensioniert sind, stellt sich die Frage nach dem passenden Mo-

BILD Die Preisentwicklung bei Öl und Erdgas glich im letzten Jahrzehnt einer Fieberkurve mit ständig steigender Tendenz – eine Besserung ist nicht zu erwarten.

dell, das sich in das Haus integrieren lässt. Die verschiedenen Speichersysteme sind von ihrer technischen Seite ja bereits im Abschnitt Trinkwasserspeicher behandelt worden. Bei der **Auswahl des Speichers** ist zu nun beachten, dass es bauliche Voraussetzungen gibt, die vorab geklärt sein müssen. Wie sind die Raumverhältnisse am Aufstellort, beispielsweise im Keller oder auf dem Dachboden, also Raumhöhe, statische Belastbarkeit und das Kippmaß des Speichers?

- Wie groß ist die lichte Durchgangsbreite aller Türen, durch die der Speicher durchmuss?
- Für die Bestimmung der maximal zulässigen Höhe des Speichers ist das Kippmaß zugrunde zu legen, weil der Speicher im Kellerraum aufgerichtet werden muss.
- Bei der Wahl der Stellfläche ist die Belastbarkeit des Bodens durch den vollständig gefüllten Speicher zu berücksichtigen. Notfalls ist für eine geeignete Lastverteilung zu sorgen.
- Soll die Anlage später noch erweitert werden?
- Kann der eingebaute Wärmetauscher, falls das technisch möglich ist, bei Verkalkung ausgebaut und gereinigt werden? (Bei Glattrohrwärmetauschern meistens nicht nötig).

Die Standardanlage

Eine vierköpfige Familie kann mit der als Standardanlage bezeichneten Warmwassererzeugung – je nach Klimaregion – bis zu 60 Prozent ihres Energiebedarfs für die Warmwassererzeugung solar decken.
Um die Einsparmöglichkeit richtig einordnen zu können, muss man wissen, dass ein Brennerkessel allein für die Warmwasserbereitstellung in den Sommermonaten pro Liter entnommenes Warmwasser bis zu doppelt so viel Brennstoff verbrauchen kann wie im Winter. Bei modernen Brennwertkesseln und Pelletheizungen ist der Verbrauch zwar geringer als bei Altanlagen, aber auch hier kann dieser sommerliche Brennstoffverbrauch durch eine Solarwärmeanlage fast gänzlich eingespart werden. Die restlichen 40 Prozent der insgesamt benötigten Energie für warmes Brauchwasser müssen vorwiegend im Winter über den Heizkessel und den oberen Wärmetauscher des Speichers abgedeckt werden. Mitentscheidend für die Höhe des Zusatzenergiebedarfs ist die am Kesselregler eingestellte Trinkwasser-Solltemperatur. Je niedriger diese eingestellt wird, zum Beispiel auf 45 °C, desto höher ist der Deckungsanteil der Solarenergie und entsprechend niedriger der Anteil der Zusatzenergie aus anderen Heizungssystemen.

DAUMENREGELN ZUR DIMENSIONIERUNG

Für einen angestrebten solaren Deckungsgrad von 60 Prozent sollte pro Person eine Nettofläche von ca. 1 bis 1,5 m² Flachkollektor beziehungsweise 0,8 bis 1 m² Röhrenkollektor angesetzt werden.
Der passende Solarspeicher sollte dem Eineinhalb- bis Zweifachen des täglichen

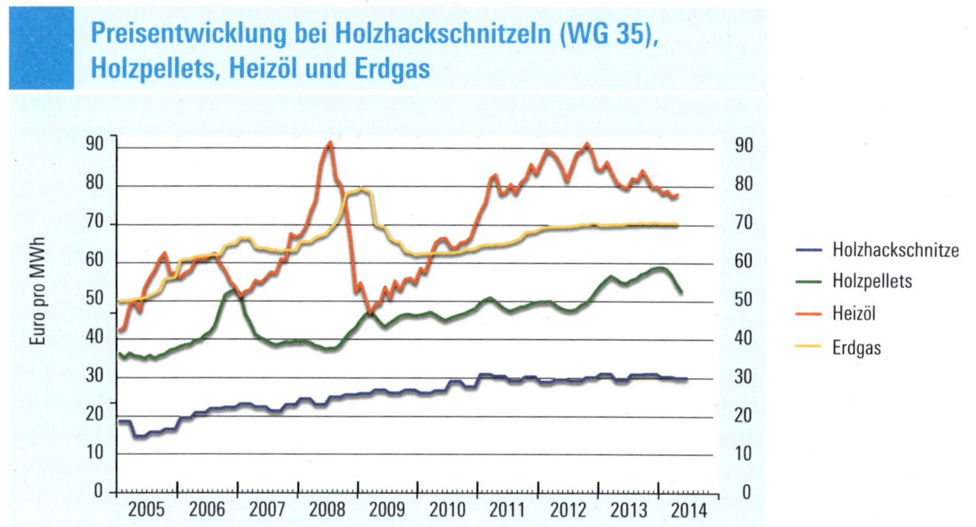

Warmwasserbedarfes des gesamten Haushalts entsprechen.

Für den Kauf inklusive Installation einer typischen solaren Trinkwasserbereitung im Einfamilienhaus (4 Bewohner, 4 bis 6 m² Kollektorfläche, 300 bis 400 Liter Solarspeicher) muss mit Kosten von 4 000 bis 5 000 Euro gerechnet werden. Die Betriebskosten durch Wartung und Pumpenstrom sind gering.

Die jährliche Einsparung erreicht bis 250 Liter Heizöl oder das entsprechende Gasäquivalent von 250 Kubikmeter beziehungsweise 2 500 kWh.

Legionellen – eine Gefahr?

Legionellen, das sind wärmeliebende Bakterien, sind als Hygieneproblem beim Trinkwasser noch gar nicht so lange bekannt. 1976 erkrankten bei einem Veteranentreffen der American Legion in Philadelphia 182 von 4 400 Teilnehmern an einer Lungenentzündung, 29 starben. Dies gab der Krankheit ihren Namen: Legionella pneumophila oder Legionärskrankheit. Das Bakterium A-Legionella pneumophila kommt in allen natürlichen Gewässern und auch im Trinkwasser in geringen Konzentrationen vor. Die Infektion wird ausschließlich über die Atemwege – also durch Inhalation feinster Wassertröpfchen (Aerosole) – übertragen. Obwohl keine minimale Infektionsdosis bekannt ist, ist das Bakterium in Kaltwassersystemen, in denen es normalerweise in Konzentrationen von einer Zelle pro Liter vorkommt, kein gesundheitliches Risiko. In Magen und Darm stellt es keine Gefahr dar.

Im Temperaturbereich von 25 – 45 °C herrschen für dieses Bakterium ideale Wachstumsbedingungen, deshalb können in Warmwassersystemen mit Bevorratung beachtliche Mengen des Erregers auftreten. Gefährlich wird dies zum Beispiel in Duschen, Sprudelbädern und Klimaanlagen, wenn sich Aerosole bilden, die eingeatmet werden können. Konzentrationen bis zu 10^8 Keime pro Liter sind dann möglich und bilden ein Infektionsrisiko. Oberhalb von 50 °C können die Bakterien sich nicht mehr vermehren, bei über 60 °C sind sie nicht mehr lebensfähig.

Der Verein des Gas- und Wasserfachs (DVGW) hat in seinem Arbeitsblatt 551, das sich mit „Trinkwassererwärmung und Leitungsanlagen“ befasst, ein Anti-Legionellen-Konzept veröffentlicht. Es ist gültig für Speichervolumina über 400 Liter oder wenn der Wasserinhalt der Leitung zur entferntesten Entnahmequelle größer als drei Liter ist. Darin wird empfohlen, dass die Wassertemperatur am Speicherausgang von Großanlagen mindestens 60 °C betragen soll. Gängige Kleinanlagen sind von diesen Empfehlungen des DVGW-Arbeitsblattes 511 explizit ausgenommen.

Im DVGW-Arbeitsblatt 511 wird gefordert, dass sogenannte Vorwärmstufen – darunter fallen zum Beispiel Solarspeicher –, sofern sie Trinkwasser enthalten, mindestens einmal täglich auf 60 °C aufgeheizt werden müssen (thermische Desinfektion oder Legionellenschaltung). Diese Anforderung tangiert auch die Nutzung der Solarenergie, sodass man zunehmend die Erwärmung des Trinkwassers im Durchflussverfahren betreibt (siehe Warmwasser- bzw. Wohnungsstationen, Seite 71). Sie erfolgt dann über leistungsstarke (interne oder externe) Wärmetauscher. Das Arbeitsblatt gestattet es Anlagenbetreibern jedoch auch, durch regelmäßige Kontrolle des Bakterienstamms im Verteilnetz eine thermische Entseuchung durch Aufheizung nur bei Bedarf durchzuführen.

Die Umsetzung des DVGW-Arbeitsblatts ist auch bei konventionellen, weit verzweigten Warmwassernetzen und bei Warmwassererzeugern mit Fernwärme oder Wärmepumpen eine Herausforderung. Es stellt – wie übrigens DIN-Normen auch – keine gesetzliche Vorschrift dar, sondern eine Richtlinie und Arbeitshilfe bei der Planung von Warmwasseranlagen. Sie sollte dennoch berücksichtigt werden, um eventuellen späteren Rechtsansprüchen wegen der Nichtbeachtung des Standes der Technik vorzubeugen.

Aufrüstung solarer Warmwasseranlagen

Oft werden solarthermische Anlagen zuerst nur zur Warmwasserbereitung installiert. Wenn die Besitzer nach zwei oder drei Jahren sehen, dass alles funktioniert, entsteht der Wunsch nach einer Erweiterung zur Heizungsunterstützung.

WELCHE NEUE KOMBINATION BIETET EINSPARMÖGLICHKEITEN

Beim Einbau einer solarthermischen Anlage sollte man zugleich auch prüfen, ob ein Wechsel bei der konventionellen Komponente einen Preisvorteil mit sich bringt.

Umstieg von	Umstieg auf
Ölkessel alt	Öl-Brennwertheizung
Erdgaskessel alt (Niedertemperatur)	Erdgas-Brennwertheizung
Kessel alt	Pelletkessel
Kessel alt	Scheitholzheizung
Kessel alt	Kaminofen mit Wassertasche
Kessel alt	Wärmepumpe
Kessel alt	Fernwärme

Gerade durch die Beschäftigung mit dem Thema Solarwärme wird vielen Betreibern erst bewusst, dass die Heizung der viel größere Energieverbraucher ist, sie verschlingt das meiste Geld. Das Nachrüsten einer Warmwasseranlage ist technisch durchaus möglich, hat aber auch seine Tücken. Man sollte also genau hinschauen und sich beraten lassen.

Ein Warmwasserspeicher ist in einem solchen Fall bereits vorhanden. Dieser ist jedoch in der Regel zu klein und verfügt auch nicht über die erforderlichen zwei Wärmetauscher. Natürlich ist es möglich, diesen alten Speicher wegzuwerfen und durch einen neuen Solarspeicher zu ersetzen. Es gibt für Bauherren aber durchaus Gründe, diesen Weg nicht zu gehen; sei es, weil der Speicher noch recht gut in Schuss ist oder er noch Garantie hat.

In diesem Fall kann ein **Zweispeichersystem** gebaut werden, bei dem der neue Solarspeicher kleiner und billiger ausfallen kann. Beide werden in Reihe geschaltet, jeweils im unteren Teil vom Solarsystem erwärmt, während der obere Wärmetauscher des neuen Speichers an den Heizkessel angeschlossen wird. Auch wenn sich dies in manchen Fällen als eine kostengünstige Lösung anzubieten scheint, sollte man nicht außer Acht lassen, dass die beiden Speicher eine insgesamt größere Oberfläche und damit höhere Wärmeverluste aufweisen. Beide Aspekte gilt es also abzuwägen.

Wohl die meisten Investoren nutzen einen anstehenden Kesseltausch, um die alte Heizungsanlage zu entsorgen und sich stattdessen ein komplett neues System in den Keller und aufs Dach zu stellen. Das hat neben der Möglichkeit, eine moderne Standardheizung auf technisch modernstem Niveau einzubauen, einen weiteren Vorteil. Solange die alte Heizung im Keller bleibt, ist der Betreiber an seinen angestammten Brennstoff gebunden. Durch einen kompletten Heizungstausch schafft er sich die Option, aus allen an seinem Standort verfügbaren Brennstoffen auswählen zu können. Neben dem Einspareffekt, der durch die neue Solarheizung entsteht, tritt eventuell ein weiterer: niedrigere Brennstoffkosten durch den Wechsel des (fossilen) Energieträgers.

BILD Angesichts steigender Preise für fossile Brennstoffe ist für viele Hausbesitzer und Bauherren die solare Heizungsunterstützung eine Alternative für ihre Gebäudeheizung.

KOMBIANLAGEN ZUR TRINKWASSER-ERWÄRMUNG UND RAUMHEIZUNG

Mit Kombianlagen wird zusätzlich zur Trinkwassererwärmung im Frühjahr und im Herbst sowie an sonnigen Wintertagen die Solarwärme zur Raumheizung herangezogen. Der Marktanteil solcher Anlagen erreicht in Deutschland rund 50 Prozent.

Angesichts steigender Preise für fossile Energieträger suchen viele Hausbesitzer und Bauherren nach Alternativen für ihre Gebäudeheizung. Vielfach wird der Glaubenssatz propagiert, dass bei bestehenden Gebäuden vor dem Einbau einer solaren Heizung die energetische Sanierung, sprich Dämmung, zu erfolgen habe; und zwar nach der Devise: „So viel wie möglich dämmen!" Ganz ohne Zweifel führt eine Vermeidung großer Wärmeverluste durch bauliche Maßnahmen zu einer Reduzierung des Wärmebedarfs. Doch hier soll gerade nicht einer dogmatischen Vorgehensweise – erst maximale Bauphysik, dann Anlagentechnik – das Wort geredet werden. Denn das würde viele Bauherren finanziell überfordern und birgt die Gefahr, dass die Modernisierung auf halber Strecke stecken bleibt.

Vielmehr gilt es, beide Maßnahmen klug aufeinander abzustimmen. Durch eine gute solarthermische Anlage lässt sich vielleicht mit weit weniger Dämmung auskommen. Auch könnte die Reihenfolge umgedreht werden, wenn die Finanzen es gebieten: nämlich die im Vergleich billigere Haustechnik als Erstes anzupacken und die Dämmung danach, durchaus im zeitlichen Abstand.

Dazu gehört auf alle Fälle auch noch die Überlegung, wie der dann verbleibende Restenergiebedarf gedeckt werden soll. Ist es sinnvoll und möglich, auf eine andere Nutzenergie umzusteigen? Etwa von Heizöl auf Erdgas, Pellets, Fernwärme oder Wärmepumpe?

Alle drei Maßnahmen sollten zusammen bedacht werden. Denn sie ergeben zusammen tatsächlich eine Einheit: die energetische Modernisierung eines Gebäudes, die in der Regel höchstens einmal in drei oder vier Jahrzehnten angepackt wird. Alles sollte so aufeinander abgestimmt und optimiert werden, dass am Ende ein wirtschaftlich sinnvolles Ergebnis steht; unabhängig davon, in welcher Reihenfolge es realisiert wird.

HEIZWÄRMEBEDARF UNTERSCHIEDLICHER BAUWEISEN

Hierbei entsprechen der Wärmemenge von 10 kWh: 1 Liter Heizöl, 1 m^3 Erdgas oder 2 kg Holzpellets.

- Bestehende Gebäude (je nach Wärmedämmung): 80–300 kWh/m^2 pro Jahr.
- Niedrigenergiehaus: 40–79 kWh/m^2 pro Jahr (zum Beispiel KfW-40-Haus)
- Drei-Liter-Haus: 16–39 kWh/m^2 pro Jahr

- **Passivenergiehaus:**
  max. 15 kWh/m² pro Jahr
- **Nullenergiehaus/Energiegewinnhaus:**
  0 kWh/m² pro Jahr beziehungsweise Energieüberschuss

Kombisysteme mit Heizungsunterstützung arbeiten nach den gleichen Grundsätzen wie die bereits beschriebenen Anlagen zur Brauchwassererwärmung. Als Standardanlagen sind auch sie in der Regel mit Kurzzeitwärmespeichern ausgestattet. Da die Erzeugung von Heizwärme zusätzlich erfolgt, müssen Kollektor und Speicher größer dimensioniert werden. Kombisysteme haben eine höhere Primärenergiesubstitution als reine Trinkwassersysteme. Durch die größere Kollektorfläche ergibt sich in der heizfreien Zeit aber eine Überdimensionierung der Anlage. Das führt im Sommer, wenn kein Heizbedarf besteht und keine sommerlichen Wärmeverbraucher wie Schwimmbäder oder solare Kühlung vorhanden sind, zu Erträgen, die nicht genutzt werden können. Der Überhitzungsschutz hat deshalb eine besondere Bedeutung, ist aber Stand der Technik.

Durch eine verbrauchsgerechte Dimensionierung, bei der letztlich der Warmwasserverbrauch noch immer wichtigster Parameter ist, werden die Stagnationszeiten in vertretbaren Grenzen gehalten. Dazu trägt auch die deutlich höhere solare Ladungskapazität von Kombispeichern bei, also das größere Volumen und eine höhere Maximaltemperatur (~ 90 °C).

Trotzdem muss man festhalten, dass dies heute noch die Grundproblematik aller Kombianlagen mit Kurzzeitspeicher ist. Im Sommer, wenn die meiste Sonne zur Verfügung steht, werden sie mit der Warmwassererzeugung unterfordert. Ihre Stärke können sie erst in der Übergangszeit und an sonnigen Wintertagen zeigen. Damit lassen sich immerhin deutlich niedrigere Verbrauchswerte erreichen, als dies mit Brenner-Kesselanlagen mit moderner Brennwerttechnik möglich wäre.

Neben den hier schwerpunktmäßig besprochenen Standardanlagen mit Kurzzeitspeicher gibt es noch individuelle Auslegungen, die auf einen höheren solaren Deckungsgrad abzielen und deren Speicherlösung in Richtung Langzeitspeicher erweitert werden. Diese werden gesondert abgehandelt.

Je nach Höhe des Heizwärmebedarfs können mit Kombianlagen **unterschiedli-**

che solare Deckungsanteile erreicht werden. In einem gut gedämmten Gebäude können bis zu 30 Prozent des Gesamt-Heizwärmebedarfs mit Solarwärme gedeckt werden. In einem Bestandsgebäude ohne wirksame Wärmedämmung erreicht dieser Wert lediglich 10 bis 20 Prozent. In Verbindung mit einer Modernisierung der Kesselanlage wird die finanzielle Einsparung bei den laufenden Brennstoffkosten natürlich deutlich höher liegen.

Im Neubau kann das Heizungs- und Solarsystem als Gesamtsystem entwickelt werden. Im Bestandsgebäude hingegen sind Installationen vorhanden, die in der Regel nicht unter dem Gesichtspunkt einer späteren Solarenergienutzung gebaut wurden. Deshalb ist es erforderlich, Anpassungen der beschriebenen Solarsysteme an die örtlichen Gegebenheiten vorzunehmen, wenn nicht die Heizungsanlage komplett erneuert werden soll.

Bei der **Kollektorfläche** ist die Erweiterung im Vergleich zur reinen Warmwasseranlage technisch einfach. Es ist eine rein quantitative Frage. Wird größer dimensioniert, muss eigentlich nur der Platz auf dem Dach vorhanden sein. Beim Neubau ist dies selbstredend der Fall.

Bei den **Speichern** ist die Vielfalt im Vergleich zu reinen Brauchwasseranlagen etwas komplizierter. Hier kann nicht einfach skaliert werden. Die Speicher unterscheiden sich vor allem durch die Art der Brauchwasserbereitung und die Integration des Kollektorkreises. Die Typen- und Auslegungsvielfalt ist beträchtlich.

Kombianlagen mit Kurzzeitspeicher können anhand der Speicher beziehungsweise ihrer Funktionsmerkmale grob folgendermaßen eingeteilt und charakterisiert werden:

ANZAHL DER SPEICHER: Hier wird zwischen Ein- und Zweispeicher-Kombianlagen unterschieden.

ART DER BRAUCHWASSERERWÄRMUNG: Die Erwärmung des Brauchwassers kann entweder vor der Entnahme oder während der Entnahme erfolgen. Anlagen, bei denen das Brauchwasser vor der Entnahme erwärmt wird, arbeiten nach dem Speicherprinzip und benötigen daher für das Brauchwasser einen zusätzlichen Speicherbehälter.

Bei der Zweispeicheranlage ist dies ein separater Brauchwasserspeicher. Bei Einspeicheranlagen ist der Speicher für das Brauchwasser in den Kombispeicher eingebaut – deshalb werden sie als „Tank-im-Tank"-Speicher bezeichnet.

Erfolgt die Erwärmung des Brauchwassers erst bei der Entnahme (Durchlaufprinzip), werden sehr leistungsfähige Wärmetauscher benötigt. Hierzu werden entweder in den Speicher eingebaute Rippenrohr- und Glattrohrwärmetauscher eingesetzt oder Plattenwärmetauscher, die sich außerhalb des Speichers befinden.

PUFFERFUNKTION DES KOMBISPEICHERS FÜR DEN HEIZKESSEL: Es ist zwischen Kombianlagen mit und ohne Pufferfunktion für den Heizkessel zu unterscheiden. Letztere werden als Anlagen mit Rücklaufanhebung (Vor-

wärmanlagen) bezeichnet. Bei diesen wird das Wasser des Heizungsrücklaufs solar vorgewärmt (Rücklaufanhebung), bevor es im Heizkessel auf die Vorlauftemperatur des Heizungskreislaufs erhitzt wird.
KOMBISPEICHER MIT EINGEBAUTER WÄRMEQUELLE: Hier sind die bislang getrennt gehaltenen Speicherinstallationen und der Heizkessel in einem Schichtenspeicher mit integriertem Gas- oder Ölbrenner zusammengefasst; das warme Brauchwasser wird bedarfsgerecht und ohne Bevorratung durch einen Wärmetauscher zubereitet.
LANGZEITWÄRMESPEICHER: Mit solarthermischen Anlagen zur Versorgung eines einzelnen Gebäudes, die auf dem Prinzip des Tagesspeichers (Kurzzeitwärmespeicher) beruhen, stoßen solare Deckungsraten des jährlichen Gebäudewärmebedarfs an eine natürliche Grenze.

Will man über 35 Prozent des Wärmebedarfs durch Solarenergie decken, also auch einen beträchtlichen Teil des Raumwärmebedarfs im Winter, ist der Schritt zur saisonalen Wärmespeicherung (Langzeitwärmespeicher) unumgänglich. Die Energieverluste solcher Speicher sind dabei umso geringer, je größer sie sind. Gleichzeitig sinken die Kosten je Speichervolumen drastisch. Dies erklärt sich aus dem Umstand, dass die Oberfläche des Speichers pro Speichervolumen nur im Quadrat zunimmt, das Volumen aber in der dritten Potenz. Die Oberfläche ist aber die wesentliche Bestimmungsgröße sowohl für die Wärmeverluste des Speichers wie auch für die Investitionskosten pro Volumeneinheit. Ein Ansatz besteht darin, saisonale Speicher als große zentrale Anlagen zu realisieren, was auf den Einsatz eines solar gestützten Nahwärmenetzes hinausläuft. Mit dessen Hilfe wird die während des Sommers zentral gespeicherte Wärme im Verlauf der Heizperiode an die Verbraucher verteilt. Ein anderer Ansatz besteht in den sogenannten Sonnenhäusern, die um einen Warmwasserspeicher mit einem Volumen von 5 bis 10 Kubikmeter herum gebaut werden.

Rahmenbedingungen für Kombianlagen

Grundsätzlich sind für den erfolgreichen Betrieb einer Kombianlage Rahmenbedingungen zu nennen, die entweder bereits vorhanden sind oder zumindest angestrebt werden sollten.
NIEDRIGER ENERGIEBEDARF DES GEBÄUDES: Eine Kombianlage eignet sich vor allem in gut gedämmten Gebäuden mit niedrigem Heizenergiebedarf. Wo diese Voraussetzung noch nicht gegeben ist, ist eine Abstimmung von bauphysikalischen Maßnahmen und Einsatz von solarthermischen Kombisystemen sinnvoll und wirtschaftlich. Letztlich ist dies immer eine Frage des Budgets, über das der Bauherr verfügt.
EINSATZ VON NIEDERTEMPERATURHEIZUNGEN: Eine wirksame teilsolare Hausheizung ist dann möglich, wenn die Heizungsanlage für niedrige Temperaturen ausgelegt ist. Eine niedrige Vorlauftemperatur bietet der Solaranlage erheblich bessere Möglichkei-

BILDER Voreinstellbare Thermostatventile an jeden Heizkörper ermöglichen einen hydraulischen Abgleich. Die Voreinstellungen erlauben es, die Wärme in den Heizkörpern an den tatsächlichen Bedarf des Raumes anzupassen – und Heizkosten zu sparen.

ten, signifikante Anteile der Raumheizung zu liefern. Besonders geeignet sind Fußboden- und Wandheizungen oder Plattenheizkörper mit großem Strahlungsanteil. Planer und Installateure sprechen gern vom Geheimnis des kalten Rücklaufs.

EIN HYDRAULISCHER ABGLEICH: Jedes Heizungssystem sollte gut eingeregelt sein. Dies ist beileibe nicht immer der Fall. Stattdessen trifft man oft auf das Problem der ungleichmäßigen Wärmeverteilung im Heizsystem. Vom Heizkessel weiter entfernte Räume werden dann nicht ausreichend mit Wärme versorgt. Stattdessen werden Zimmer, die nah am Heizzentrum liegen, zu heiß. Wenn das System schlecht eingeregelt ist, fließt eventuell mehr warmes Wasser in einige Heizkörper, als diese an Wärme abgeben können. Das Wasser verlässt diese Heizkörper im Rücklauf dann mit einer viel zu hohen Temperatur. Oder umgekehrt; das bemerkt man etwa an ungleich erwärmten Heizkörpern: also oben heiß und unten kalt.

Das ist schon bei einer konventionellen Heizungsanlage schlecht. Die Solaranlage müsste diese Rücklauftemperatur „überbieten", um überhaupt noch heizungsunterstützend wirken zu können. Das kann sie aber, je nach Sonneneinstrahlung, nicht immer leisten. Die Lösung liegt in einer Reduzierung beziehungsweise Anpassung der Volumenströme, die durch die Heizkörper fließen. Der Installateur bestimmt (heute natürlich computergestützt) die passende Heizwassermenge für jeden Raum und den optimalen Druck der Heizungspumpe. Das Ergebnis dieser Berechnungen sind Werte, die an den Thermostatventilen jedes Heizkörpers voreingestellt werden. Eine derart eingeregelte Anlage verschleudert nicht nur weniger Solarwärme, sondern spart auch jede Menge Brennstoffkosten.

ÖRTLICHE KLIMAEINFLÜSSE: Die Orientierung der Sonnenkollektoren sollte für den geplanten Einsatzfall, der auf einen optimalen Solarertrag in den Übergangszeiten setzt, geeignet sein. Da der Sonneneinfall während dieser Zeit flacher als im Sommer ist, führt eine steilere Montage der Sonnenkollektoren (mind. 45°) zu einem höheren Strahlungsempfang. Zur Klassifizierung des örtlichen Klimas in Bezug auf die Auslegung von Heizungssystemen gibt es unter anderem die **örtlichen Heizgradtage.** Liegen die Heizgradtage um einen Wert von 4000, sind die klimatischen Voraussetzungen besonders günstig. Wer es genau wissen will, kann die örtlichen Heizgradtage bei seinem Sanitär- und Heizungsbetrieb abfragen.

SCHUTZ VOR ÜBERHITZUNG IM SOMMER. Bei Kombianlagen ist der Schutz vor Systemüberhitzung während der Sommerzeit von besonderer Bedeutung. Wenn bei starker Sonneneinstrahlung infolge mangelnder Wärmeabnahme der Speicher seine Maximaltemperatur von zum Beispiel 95 °C erreicht, muss die Regelung die Solarpumpe ausschalten. Das Kollektorfeld „kocht", wie es der Fachmann ausdrückt – ein für Solaranlagen normaler Betriebszustand, der mehrmals jährlich eintritt, ohne dass

der Anlagenbetreiber dies bemerkt. Das großzügig dimensionierte Ausdehnungsgefäß nimmt die Volumenausdehnung des Wärmeträgers auf, das Sicherheitsventil bleibt geschlossen und die Anlage kann nach dem Abkühlen wieder vollautomatisch weiterlaufen. Im gesamten Solarkreislauf können dabei Temperaturen um 130 °C auftreten. Darauf sind alle Komponenten ausgelegt. Die meisten Solarregelungen bieten Kollektorschutzfunktionen, die ein Kochen der Anlage hinauszögern oder gar vermeiden können. Man sollte dies aber zum Anlass nehmen, das Frostschutzmittel, das darunter leidet, regelmäßig in Augenschein zu nehmen. Alternativen bieten Drain-Back-Anlagen und das Aqua-Solar-System.

CO_2-NEUTRALE HAUSHEIZUNG: Im Rahmen der Diskussion über Klimaschutz und die Verringerung des persönlich beeinflussbaren CO_2-Ausstoßes ist das Interesse an einer CO_2-neutralen Hausheizung stark angestiegen. Die Verbindung einer solarthermischen Anlage mit einer Holzheizung oder einer Wärmepumpe bietet diese Möglichkeit. Durch Pelletheizungen, die sich inzwischen ihren Markt erobern, ist die Kombination mit Holz nicht mehr nur auf ländliche Gebiete beschränkt. Wärmepumpe und Solarwärme sind dann eine vollständig regenerative Kombination, wenn die Hilfsenergie, also der Strom für Pumpen und Kompressor, über eine Photovoltaikanlage erzeugt wird.

Auslegung und Größen

Statistisch gesehen beträgt die Kollektorfläche bei Kombianlagen in Deutschland in der Regel 8 bis 15 m². Das zeigt, dass die Mehrzahl dieser Anlagen nach wie vor in Ein- und Zweifamilienhäusern installiert ist. Andererseits lässt dies aber nicht darauf schließen, dass hinter dem Begriff der Standardanlage wirklich einheitliche Konzepte stecken. Ausgehend von der Notwendigkeit, solarthermische Kombianlagen an die unterschiedlichsten Gebäudebedingungen anzupassen, haben die Entwickler individuelle Wege gesucht und gefunden (siehe dazu den Abschnitt „Gängige Konzepte bei Kombianlagen", Seite 97). Entsprechend schwierig sind allgemeingültige Aussagen zur Dimensionierung von solarthermischen Anlagen zur Heizungsunterstützung zu treffen.

Grundlage für die Dimensionierung von Kombianlagen mit Kurzzeitspeichern im Ein- und Zweifamilienhaus ist der Jahresverbrauch beim Warmwasser plus einem Zuschlag für Heizenergie. Der Heizwärmebedarf ist den meisten Hauseignern nicht geläufig; sollten keine Verbrauchswerte vorliegen, besteht so oder so Beratungsbedarf. Alle Hersteller von Kombianlagen bieten Auslegungsdiagramme, Nanogramme oder Simulationsprogramme an, die auf ihre Produkte abgestimmt sind.

Immerhin gibt es aufgrund von Erfahrungswerten Faustformeln, die eine erste grobe Anlagendimensionierung gestatten.

Für die Warmwassererzeugung mittels Flachkollektor werden, wie schon dargelegt, 1,0 bis 1,5 m² Kollektorfläche pro Person gerechnet, bei Vakuumröhren 0,8 bis 1 m² Kollektorfläche.

Für die zusätzliche heizungsunterstützende Funktion stehen folgende Faustregeln zur Verfügung.

ANLAGEN MIT KURZZEITSPEICHER:

Faustformel Kollektorfläche:
0,8–1,1 m² Flachkollektoren oder
0,5–0,8 m² Vakuumröhrenkollektoren
pro 10 m² beheizte Wohnfläche.
Die Kollektorfläche sollte jedoch nicht weit über das Doppelte der Größe hinausgehen, die für die reine Warmwasserbereitung erforderlich wäre. Nur so können die sommerlichen Überschüsse in Grenzen gehalten werden.

Faustformel Speichervolumen:
Mindestens 50 Liter pro m² Kollektorfläche oder 100–200 Liter pro kW Heizlast.

ANLAGEN MIT SAISONALER SPEICHERUNG:

Faustformel Kollektorfläche:
1,5–3 m² Flachkollektoren oder
1–2 m² Vakuumröhrenkollektoren
pro 10 m² beheizte Wohnfläche.

Faustformel Speichervolumen:
250–1000 Liter pro m² Kollektorfläche.

Im Internet gibt es inzwischen einfache und leicht zu bedienende Tools zur Onlineberechnung von thermischen Solaranlagen, sowohl für Warmwasser als auch mit Heizungsunterstützung. Diese gehen über die Möglichkeiten der Faustformeln hinaus und gestatten es, in kürzester Zeit verschiedene Dimensionierungen durchzuspielen. Ganz abgesehen davon bereiten sie mehr Spaß als der Umgang mit sperrigen Faustformeln.

ONLINEBERECHNUNG VON THERMISCHEN SOLARANLAGEN

Die Berechnungen basieren auf dem Simulationsprogramm T-Sol der Firma Dr. Valentin EnergieSoftware GmbH und können im Internet kostenlos durchgeführt werden.

Solaranlage zur Warmwasserbereitung:
http://valentin.de/calculation/thermal/system/ww/de

Solaranlage zur Warmwasserbereitung und Heizungsunterstützung:
http://valentin.de/calculation/thermal/system/wwh/de

Für solarthermische Anlagen zur Heizungsunterstützung ist eine präzise Auslegung von Kollektorfläche und Speichervolumen nur mit Simulationsprogrammen möglich, zum Beispiel T*SOL, polysun, getSolar und TRNSYS. Mit ihnen können auch die solaren Gewinne durch Fensterflächen und innere Wärmequellen (Menschen, Geräte, Beleuchtung) bei zunehmendem Dämmstandard bilanziert werden.

Bei der Bestimmung der Kollektorflächen gilt zudem, dass eine nur überschlägig errechnete Bedarfsfläche nicht als Grundlage für die Beantragung von Fördergeldern benutzt werden kann. Dafür ist grundsätzlich eine Simulationsrechnung mit einem anerkannten Programm erforderlich, die von einem Planer oder Installateur vorgenommen werden sollte.

Anbindung der Heizkreise

Um die Solarenergie maximal zu nutzen, muss die Kombianlage optimal ins Gesamt-Heizsystem und dessen Regelungskonzept eingebunden sein. Oftmals ist es sinnvoll, Kessel- und Solaranlage von einem Hersteller zu installieren, weil die unterschiedlichen Systemkomponenten auf ihre Gesamtsystemeffizienz abgestimmt und getestet sind. Zusätzlich stellt der Gesamtanbieter oft speziell abgestimmte Rohrbaugruppen oder Schnellmontagesets zur Verfügung, die die Installationszeiten minimieren und auch Installationsfehler ausschließen. Systemhersteller bieten zudem komplette Solarpakete mit Gas-Brennwertheizung, Speicher, Regelung, Kollektoren, Anschluss- und Montagesets mitsamt Zubehör an.

Trotzdem sollte man die wichtigsten Funktionsprinzipien verstehen, um das passende Anlagenkonzept auswählen zu können. Es muss schließlich zu den Voraussetzungen und Bedingungen des eigenen Gebäudes passen.

Die **Bestimmung der Auslegungsziele** ist für die Höhe der Investition durchaus entscheidend. Dabei spielen die vielfältigsten Gesichtspunkte eine Rolle:

- Größe des Gebäudes und Anzahl der Bewohner (Heizwärmebedarf, Zapfprofile für Warmwasser)
- Neubau oder Modernisierung
- Verfügbarer Platz im Keller
- Anpassung an ein vorgefundenes Heizsystem und die Hydraulik
- Beibehaltung bestehender Komponenten, soll zum Beispiel ein bestehender Warmwasserspeicher erhalten werden?
- Umstellung von dezentraler Warmwasserbereitung (zum Beispiel mit Elektrodurchlauferhitzer) auf zentrale
- Umsetzung des Legionellenschutzes – Warmwasserbereitung im Vorwärmspeicher oder im Direktdurchlauf
- Einbindung der aktiven Zirkulation (falls vorhanden)
- Einschätzung der haustechnischen Umbaumaßnahmen und Abstimmung mit bauphysikalischen Baumaßnahmen
- Parallel beabsichtigter Wechsel des Energieträgers (Öl, Erdgas, Pellet, Scheitholz, Fernwärme, Wärmepumpe).

Die Einbindung der Heizkreise wird im Planungsprozess festgelegt und ist abhängig von der Art des Wärmeerzeugers (Nachheizung), dem Speicherkonzept und den Systemtemperaturen der Heizkreise (Flächenheizungen oder Radiatorheizungen). Die spezifischen Anpassungen an das jeweilige Gebäude sollen von einem Planer oder erfahrenen Installationsunternehmen realisiert werden. Diese können

BILD Die Anpassung an ein vorgefundenes Heizsystem und die Hydraulik in Bestandsgebäuden sind Aufgaben von Fachplaner und Installateur.

sich vorgefertigter Baugruppen oder standardisierter Detaillösungen bedienen wie Schichtladeeinrichtungen, externe oder interne Wärmetauscher und spezielle Regelstrategien, die die Industrie liefert.

Die folgenden gängigen Anlagenkonzepte sind durchaus Standardlösungen, auch wenn sie nicht als kompletter „Bausatz" zur Montage vor Ort geliefert werden.

Teil- oder vollsolare Versorgung

Technisch ist die vollsolare Gebäudeversorgung möglich, auch bei Häusern aus dem Bestand. Gegenwärtig gibt es in Deutschland aber nur wenige Sonnenhäuser, die **überwiegend solar beheizt** werden.

Die entscheidende Frage ist, wie die finanziellen Möglichkeiten und konzeptionellen Ziele des Bauherrn aussehen und ob er zum Beispiel in der Lage ist, einen großvolumigen Wärmespeicher im oder nahe beim Gebäude unterzubringen. Je näher man einer vollsolaren Versorgung kommen will, desto aufwendiger können die baulichen Maßnahmen werden, müssen sie aber nicht.

Dasselbe gilt für die teilsolare Raumheizung mit hohem solaren Deckungsgrad bei der Langzeitwärmespeicherung. Die Integration eines oder mehrerer Wasserspeicher mit mehreren tausend Litern Fassungsvermögen ist in bestehenden Häusern oftmals nicht möglich. Eine praktikable Alternative scheint sich aktuell in unterirdischen Wärmespeichern zu etablieren, die nicht aus dem herkömmlichen Stahl, sondern aus glasfaserverstärktem Kunststoff (GFK), Beton oder Verbundwerkstoffen gefertigt sind und auch außerhalb des Gebäudes oder unterirdisch installiert werden können.

Die **teilsolare Hausheizung mit einer Kombianlage** bei mäßigem Deckungsgrad – also die gängige Kurzzeitwärmespeicherung – weist vordergründig ein günstigeres Kosten-Nutzen-Verhältnis auf. Denn wenn die Entscheidung für die Installation einer solaren Warmwasserbereitung bereits gefallen ist, sind die Mehrkosten für die zusätzliche Anbindung an die Gebäudeheizung relativ gering. So jedenfalls das Kalkül vieler Hausbesitzer. Bei weiter steigenden Preisen für die konventionellen Brennstoffe werden jedoch neue Überlegungen, eben z. B. was eine Langzeitspeicherung angeht, immer interessanter und wohl auch unumgänglich.

Wurden diese Kombisysteme in den vergangenen Jahren oft nachträglich in bestehende Bauten oder in Neubauten mit mäßigen Energiekennzahlen installiert, so ist seit Mitte 2005 mit den veränderten Förderbedingungen der Anteil der Kombianlagen beträchtlich gestiegen. Fast 50 % der beim Bundesamt für Wirtschaft und Ausfuhrkontrolle (BAFA, eine Bundesoberbehörde im Geschäftsbereich des Bundesministeriums für Wirtschaft) gestellten Anträge beziehen sich mittlerweile auf Kombianlagen.

Die durchschnittliche Kollektorfläche aller von der BAFA geförderten Anlagen (Warmwasser- und heizungsunterstützende Anlagen zusammengenommen) liegt mittlerweile bei etwa 11 m², also deutlich oberhalb der reinen Warmwasseranlagen.

Ebenfalls findet man Kombisysteme in Ein- oder Zweifamilienhäusern als nachträgliche Erweiterungen für Holzheizungen mit Zentralspeicher.

Solare Kombianlagen ergänzen den Betrieb solcher Heizungen während des Sommers.

GÄNGIGE KONZEPTE BEI KOMBIANLAGEN

Nur wenige Systemanbieter führen die solare Wärme bisher direkt aus dem Kollektor in den Heizkreis, folgen also dem Prinzip „Nutzung vor Speicherung“. Die im Folgenden vorgestellten gebräuchlichsten Konzepte für kleine und mittlere Anlagen arbeiten deshalb mit einer Rücklaufanhebung oder mit einer Direktanbindung aus dem Pufferspeicher. Was heißt das?

RÜCKLAUFANHEBUNG: Ist die Temperatur im Pufferspeicher höher als die Rücklauftemperatur des Heizkreises, wird der Rücklauf nicht direkt zum konventionellen Brennerkessel zurückgeführt, sondern über ein Umschaltventil durch den solaren Speicher geleitet. Die in den Speicher eingebrachte Solarenergie führt zu einer Temperaturerhöhung des Heizkreisrücklaufs. Der Brennerkessel muss weniger konventionelle Energie aufwenden, um das Rücklaufwasser wieder auf die gewünschte Vorlauftemperatur für den Heizkreis aufzuheizen. Soweit jedenfalls die Theorie. In der Praxis führt dies vielfach zu unwirtschaftlichen Heizintervallen der Kesselanlagen.

DIREKTEINBINDUNG AUS DEM PUFFER: Hier sind Vorlauf- und Rücklaufleitung des Heizkreises direkt an den Pufferspeicher angeschlossen. Die Solarwärme gelangt nur dann in den Heizkreis, wenn der Solarteil wärmer ist als der Bereitschaftsteil. Der Kessel hält den oberen Pufferbereich auf der benötigten Solltemperatur. Die Höhe

Anlage mit Kombispeicher als Puffer für den Heizkessel

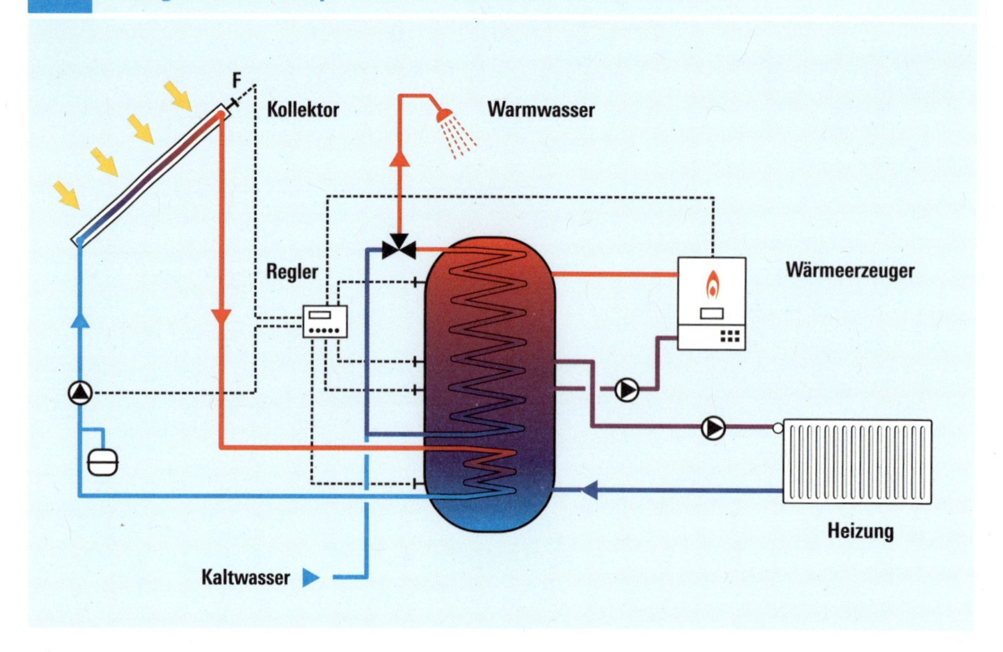

BILD Stark nachgefragt – Kombianlage mit Speicher, der zusätzlich als Pufferspeicher für den Heizkessel dient

der Speicheranschlüsse für den Heizkreis wird je nach Temperaturanforderung des Heizkreises (Fußboden- oder Flächenheizung), dem optional für die Trinkwassererwärmung notwendigen Bereitschaftsvolumen sowie der Art des Wärmeerzeugers festgelegt. Das Puffervolumen kann auch auf zwei Speicher für die Solaranlage und den Kessel aufgeteilt werden.

Anlage mit Kombispeicher als Puffer für den Heizkessel

Der Kombispeicher als zentraler Speicher wird hier sowohl als Wärmespeicher für die Solaranlage als auch zur Erwärmung des Brauchwassers genutzt und dient zugleich als Pufferspeicher für den Heizkessel. Solche **Einspeicheranlagen** dominieren aufgrund ihrer kompakten Bauweise auf dem Markt. Die vom Heizkessel abgegebene Wärme wird grundsätzlich dem Speicher zugeführt. Im oberen Bereich des Speichers befindet sich das Puffervolumen (Bereitschaftsvolumen) für die Brauchwassererwärmung und im mittleren Bereich das Puffervolumen für die Raumheizung. Wenn dem Heizkessel dieses Puffervolumen zur Verfügung steht, kann ein häufiges Ein- und Ausschalten (Takten) des Brenners mit seinen negativen Auswirkungen auf Verbrauch und Emissionen vermieden werden. Dies ist speziell dann von Vorteil, wenn aktuell eine geringe Leistung für die Gebäudeheizung angefordert wird und diese unter der minimal möglichen Leistungsabgabe des Heizkessels liegt. Beim Einsatz von Holzheizkesseln ist ein Puffervolumen sogar zwingend notwendig. Die Brauchwassererwärmung erfolgt bei dieser Anlage mittels eines eingebauten Wärmetauschers, in dem das Brauchwasser beim Durchströmen erwärmt wird.

Solarheizung mit Tank-im-Tank-Speicher

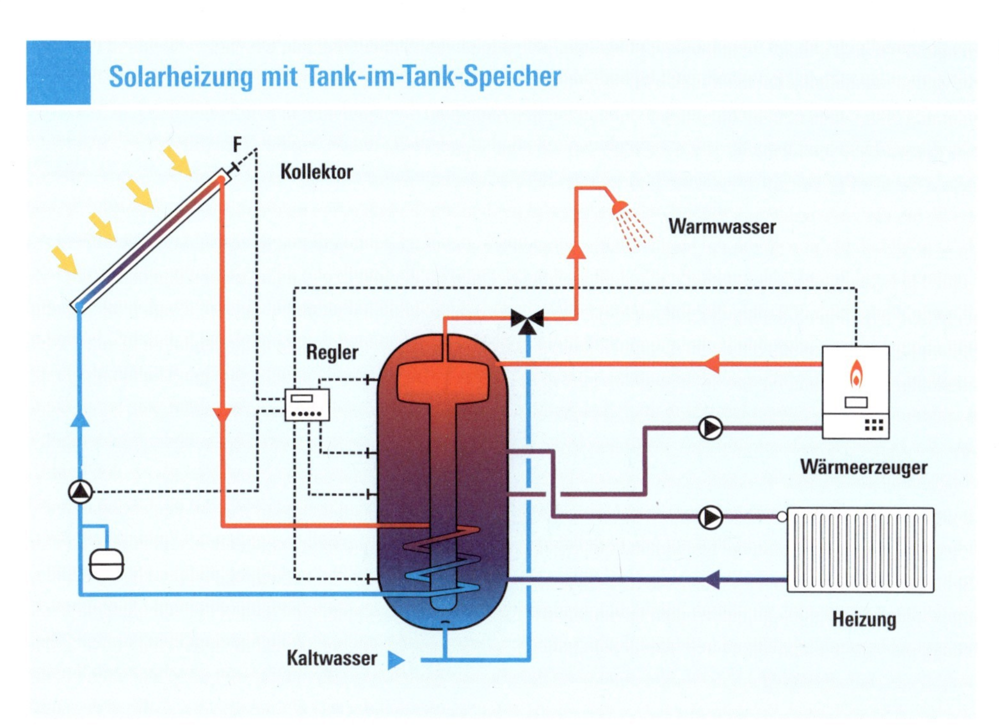

BILD Anlagen mit „Tank-im-Tank"-Speicher gewinnen aufgrund des einfachen Aufbaus zunehmend Marktanteile.

Anlage mit „Tank-im-Tank"-Speicher

Beim „Tank-im-Tank"-Speicher ist in den mit Heizungswasser gefüllten Pufferspeicher ein zweiter, kleinerer Speicher eingebaut. Er enthält das Brauchwasser, das nur durch das den Speicher umgebende Heizungswasser erwärmt wird. Diese Ausführung eines Kombispeichers ist wegen ihres relativ einfachen Aufbaus beliebt. Ein guter „Tank-im-Tank"-Speicher zeichnet sich unter anderem dadurch aus, dass der Brauchwassertank möglichst weit nach unten gezogen ist. Wird oben warmes Brauchwasser entnommen, strömt unten kaltes Wasser ein. So ist es möglich, den unteren Speicherbereich auf einem niedrigen Temperaturniveau zu halten. Diese Konstruktion hat einen günstigen Einfluss auf den Wirkungsgrad der Solaranlage. Dieser ist umso höher, je niedriger das Temperaturniveau ist, mit dem der Kollektorrücklauf betrieben wird.

Anlage mit Rücklaufanhebung

Bei diesem Anlagentyp ist im Speicher nur ein Bereitschaftsvolumen für das Brauchwasser vorhanden. Der Heizkessel liefert die für die Raumheizung benötigte Wärme nur direkt in den Heizkreislauf des Gebäudes. Ist die Temperatur im unteren Bereich des Speichers höher als die Rücklauftemperatur des Raumheizungskreises, so wird der Rücklauf durch den Speicher geleitet. Diese Wärme hebt das Temperaturniveau des Wassers im Rücklauf an, bevor es im Heizkessel auf Vorlauftemperatur erwärmt wird.

Das Prinzip der Rücklaufanhebung ist in seiner thermischen Leistungsfähigkeit den Anlagen, bei denen der Speicher auch als Puffer für den Kessel dient, unterlegen. Da der Speicher nur zur Rücklaufanhebung genutzt wird, herrscht während der Heizperiode ein niedrigeres Temperaturniveau im Speicher. Dies führt zwar zu

Solarheizung mit Rücklaufanhebung

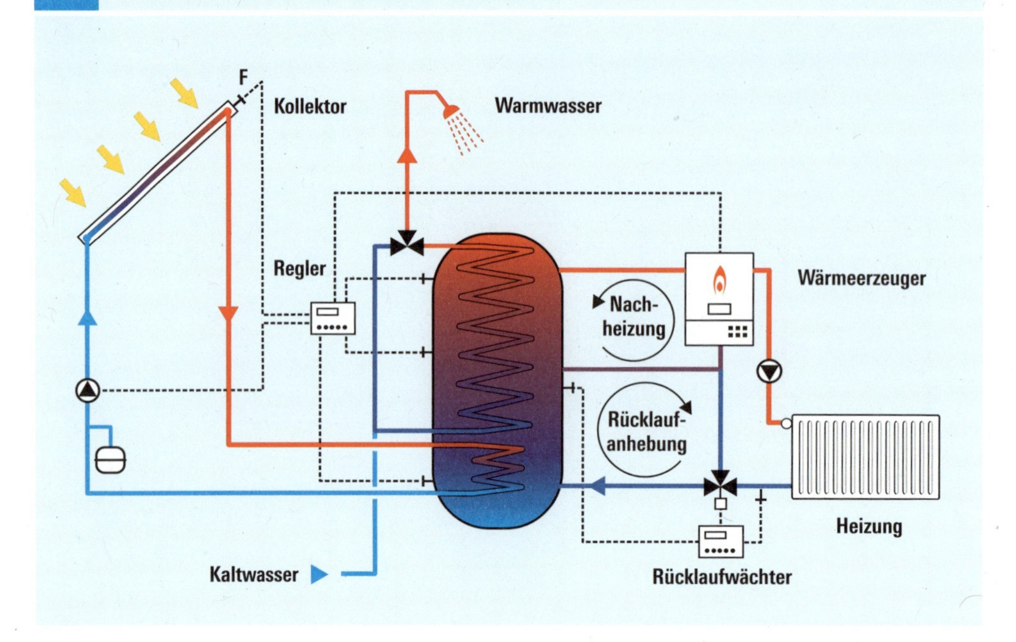

BILD Kombianlage mit Rücklaufanhebung – eine inzwischen technisch überholte Lösung, deren Wirtschaftlichkeit unbefriedigend ist.

geringeren Wärmeverlusten und höherer Energieeinsparung. Nachteilig sind hingegen das häufigere Ein- und Ausschalten (Takten) und der daraus resultierende schlechtere Nutzungsgrad des Heizkessels und die höheren Emissionen. Bei Heizkesseln, die nicht modulieren können, also die abgegebene Leistung nicht oder nur in einem geringen Bereich variieren können, wirkt sich dies besonders negativ aus.

Diese Anlagen sind aus heutiger Sicht überholt.

Kombispeicher mit eingebauter konventioneller Nachheizung

Dieser Anlagentyp unterscheidet sich von anderen Anlagenvarianten dadurch, dass die konventionelle Nachheizung, also ein Brenner, direkt in den Kombispeicher eingebaut ist. Sein Vorteil besteht einmal in geringerem Montage- und Installationsaufwand, da die Anlage als betriebsfertige Einheit angeliefert wird und nur noch mit dem Heizungs- und Warmwassernetz des Gebäudes sowie mit der Gas- beziehungsweise Öl- und Elektrizitätsversorgung verbunden werden muss. Die kompakte Bauweise verringert zum anderen den Platzbedarf im Vergleich zu separat stehenden Speichern und Heizkesseln.

Zweispeicheranlage

Diese Auslegung wurde hier schon mehrfach erwähnt, galt sie doch lange Zeit als einfache Möglichkeit, eine Solaranlage zur Brauchwassererwärmung weiter aufzurüsten, indem diese um einen zusätzlichen Speicher für die Heizung ergänzt wird. Der zweite Speicher kann relativ einfach und kostengünstig sein.

Ein weiterer Vorteil besteht darin, dass die geringen Temperaturen des in den Brauchwasserspeicher einströmenden

Kombianlage mit eingebauter konventioneller Nachheizung

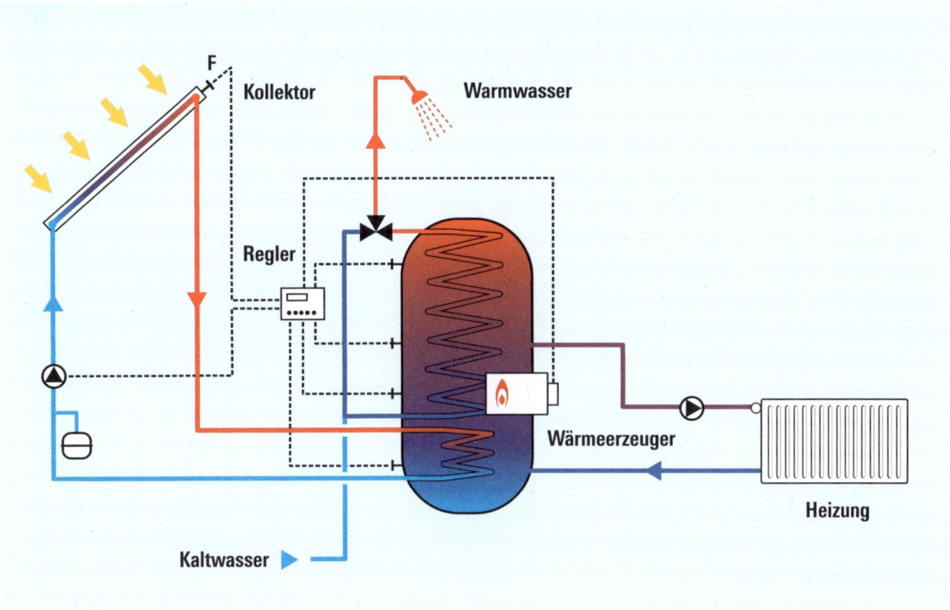

BILD Die Kombianlage mit eingebauter konventioneller Nachheizung bietet eine kompakte Lösung mit wenig Platzbedarf.

Kaltwassers dem Kollektor fast direkt zur Verfügung stehen. Da ein Sonnenkollektor umso effektiver arbeitet, je niedriger das Temperaturniveau des zugeführten Wassers ist, wirkt sich das positiv auf den Wirkungsgrad des Kollektors aus.

Nachteilig sind bei der Zweispeicheranlage die größeren Wärmeverluste durch die insgesamt größere Oberfläche der beiden Speicher. Diese können im Vergleich zu einem einzelnen Speicher mit gleichem Volumen – eine gleich gute Wärmedämmung vorausgesetzt – bis zu 30 Prozent betragen.

WEITERE SOLARTHERMISCHE ANWENDUNGEN

Auch wenn die Solarwärmeheizungen sich gewissermaßen an die gängigen wassergeführten Hydrauliksysteme der Heizungstechnik halten, gibt es zunehmend Versuche, neben dem Medium Wasser andere Übertragungsmöglichkeiten von Wärme zu erschließen. Hier kommt vor allem die Luftheizung ins Spiel, die bisher nur in Industrie- und Gewerbebauten verbreitet ist, allerdings in Verbindung mit konventioneller Verbrennungstechnik.

Solare Luftheizungen

Luftheizungen haben gegenüber den hierzulande dominierenden Wasserheizungen einige Vorteile: Sie können bei wechselnder Wärmenachfrage in einem Raum

Zweispeicheranlage

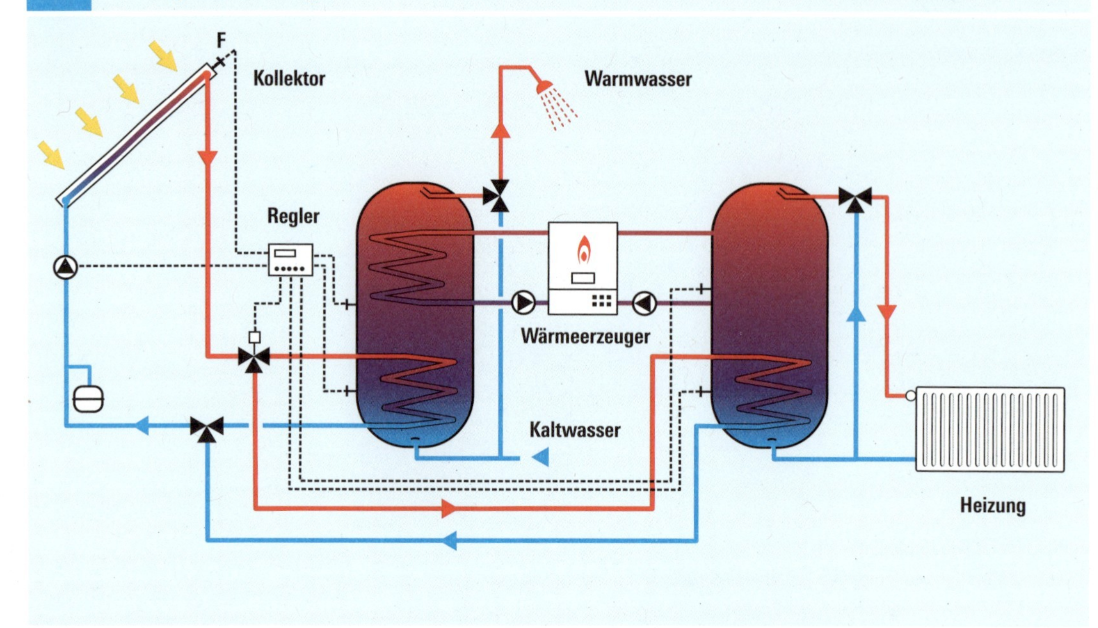

BILD Zweispeicheranlage – eine scheinbar billige Lösung für die Aufrüstung zur Heizungsunterstützung, aber mit erhöhten Wärmeverlusten durch die größere Oberfläche.

schnell reagieren und problemlos geregelt werden. Zudem können sie nicht einfrieren, und es gibt keine Wasserschäden wegen undichter Leitungen. Vor allem lassen sie sich auch in eine bestehende Raumlüftung integrieren. Eingesetzt werden sie vor allem in gewerblichen Zweckbauten, in Schwimmbädern und öffentlichen Versammlungsräumen. In Wohngebäuden sind solare Luftheizungen bislang wenig verbreitet.

Schon bei geringer Sonneneinstrahlung, die dem Luftkollektor ein Temperaturniveau verleiht, das nur einige Grade über der gewünschten Raumtemperatur liegt, lässt sich eine solare Luftheizung starten. Luftheizsysteme besitzen aber auch einige Nachteile: Luft ist ein schlechter Wärmespeicher und -leiter. Wegen der geringen Wärmespeicherkapazität der Luft – pro Kilogramm etwa viermal kleiner als bei Wasser, pro m³ jedoch sogar rund 1000-mal weniger – müssen viel größere Volumina bewegt werden, um die gleiche Wärmemenge zu transportieren. Dies erfordert mehr Hilfsenergie und erheblich größere Leitungsquerschnitte.

Es kann durch Staubablagerung in den Luftkanälen leicht zu hygienischen Problemen kommen. Um dieses zu verhindern, werden Filter benötigt, die regelmäßig gereinigt werden müssen. Auf staubige und trockene Luft reagieren besonders Allergiker sehr empfindlich.

Lüftungsanlagen sind technisch sehr einfach aufgebaut. Bei einer Aufrüstung zur Solar-Luftheizung müssen die Kollektoren nicht auf dem Dach montiert sein, wenn die Sonneneinstrahlung an der Fassade ausreicht. Marktübliche Kollektoren sind perforierte Absorberbleche oder verglaste Luftkollektoren. Sie haben oft eine integrierte Photovoltaik-Einheit, um Strom für den Ventilatorbetrieb zu liefern. Luft-

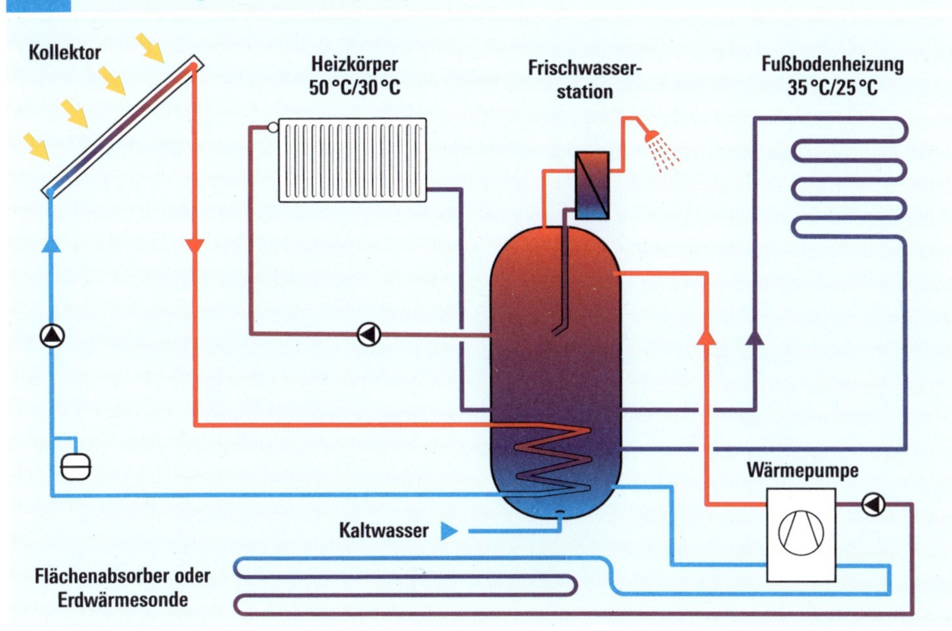

BILD Wärmepumpe und Solarwärmeanlagen sind natürliche Verbündete und versprechen hohe Wirtschaftlichkeit.

kollektoren unterscheiden sich durch die Bauform ihrer Absorber prinzipiell von Flüssigkeitskollektoren:

- Schwarze Lamellen, die vorder- oder rückseitig angeströmt werden.
- Gitter- oder Lochstrukturen, durch welche die Luft geblasen beziehungsweise gesaugt wird.
- Mikroperforierungen von Blechen, die das Absaugen der Grenzschicht nach innen ermöglichen. Diese Systeme, auch unter dem Markennamen Solar Wall bekannt, kommen ohne eine transparente Abdeckung aus und erreichen dennoch relativ hohe Temperaturen.

Ein Luftkollektor kann vor oder hinter dem Ventilator installiert werden. In ihm herrscht dann entweder Über- oder Unterdruck. Ein Betrieb im Unterdruck bringt mit sich, dass durch Leckagen Fremdluft eindringt, die verschmutzt sein kann und zu niedrigeren Systemtemperaturen führt. Im Überdruckbetrieb geht Warmluft verloren, was zu einer Verminderung des Kollektor-Wirkungsgrads führt. Allerdings ist der Kollektor einfacher vor Verschmutzungen zu schützen.

Im Wohnungsbau findet man folgende Luftheizsysteme:

SOLARES ZULUFTSYSTEM: Die Frischluft wird mit vorgeschalteten Luftkollektoren erwärmt und zur Lufterneuerung in die Räume geleitet.

SOLAR UNTERSTÜTZTE WOHNUNGSLÜFTUNG: Im Gebäude ist eine Lüftungsanlage bereits vorgesehen, meistens auch mit Wärmerückgewinnung aus der Abluft. Die vorgeschalteten Luftkollektoren unterstützen diese Lüftungsanlage.

SOLARE HYPOKAUSTENHEIZUNG: Seit den Römern ist die Hypokaustenheizung bekannt. Sie besteht aus Boden- und/oder Wandelementen, die von der warmen Luft durchströmt werden und dann die Wärme als

BILD Die kombinierte Nutzung der Sonnenwärme für Heizung, Brauchwasser und Schwimmbaderwärmung kann dazu beitragen, dass solarthermische Anlagen ganzjährig besser ausgenutzt werden. Es wäre also die Erweiterung der bekannten Kombianlage um einen weiteren Verbraucher.

Strahlung in den Raum abgeben. Die Luft wird in einem geschlossenen Kreis geführt, das heißt, sie wird nur als Wärmeträger, nicht als Frischluft eingesetzt.
LUFTHEIZUNG MIT SOLARER UNTERSTÜTZUNG: Je nach Bedarf wird in einem zentralen Lüftungsgerät der Außenluftanteil geregelt. Ein Teil der Raumluft wird als Umluft wieder aufgeheizt und deckt so den Wärmebedarf des Gebäudes ab. Der Außenluftanteil wird über einen Wärmetauscher durch Sonnenkollektoren erwärmt. Die notwendige Nacherwärmung der Zuluft an kalten, strahlungsschwachen Tagen erfolgt entweder über eine Gastherme, eine Wärmepumpe oder eine elektrische Zusatzheizung. Diese Art der Gebäudeheizung ist vor allem für Niedrigenergiehäuser geeignet, deren jährlicher Wärmebedarf deutlich unter 50 kWh/m²a liegt. Die Warmwasserbereitung erfolgt über ein komplett getrenntes System, zum Beispiel auch über eine solarthermische Anlage mit Flüssigkeitskollektoren.
SOLARES LUFTSYSTEM MIT WARMWASSERBEREITUNG: Dieses System eignet sich vor allem in Gebäuden mit geringem Warmwasserbedarf (Schulen, Hallen etc.). Um- und Frischluft der Luftheizung werden in einem Luftkollektor erwärmt. Sobald die Außentemperatur eine Erwärmung der Zuluft unnötig macht, kann die im Luftkollektor gesammelte Wärme auch zur Erwärmung von Trinkwasser genutzt werden, was eine ganzjährig optimale Nutzung des Luftkollektors gewährleistet. Dazu ist ein Luft-/Wasser-Wärmetauscher erforderlich, der mit dem Warmwasserspeicher verbunden ist.

Inzwischen gelten solare Luftheizsysteme zunehmend als ein ernstzunehmendes Anlagenkonzept auch für Wohngebäude. Denn für Niedrigenergie- oder Passivhäuser mit geführter Zu- und Abluft bieten sich gute Möglichkeiten, Solarwärme direkt aus Luftkollektoren oder per Wärmetauscher aus einem Speicher zu nutzen. Die luftdichten Häuser sind in der Regel so gut gedämmt, dass ihre Wärmeverluste weniger über die Wandflächen, sondern vor allem durch die Lüftung entstehen. Anlagen zur Wärmerückgewinnung sollen diese Verluste verringern. Kombiniert man sie mit Solar-Luftsystemen, können die Verluste nicht nur verringert, sondern sogar ausgeglichen werden. Wärmerückgewinnung und Solar-Luftkollektoren sind eine passende Ergänzung. In saisonal genutzten Ferienhäusern kommen mehr und mehr einfache solare Zuluftanlagen zum Einsatz.

Solares Kühlen und Klimatisieren

Der weltweite Bedarf nach Kühlung steigt seit Jahren stärker als der Bedarf nach Wärmeenergie. Einen Eindruck davon vermittelt die Verkaufsrate von kleinen, elektrisch betriebenen Raumluftklimageräten (< 5 kW Kühlleistung). Sie lag im Jahr 2011 weltweit bei über 80 Millionen Stück. Etwas mehr als 10 Prozent davon wurden in Europa verkauft.

Es überrascht nicht, dass in manchen Regionen die Spitzenlast im öffentlichen

Stromnetz während heißer Sommertage durch elektrisch betriebene Klimageräte bestimmt wird. In Deutschland, das wahrlich nicht zum Mekka solcher Anlagen gehört, wurde für die Gebäudeklimatisierung im Jahr 2010 ein Anteil von über 5 Prozent des gesamten Bedarfs an elektrischer Energie geschätzt. Nimmt man Kälteerzeugung und Klimatisierung zusammen, steigt der Wert auf rund 15 Prozent. In südeuropäischen Ländern dürfte dieser Wert weit höher liegen.

Die Gebäudeklimatisierung wird hauptsächlich mit elektrisch-mechanischer Kompressionskältetechnik durchgeführt, ein Verfahren, das vom heimischen Kühlschrank bekannt ist. Obwohl die Klimaanlagen über ein hohes technisches Niveau verfügen, werden pro eingesetzter kWh elektrischer Energie höchstens 3 kWh produzierter „Kühlleistung" erreicht.

Das Positive an solarer Kühlung: Zeitgleich zum Spitzenkühlbedarf im Sommer steht jede Menge Sonneneinstrahlung zur Verfügung, die für eine solare Kühlung herangezogen werden kann. Das technische Verfahren dazu ist übrigens seit Ende des 19. Jahrhunderts bekannt. Trotzdem ist die solare Kühlung noch eine junge Anwendung der Solarthermie, und die Anzahl der eingesetzten Anlagen hält sich in überschaubaren Grenzen.

Solarthermisch unterstütztes Kühlen und Klimatisieren kann nicht nur Primärenergie einsparen und CO_2-Emissionen reduzieren. Es kann vor allem durch die kombinierte Nutzung der Sonnenwärme für Heizung, Warmwasser und Kühlung dazu beitragen, dass solarthermische Anlagen ganzjährig besser ausgenutzt werden. Das wäre also die Erweiterung der bekannten Kombianlage um einen weiteren Verbraucher.

Technisch wird bei der solaren Kühlung Luft oder ein Gemisch aus Wasser und Lösungsmittel durch Solarwärme erhitzt. Bei den wassergekühlten Systemen werden im Schnitt 4 m² Kollektorfläche pro kW Kühlleistung gerechnet. Bei den Systemen mit Luftkühlung wurden durchschnittlich 10 m² Kollektorfläche pro 1 000 Kubikmeter Zuluft in der Stunde veranschlagt.

Die Kosten solarer Kältemaschinen liegen bei kleinen Leistungen um 1 100 Euro pro kW Kälteleistung, bei größeren Anlagen ab 200 kW Leistung bei 450 Euro pro kW. Für die Zukunft werden im kleinen Leistungsbereich Kosten unter 1 000 Euro pro kW vorhergesagt.

Geschlossene Verfahren (Kaltwasserverfahren)

Die geschlossenen Verfahren (Kaltwasserverfahren) nutzen das allseits bekannte Kühlschrankprinzip, wobei die Kompressorpumpe durch die Solaranlage ersetzt wird. Dabei wird ein Gemisch aus Wasser und Kühlmittel (zum Beispiel Ammoniak, Lithiumbromid) durch Solarwärme erhitzt. Das Kühlmittel dampft aus, wird in einem benachbarten Behälter kondensiert und unter Vakuum auf einen Wärmetauscher gesprüht, wo es wieder verdampft. Die Wärme zum Verdampfen entzieht es dem Wasser, welches durch den Wärmetauscher fließt. Das Wasser kühlt sich dabei um etwa 6 Grad Celsius ab und kann zur Raumkühlung verwendet werden. Danach wird das verdampfte Kühlmittel wieder verflüssigt, mit Wasser gemischt und der Kreislauf beginnt von Neuem.

Offene Verfahren (Kaltluftverfahren)

Die offenen Verfahren (Kaltluftverfahren) arbeiten mit Luft statt mit Flüssigkeiten. Warme Außenluft wird angesaugt, über ein sogenanntes Sorptionsrad getrocknet, welches mit Solarwärme erhitzt wird. Die getrocknete Luft wird anschließend mit Wasser besprüht, kühlt sich ab und wird im Gebäude verteilt. Dort sorgt sie für angenehm kühle Raumtemperaturen auch an heißen Sommertagen. Solche Anlagen werden auch als Dessicantanlagen bezeichnet.

Ende 2012 waren europaweit nicht einmal 1000 Anlagen zur solaren Gebäudekühlung installiert. Etwa 10 Anbieter sind in Europa am Markt. Die meisten Anlagen stehen in Deutschland und Spanien.

Die gesamte Kälteleistung aller weltweit installierten Anlagen beträgt etwa 10 000 kW, deren Kollektorfläche geschätzte 30 000 m². Gekühlt werden derzeit vor allem Bürogebäude, Laboreinrichtungen, Hotels und Industrieanlagen, vereinzelt auch Krankenhäuser, Sportcenter oder Weinkeller. Als Nächstes, so die Marktstrategen, stehen Wohngebäude an.

Solar beheizte Schwimmbäder

In Deutschland gibt es etwa 4 500 öffentliche Freibäder mit rund 5 km² Wasserfläche, von denen knapp 800 mit einer Fläche von etwa 450 000 m² mit Solaranlagen ausgerüstet waren. Dazu kommen noch weit über 400 000 private Bäder und Swimmingpools mit mehr als 13 km² Wasserfläche, die noch nicht solar beheizt werden. Es gibt hier also ein großes Potenzial zum Einsatz von Sonnenwärme.

Freibäder und Swimmingpools

Die Anlagentechnik ist denkbar einfach: Aufbereitetes Wasser wird aus dem Beckenkreislauf entnommen, durch den Absorber gepumpt und dort aufgewärmt, ehe es wieder in den Wasserkreislauf zurückläuft. Bei guter solarer Einstrahlung kann eine Wärmeleistung von 500–

700 W/m² Absorberfläche gewonnen werden, sodass sich bei einer Durchflussmenge von 80–100 l/m²h eine Aufheizung von 4–9 °C ergibt.

Die durch die Solaranlage gepumpte Wassermenge entspricht in der Regel weniger als 10 Prozent der umgewälzten Beckenwassermenge. Je nach Sonneneinstrahlung und gewünschter Wassertemperatur kann die Durchflussmenge natürlich variiert werden.

Freie Wasserflächen stehen im direkten Energieaustausch mit ihrer Umgebung. Die direkt einfallende Sonnenstrahlung erwärmt sie. Rund 90 Prozent gehen über die Wasseroberfläche durch Verdunstung und Abstrahlung wieder verloren, nur ein kleiner Teil der Wärme wird ans Erdreich abgegeben.

Der Energiehaushalt eines Freibads kann abgeschätzt oder (besser) simuliert werden. Der Energiebedarf schwankt je nach Wassertemperatur, Lage, Windeinflüssen, Wetterperioden, Wassertiefe, Beckenfarbe und Frischwasserbedarf pro Saison zwischen 150 kWh/m² und 700 kWh/m² (bezogen auf die Wasseroberfläche). Bei privaten Bädern können die Wärmeverluste durch eine Abdeckung des Beckens außerhalb der Benutzungszeiten erheblich gesenkt werden.

Für die Beheizung von Freibädern haben sich unverglaste Absorber durchgesetzt. Das Flächenverhältnis der Absorber zur Wasseroberfläche sollte zwischen 0,5 und 0,7 liegen (große öffentliche Bäder: eher 0,5; kleinere private Bäder: eher 0,7.

GRÜNDE FÜR EINE SOLARE SCHWIMMBADERWÄRMUNG

Die stärkste Nutzung des Schwimmbads fällt in die Zeit des maximalen solaren Strahlungsangebots.
Es sind vergleichsweise geringe Wassertemperaturen gefordert, das erlaubt den Einsatz preiswerter Absorber beziehungsweise unverglaster Sonnenkollektoren.
Es ist kein Wärmespeicher notwendig, da das Schwimmbecken selbst mit seiner großen Speicherkapazität diese Aufgabe übernimmt.

Bei kleinen Becken wirken sich die Wärmeverluste durch die Seiten des Wasserbeckens stärker auf die Energiebilanz aus). Je größer dieses Verhältnis ist, desto eher kann auf eine konventionelle Zusatzheizung verzichtet werden. Bei einem Wert größer als 0,7 muss jedoch eventuell mit „Überhitzungen", das heißt mit Wassertemperaturen oberhalb 30 °C gerechnet werden. Für ein typisches privates Schwimmbecken von 8 x 4 m sollten etwa 20 m² Absorberoberfläche installiert werden. Diese Fläche steht zum Beispiel auf dem Flachdach der Garage oder im Garten oder auf dem Hausdach zur Verfügung.

Die Wassertemperatur des Schwimmbeckens schwankt zwischen Nacht und Tag nicht stark, jedenfalls nicht um mehrere Grad. So lassen sich bei starkem Sonnenschein mit einer Anlage mit 20 m² Absorberfläche die Wärmeverluste der Nacht ausgleichen und zusätzlich eine Temperaturerhöhung von 0,5 bis 1 °C pro Tag errei-

BILDER Beispiele von zwei Mehrfamilienhäusern, bei denen die solarthermischen Anlagen seit Jahren hohe Deckungsbeiträge zur Heizung und Warmwassererzeugung beisteuern und damit neben der CO_2-Einsparung auch die Heizkostenrechnungen der Mieter entlasten.

chen. Hat ein Becken nach einer Schlechtwetterperiode zum Beispiel 20 °C Wassertemperatur, dauert es drei bis vier Tage, um auf angenehme 23 °C zu kommen.

Eine Abdeckung hilft hier in zweierlei Hinsicht: Sie reduziert die Verluste durch Abstrahlung (also mehr Potenzial für Temperaturerhöhung für die Solaranlage), und sie verzögert eine Abkühlung des Beckens bei Schlechtwetterperioden.

Die Durchflussmenge durch die Solarabsorber sollte nicht unter 60 Liter pro Stunde und m^2 Absorberfläche liegen, besser sind 80–100 l/m^2h.

Die Strömung im Absorber soll in allen Bereichen möglichst gleich sein. Dies kann im Betrieb mit der Hand geprüft werden: Sind Teile der Anlage bei Sonneneinstrahlung erheblich wärmer als andere, werden sie nicht oder nur wenig durchflossen und liefern nur wenig Energie in das Becken.

Der Anschluss der Solarabsorber an den Beckenwasserkreislauf sollte hinter dem Filter liegen. Die Filterpumpe muss dann parallel zur Solaranlage laufen. Bei kleineren Anlagen kann mit Hilfe eines Drei-Wege-Ventils eine Umschaltung von Teilen oder des gesamten Volumenstroms durch die Solarabsorber vorgenommen werden. Der Rückfluss sollte bei Kleinanlagen – sofern möglich – direkt ins Becken erfolgen. Manche Hersteller bieten auch eine zusätzliche Pumpe an, die unabhängig vom Filterkreis betrieben wird.

Hallenbäder

Die technischen Ansprüche an die Beheizung von Hallenbädern sind erheblich größer als bei Bädern im Freien. Je größer das Bad, desto aufwendiger die Versorgungstechnik. Die verdunstete Wassermenge muss aus der Hallenluft entfernt werden. Außerdem müssen zusätzliche Warmwassermengen für die Duschen bereitgestellt werden. Auch für die Planung von Solarwärmeanlagen für kleinere Hallenbäder ist es empfehlenswert, ein erfahrenes Ingenieurbüro zu beauftragen.

REIHENFOLGE DER PLANUNG VON INVESTITIONEN

- Einsparung durch Reduzierung von Wärmeverlusten (vor allem bei der Lüftung)
- Einsatz leistungsfähiger Energiesysteme, also Kessel- und Solaranlage
- Verbesserung der Regelungstechnik, um alle Verbraucher zu integrieren
- Ausnutzung des Wärme-Rückgewinnungspotenzials; hierzu gehört auch die Rückgewinnung von Wärme aus der Hallenabluft mit einer Luft-Luft-Wärmepumpe.

Bei privaten Hallenbädern ist der Einsatz von unverglasten Schwimmbadabsorbern zwar möglich. Bei Kombianlagen, die das Hallenbadwasser zusätzlich zur Brauchwassererwärmung und zur Heizungsunterstützung bedienen, sind wegen der höheren gewünschten Wassertemperaturen verglaste Kollektoren, sprich

Flach- oder Vakuumröhrenkollektoren, vorteilhafter.

Mit dieser Mehrfachnutzung wird deren Kosten-Nutzen-Verhältnis verbessert. Die Entfeuchtung der Hallenluft mit der Luft-Luft-Wärmepumpe muss mit berücksichtigt werden. Dies sollte im Sommerhalbjahr mindestens tagsüber auch im reinen Fortluftbetrieb, also per Ventilator, möglich sein. Die Halle wird dann durch das warme Beckenwasser beheizt. Außerhalb der Benutzungszeiten sollte das Becken abgedeckt werden. Auf eine gute Steuerung mit klaren Prioritäten ist zu achten.

GROSSE SOLARTHERMISCHE ANLAGEN IN MEHRFAMILIENHÄUSERN

Solare Wärme ist bis heute fast nur ein Thema für Ein- und Zweifamilienhäuser geblieben. In Mehrfamilienhäuser und den Mietwohnungsbau dringt diese Technik nur sehr langsam vor, denn bei Besitzern und Betreibern von Mehrfamilienhäusern herrscht die Meinung vor, dass solarthermische Anlagen für ihre Gebäudekategorien nichts bringen.

Ein Blick in die Statistik offenbart, welches Potenzial für solarthermische Anlagen vorhanden ist. Immerhin gibt es in Deutschland rund 18 Millionen Gebäude. Erst 1,8 Millionen Solarwärmeanlagen finden sich auf deutschen Dächern, nur 5 Prozent davon entfallen auf Mehrfamilienhäuser.

Die 12,5 Millionen Ein- und Zweifamilienhäuser stellen zwar 75 Prozent der Gebäude, aber nur 33 Prozent der Wohneinheiten. Die 5,5 Millionen Mehrfamilienhäuser beherbergen hingegen über 26 Millionen Wohneinheiten. 14,5 Millionen Wohnungen werden von privaten Kleinanbietern, den sogenannten Amateurvermietern, bewirtschaftet, 9,2 Millionen Wohneinheiten entfallen auf gewerbliche Vermieter, der Rest sind Eigentumswohnungen. Die Zahlen belegen, dass Millionen von Mietern bislang keine Option auf die Solarwärmenutzung haben.

Die Skepsis vieler Eigentümer von Mehrfamilienhäusern ist nicht zufällig entstanden. Die erste Generation von großen Solarwärmeanlagen hat sich „nicht gerade mit Ruhm bekleckert", was sich natürlich herumgesprochen hat. Wie es zu diesem Imageschaden kommen konnte,

Zwei-Leiter-Netz mit Wohnungsstationen

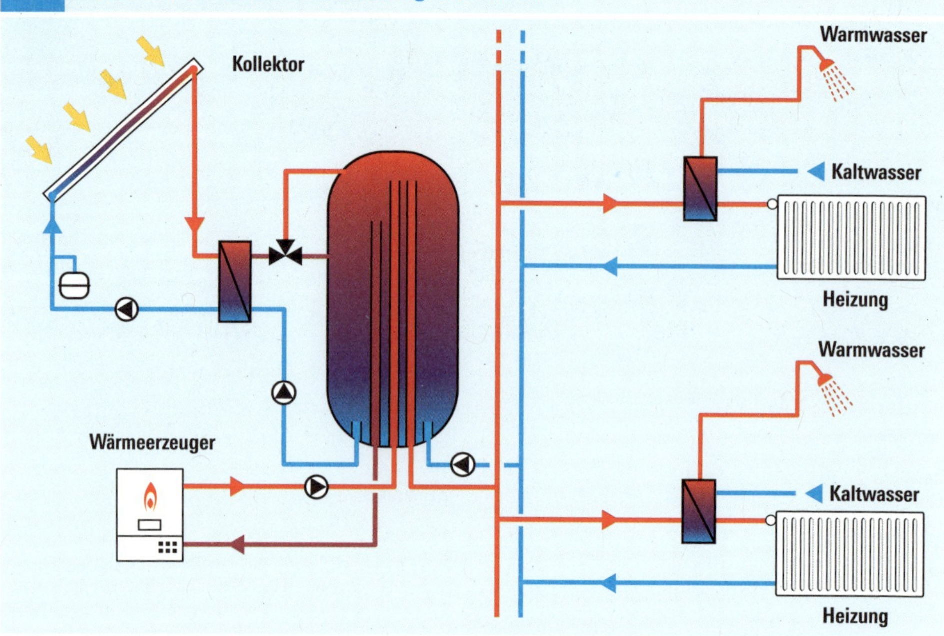

BILD Systemhydraulik für ein solarunterstütztes Wärmeversorgungskonzept auf Basis eines Zwei-Leiter-Netzes in Verbindung mit dezentralen Wohnungsstationen

ist letztlich nur vor dem Hintergrund der unterschiedlichen Gebäudegrößen und des größeren Aufwands bei der Warmwassererzeugung zu verstehen: Je größer ein Gebäude ist, desto länger sind die Wege, die das warme Wasser von einer zentralen Heizanlage aus zurücklegen muss. Die langen Leitungen zu den einzelnen Zapfstellen machen die Installation einer Zirkulationsleitung erforderlich, um an allen Zapfstellen kontinuierlich Warmwasser bereitzustellen. Ansonsten würde beim Öffnen eines Warmwasserhahns erst das in der Leitung abgekühlte Warmwasser abfließen, bevor das auf Wunschtemperatur erwärmte aus dem Speicher ankommt. Dies wäre für den Nutzer sehr unkomfortabel. Neben den Energiekosten fielen noch vermeidbare Kosten für den Wasserverbrauch ins Gewicht.

Dieses Warmwassernetz verliert auch bei guter Isolierung zwangsläufig Wärme, die nur im Winter der allgemeinen Beheizung des Gebäudes zugute kommt. Im Sommer ist dieser Wärmeverlust unerwünscht, muss aber von einem Warmwasserbereiter mit abgedeckt werden. Zirkulationsverluste können, wie bereits ausgeführt, energetisch gesehen größer sein als der eigentliche Wärmebedarf für das letztendlich gezapfte Wasser.

In Mehrfamilienhäusern steht bei der Bewertung einer Solarwärmeanlage das Thema Wirtschaftlichkeit im Vordergrund. Nun hat die Entwicklung großer solarthermischer Anlagen später eingesetzt als die der Kleinanlagen für Einfamilienhäuser.

Damals glaubten viele Hersteller, ihre im Ein- und Zweifamilienhaus bewährten Standardanlagen mit Kurzzeitspeicher einfach vergrößern zu können. Damit haben sie aber die damit einhergehenden Probleme unterschätzt.

Eine konventionelle Solarwärmeanlage wurde in der Regel als Vorwärmanlage konzipiert und über Pufferspeicher an die vorhandene Haustechnik angeschlossen. Anders als bei den Kleinanlagen schafften sie mit dem Auslegungsziel möglichst großer spezifischer Erträge pro m² Kollektorfläche nicht eine sommerliche Volldeckung der Warmwasserversorgung. Die Konsequenz war, dass die Nachheizung durch Brennerheizungen im Sommer nicht komplett durch die Solaranlage ersetzt werden konnte: Die Kessel liefen und wurden zu unwirtschaftlichen Heizintervallen gezwungen. Das verschlechterte den Jahresnutzungsgrad der Kessel, und der erhoffte Einspareffekt blieb aus. Durch den Zwang zur Heizkostenabrechnung wurde dies augenscheinlich, und das Ansehen großer solarthermischer Anlagen war im Geschosswohnungsbau erst einmal unten durch.

Da der Einbau einer Solarwärmeanlage nach BGB § 559 als Modernisierungsumlage mit 11 Prozent der Investitionskosten pro Jahr auf die Nettokaltmiete geschlagen werden kann, gerieten sie auch bei den Mietern in ein schlechtes Licht. Wer bezahlt gerne für eine Modernisierung, die ihm keinen Gegenwert erbringt oder sogar noch höhere Heizkosten erzeugt?

Die Forderung nach Warmmietenneutralität konnte die erste Generation großer Solarwärmeanlagen jedenfalls überhaupt nicht befriedigen.

WARMMIETEN-NEUTRALITÄT

Dies bedeutet, dass eine Modernisierungsumlage, welche die Nettokaltmiete steigen lässt, durch die Senkung der Heizkosten wieder ausgeglichen wird. Unter dem Strich bliebe die Warmmiete unverändert, der Mieter würde monatlich die gleiche Summe wie bisher an seinen Vermieter überweisen.

Inzwischen ist die Entwicklung speziell in diesem Bereich weitergegangen und eine neue Generation großer solarthermischer Anlagen ist auf dem Markt. Gegenüber den kleinen Standardanlagen, wie sie bisher besprochen wurden, lassen sich zwei Konzepte hervorheben, die wesentliche Neuerungen aufweisen und den bisherigen Systemen weit überlegen sind.

Wärmeversorgung nach dem Zwei-Leiter-Prinzip

Dieses Wärmeversorgungskonzept für den Geschosswohnungsbau unterscheidet sich im Prinzip nicht von dem der Standard-Kleinanlagen. Die wesentlichen Komponenten sind das Kollektorfeld, Verbindungsleitungen, die Pumpengruppe, Wärmetauscher und Regelung sowie der zentrale Energiespeicher. In den Kollektoren wird die Strahlungsenergie der Sonne in thermische Energie umgewandelt und an den Wärmeträger übertragen. Die Wärme wird über einen Wärmetauscher in den Energiespeicher eingebracht und von dort nach Bedarf für die Warmwasser-

BILD 1 Vorgefertigte Hydraulikkomponenten mit Wärmemanagementsystem entwickeln sich zum neuen Standard bei großen Solarheizungen.
BILD 2 Dezentrale Wohnungsstationen ermöglichen eine hygienische Warmwasserbereitung bei gleichzeitig verbesserter Energieeffizienz.

bereitung und Raumheizung weiter in die Wohnungen verteilt.

Es gibt aber keine zentrale Warmwassererzeugung mehr. Mithin keinen zentralen Brauchwasserspeicher und auch keine Warmwasserzirkulation: warmes Wasser wird nur noch dezentral in den Wohnungen erzeugt. Die entsprechenden Geräte heißen Frischwasserstation oder Warmwasserstation (in Österreich auch Wohnungsstation). Die Wohnungen werden folglich nur über ein Leitungspaar (Vor- und Rücklauf) versorgt. Der zusätzliche Leitungsstrang für Warmwasser entfällt. Ob die Wärme für warmes Brauchwasser oder Raumheizung genutzt wird, entscheidet sich entsprechend den Verbrauchsanforderungen erst vor Ort in der dezentralen Frischwasser- oder Wohnungsstation. In dieser sind alle funktionswichtigen Komponenten für den effizienten Betrieb der Wohnungswärmeversorgung untergebracht. Vor allem ein Wärmetauscher, der aus Frischwasser im Durchflussprinzip sofort warmes Wasser erzeugt.

Der Energiespeicher im Zwei-Leiter-Netz ist Mittelpunkt der Wärmeversorgung und fungiert gewissermaßen als hydraulische Weiche. Gespeist werden kann er über alle Wärmeerzeuger, vom Solarkollektor über einen Kessel bis zur Fernwärmeübergabestation. Die Wärmeversorgung der Wohnungen erfolgt über eine Netzpumpe und eine Beimischeinrichtung. Die Versorgungstemperaturen sind übers Jahr konstant und können deutlich niedriger liegen als bei herkömmlichen Verteilnetzen. Versorgungstemperaturen mit nur noch 50 °C sind bei entsprechender Auslegung der Wohnungskomponenten möglich. Die niedrigen Systemtemperaturen im Zwei-Leiter-Netz sind die Basis für eine effiziente Energieumwandlung.

Die dezentrale Warmwasserbereitung im Durchflussprinzip bietet im Vergleich zu Anlagen mit zentraler Warmwasserbereitung (Vier-Leiter-Netze) energetische wie hygienische Vorteile. Als Wärmeabgabesystem können hier sowohl passend ausgelegte Radiatoren oder Niedertemperatur-Heizsysteme (Fußbodenheizung) eingesetzt werden.

Zwei-Leiter-Netze mit Wohnungsstationen haben die Besonderheit, dass der Netzvolumenstrom entsprechend dem Verbrauchsprofil für Brauchwarmwasser und Raumwärmeversorgung stark variiert. Tritt der maximale Volumenstrom im Wärmeverteilnetz im Winter auf (Erwärmung von Brauchwasser und Raumwärmeversorgung), so wird in den Sommermonaten (nur Erwärmung von Brauchwarmwasser) mit dem Minimum gefahren. Auch kann der Volumenstrom in den einzelnen Steigsträngen entsprechend dem Verbrauchverhalten in den Wohnungen sehr stark differieren. Sind Zwei-Leiter-Netze hydraulisch gut eingeregelt, läuft die Raumwärme- und Warmwasserversorgung auf hohem Niveau. Zugleich können konstant tiefe Rücklauftemperaturen bei zirka 30 °C problemlos erreicht werden.

BILD 1

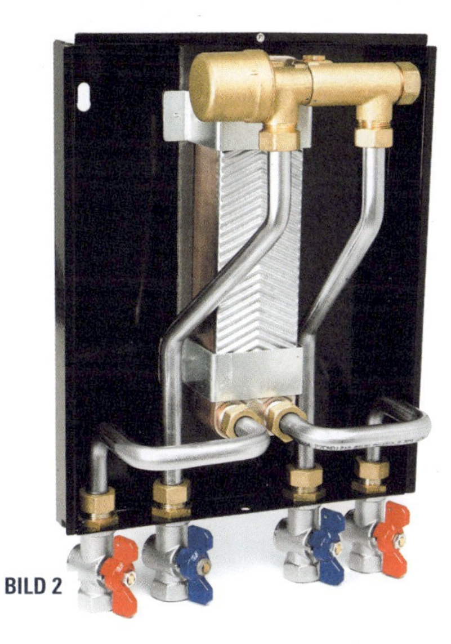
BILD 2

Zwei-Leiter-Netze mit Wohnungsstationen bieten einige wesentliche **Vorteile.** Wirtschaftlichkeitsberechnungen für Zwei-Leiter-Netze mit Wohnungsstationen haben dann auch in der Praxis im Vergleich zu Vier-Leiter-Netzen geringere Wärmepreise ergeben.

- Da die Wärmeverteilung nur über zwei Rohrleitungen erfolgt, sind die **Wärmeverluste erheblich reduziert**. Da der gesamte Rücklaufstrang durchschnittlich auf einem Temperaturniveau von 30 °C liegt, fallen die Wärmeverluste eh geringer aus. Zusammen mit einem geringeren Nachheizbedarf führt dies im Vergleich zu Vier-Leiter-Netzen zu einer erheblichen Steigerung des Systemwirkungsgrads.
- Das übers Jahr **konstante Temperaturniveau des Rücklaufs** von etwa 30 °C ist für die effiziente Nutzung von Solarwärmesystemen prädestiniert. Aber auch die Brennstoffkomponente in Form von Pellet- und Brennwertkessel oder Nah- und Fernwärme erfährt eine Effizienzsteigerung.
- Dezentral erwärmtes Brauchwasser bedeutet absolut **unbedenkliche Wasserhygiene** und bietet mit einer Temperaturbegrenzung Schutz gegen Verkalkung und Verbrühung.
- Im Unterschied zur zentralen Bevorratung von Brauchwasser greifen hier die höheren Anforderungen des Deutschen Vereins des Gas- und Wasserfachs (DVGW Arbeitsblatt 551) nicht. Auch die österreichische Hygienenorm ÖNORM B5019 hat keine Gültigkeit, was **keine Mindesttemperaturvorgaben** (60 °C) innerhalb des Warmwasserbereitungs- und Verteilsystems und keine regelmäßigen Überprüfungen der Warmwasser-Erwärmungsanlagen erfordert. Die Vorteile zeigen sich direkt in reduzierten verbrauchs- und betriebsgebundenen Kosten des Gesamtsystems.
- Zwei-Leiter-Netze mit Wohnungsstationen bieten die Möglichkeit einer grundsätzlich **vereinfachten Abrechnung** der verbrauchten Ressourcen Wärme und Wasser für jede einzelne Wohnung. Es bedarf nur eines Wärmemengenzählers im Versorgungskreislauf und eines Kaltwasserzählers.
- Sowohl die Brauchwassererwärmung als auch die Regelelemente in einer Wohnungsstation brauchen **keine Hilfsenergie**.

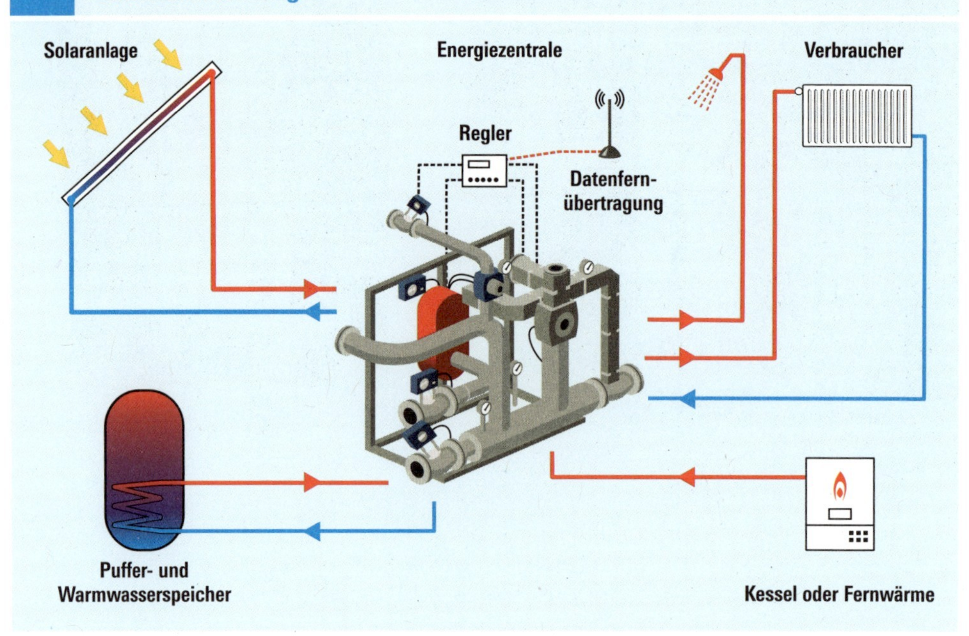

BILD Die Internetanbindung (DFÜ) gestattet den Blick auf den aktuellen Status der Heizungsanlage und dient zugleich der Fernparametrierung/Fernsteuerung.

- Zwei-Leiter-Netze eignen sich für Gebäude, in denen von Gasetagenheizungen **auf Solar umgerüstet** werden soll.

Wärmemanagementsysteme

Einen anderen Weg gehen namhafte Anlagenbauer, die große Solaranlagen über ein digitales, webgestütztes Wärmemanagementsystem steuern. Konventionelle solarthermische Anlagen sind in der Regel als Vorwärmanlage konzipiert und indirekt, also über den Pufferspeicher an die Haustechnik angeschlossen. Regelungstechnisch bestehen sie aus zwei getrennten Komponenten, von denen die solare der konventionellen nur zuarbeitet. So lässt sich das verfolgte Prinzip auch als die Abfolge aus Wärmeertrag → Speichern → Nutzen beschreiben.

Mit einem intelligenten Wärmemanager wird eine direkte Integration der Solarwärmeanlage ins Gesamtsystem erreicht. Das bisher hierarchische Verhältnis der Wärmeerzeuger – konventionelle Vollheizung einerseits und solare Zusatzlieferung andererseits, gewissermaßen Don Quijote und Sancho Panza, die sich oft genug ins Gehege kommen – wird zugunsten eines einheitlichen Hybridsystems aufgehoben. Die unterschiedlichen Wärmeerzeuger werden per Wärmetauscher ins System eingebunden und sind gleichberechtigt. Als neue Prämisse gilt dabei die Verfahrensweise „Nutzung geht vor Pufferung". Verbunden wird dies mit einer konsequenten Vorrangnutzung der kostenlosen Solarwärme. Aus diesem Grund wird von Systemanbietern auch der Begriff Solarwärmemanager verwendet. Das neue Anlagenkonzept verbindet hydraulisch und regelungstechnisch Kollektor- und Kesselanlage und übernimmt das gesamte Wär-

Solares Nahwärmenetz

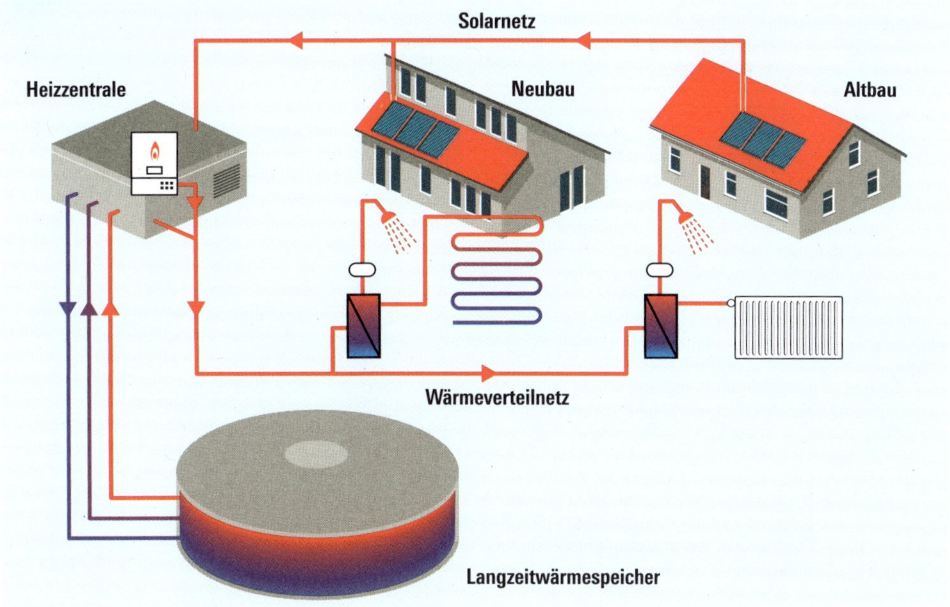

Solarnetz
Heizzentrale
Neubau
Altbau
Wärmeverteilnetz
Langzeitwärmespeicher

BILD Ziel einer solar unterstützten Nahwärmeversorgung mit Langzeitwärmespeicher: ein solarer Deckungsanteil von 50 Prozent und mehr am Gesamtwärmebedarf der Wohnsiedlung.

meenergie-Management. Im Unterschied zu herkömmlichen Anlagen verteilt es die Solarwärme direkt an die „Verbraucher" Warmwasser, Zirkulation und Heizung. Lediglich die Überschüsse werden im angeschlossenen Puffer gespeichert. Im Vergleich zur konventionellen Anlage fallen die Pufferspeicherverluste systembedingt geringer aus.

Je nach Sonneneinstrahlung und zur Verfügung stehender Kollektortemperatur entscheidet die Mess- und Regelungstechnik, welchen Verbraucher sie beliefert. Besteht gerade ein hoher Warmwasserbedarf, kann das solar erwärmte Wasser zum Beispiel direkt in die Duschen geliefert werden. Es kann aber auch sein, dass der Heizkreis mitsamt seinen Heizkörpern bedient wird. Das Wärmemanagement zielt auf die optimale Ausnutzung der von den Kollektoren eingefangenen solaren Wärme. Je besser dies gelingt, umso weniger muss auf die Grundlast der Gas- beziehungsweise Ölkessel oder der Fernwärme zurückgegriffen werden. Dies ist nicht einfach eine Frage des „schönen Wetters", also der Sonneneinstrahlung. Vielmehr geht es im komplexen Gefüge der Verteilung der Wärme auf Heizung und Warmwasserverbraucher um die richtigen Entscheidungen zum richtigen Zeitpunkt. Solare Heizung kann dadurch schon bei niedrigeren Kollektortemperaturen beginnen. Beim Warmwasser hingegen kann eine Mindesttemperatur von 60 Grad Celsius (entsprechend DVGW Arbeitsblatt 551) erforderlich sein. Die Verteilung der Sonnenwärme wird entsprechend diesen unterschiedlichen Parametern sowie der aktuellen Verbrauchssituation im Gebäude berechnet. Der Wärmemanager erfasst per Wärmemengenzähler alle Heiz-, Zirkulations- und Brauchwasserkreisläufe und kann das System bei Bedarfsänderung effizient steuern. In Kombination mit Fernwärme oder einem Brennwertkessel lassen sich 20 bis 30 Prozent Nutzenergie einsparen, obwohl die bisher eingesetzten Anlagen zumeist immer noch mit Kurzzeitspeichern ausgestattet sind. Kollektorfelder und Pufferspeicher werden dabei zurückhaltend ausgelegt und kommen mit kleineren Flächen und Speichervolumina aus. So bewegen sich die Kollektorflächen der bisher realisierten Anlagen bei 1 bis 2 m² pro Wohneinheit, ein deutlich kleinerer Wert als bei Kleinanlagen.

Neben den vergleichsweise niedrigeren Investitionskosten besteht ein weiterer Vorteil von Anlagen mit Solarwärmemanager in der herstellerneutralen Auswahl der Hauptkomponenten wie Kollektor, Speicher und Kessel. Da die Effizienzpotenziale aus der hydraulischen und regelungstechnischen Steuerung resultieren, können bei Neubau oder Sanierungen beliebige Komponenten verwendet werden. Vor diesem Hintergrund lassen sich die Anlagen auch als Zwei-Leiter-Netze mit dezentraler Warmwassererzeugung betreiben. Sie lassen sich auch mit Langzeitspeichern kombinieren. Zugleich sind die Anlagen flexibel dimensionierbar für Gebäudegrößen von 10 bis 200 Wohneinheiten. Für noch größere Objekte ist eine individuelle Anpassung vorgesehen.

Die Internetanbindung bietet eine komplette Fernparametrierung, also die Steuerung per PC, entweder im eigenen Gebäude oder im weit entfernten Installations- und Wartungsbetrieb. Dazu gehört ein Onlinemonitoring, das die Daten der Wärmemengenzähler zur Auswertung an einen Server liefert. Mit diesem Feature wird die Heizung vollständig transparent. Vor allem das systemische Zusammenspiel von solarer und konventioneller Komponente, von dem die Gesamteffizienz abhängt, kann ausgewertet und optimiert werden. Eine automatische Systemoptimierung sowie die Fehlerdiagnose und -behebung per Datenfernübertragung gewährleisten eine hohe Versorgungs- und Betriebssicherheit.

Das Heizkonzept im Sonnenhaus

Neben den vielen Gebäuden mit solarem Kurzzeitspeicher existieren weit über 1 000 weitgehend solar beheizte Wohnhäuser, die sogenannten Sonnenhäuser. Durch eine gute passive Sonnenenergienutzung sowie durch eine große thermische Solaranlage lässt sich der Wärmeverbrauch bei diesem Konzept auf ein Drittel bis ein Viertel senken. Der solare Deckungsgrad liegt bei 50 bis 100 Prozent. Der Primärenergiebedarf beträgt, je nach Gebäudegröße und Wärmestandard, zwischen 5 und 15 kWh/m² pro Jahr.

Beim Sonnenhaus-Heizkonzept ist der fossile Energieeinsatz sehr gering, da auch die Wärme zum Nachheizen zu 100 Prozent regenerativ erzeugt wird, zum Beispiel durch einen wohnraumbeheizten Holzofen mit Wassereinsatz. Zudem kom-

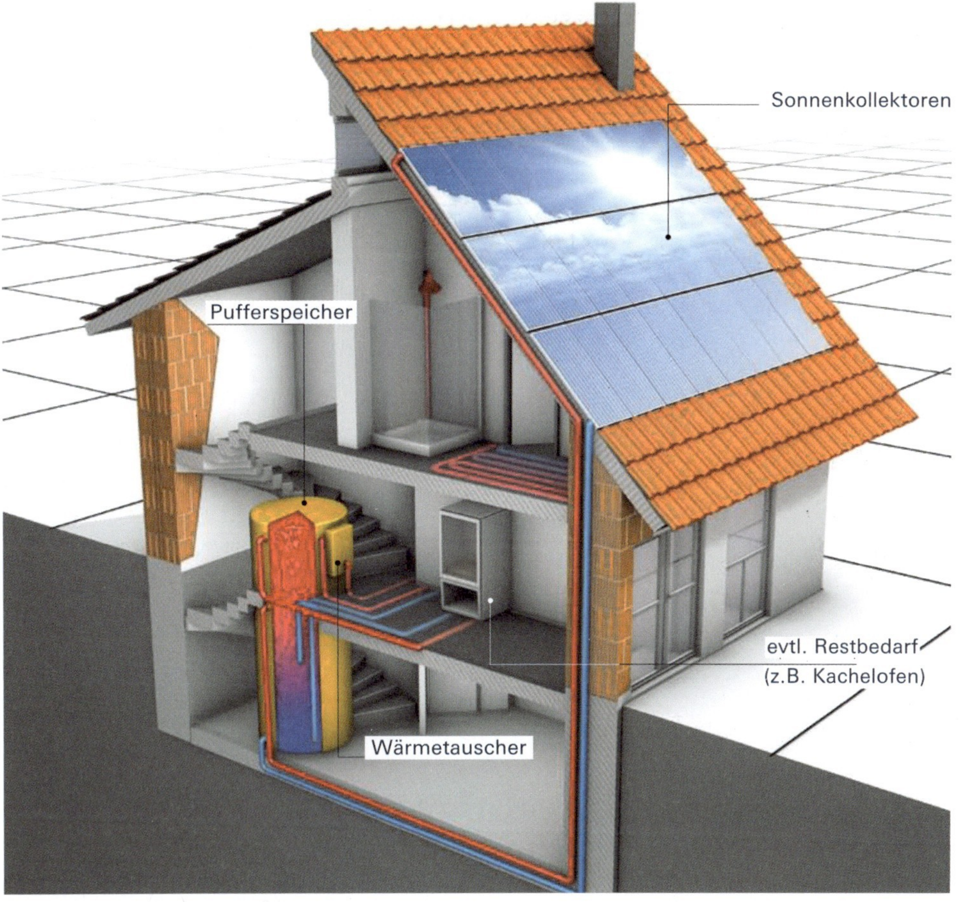

BILD Schnitt durch ein Sonnenhaus, gut erkennbar ist der große Solarspeicher.

men Hocheffizienzpumpen zum Einsatz, sodass letztlich nur ein geringer jährlicher Stromverbrauch für Hilfsenergien anfällt.

Das Anlagenkonzept unterscheidet sich deutlich von dem herkömmlicher Anlagen mit Kurzzeitspeicher. Als auffälligstes Unterscheidungsmerkmal ist ein extra großer Pufferspeicher mit integriertem Warmwasserboiler oder externem Wärmetauscher eingebaut. Für ein Einfamilienhaus sind das rund 10 m³. Bei Mehrfamilienhäusern werden noch größere Speicher in der Größenordnung bis 40 m³ benötigt. Aufgrund der Höhe, die über zwei Stockwerke reicht, kann sogar mit einer zweistufigen Be- und Entladung gearbeitet werden. Damit kann eine effizientere Speicherbewirtschaftung mit einer guten Temperaturschichtung erreicht werden.

Die Solaranlage kann Wärme liefern, sobald die Kollektortemperatur größer wird als im unteren (kältesten) Bereich des Pufferspeichers. Die Wärmeträgerflüssigkeit wird durch die jetzt einschaltende Pumpe im Solarkreis umgewälzt, erhitzt sich dabei im Kollektor um 10 bis 15 Grad und gibt diese Wärme über den unteren Wärmetauscher an das Wasser im Speicher ab. Wenn die Temperatur am Vorlauf höher wird als die im oberen Speicherdrit-

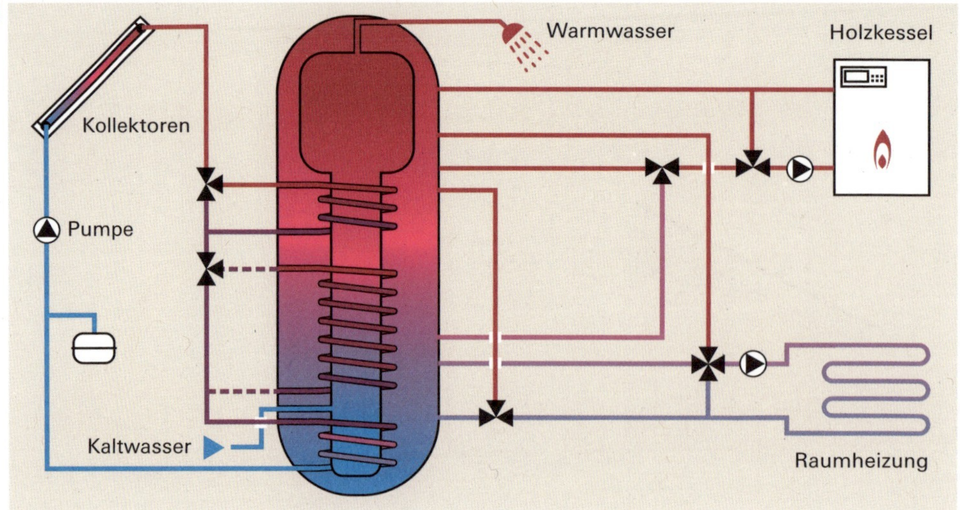

BILD Die zweistufige Ladeeinrichtung sorgt für eine breite Temperaturschichtung, auch bei geringer Sonneneinstrahlung kann Wärme geerntet und eingeschichtet werden.

tel, schaltet sich der zweite Wärmetauscher dazu. Nun wird der Wassertank auf ganzer Höhe bei guter Temperaturschichtung durchgeladen. Im Sommer kann Überwärme nachts durch die Kollektoren rückgekühlt werden.

Die Entladung über den Heizkreis wird durch einen speziellen Mischer so gesteuert, dass vorrangig der untere Speicherbereich ausgekühlt wird. Nur wenn hier die Temperatur nicht mehr ausreichend hoch ist, wird der Heißwasservorrat oben angezapft. Dort in der wärmsten Zone befindet sich auch der Boiler für das Brauchwasser. Durch ein langes Rohr wird das unten im Speicher einströmende Kaltwasser auf dem Weg zur Warmwasserglocke vorgewärmt.

Die Nachheizung durch den Ofeneinsatz oder ersatzweise Heizkessel erfolgt von oben nach unten. Es gilt das Wasser oben im Puffer möglichst schnell für den Gebrauch aufzuheizen. Erst dann lenkt der Vier-Wege-Mischer den Rücklauf in den unteren Speicherbereich um, sodass auf Vorrat weitergeheizt werden kann.

Freies Lüften über Fenster hat sich im Sonnenhaus grundsätzlich bewährt. Der Einbau einer **Lüftungsanlage** kann aus verschiedenen Gründen sinnvoll sein, ist aber aus energetischer Sicht nicht zwingend erforderlich. Der positive Effekt der Wärmerückgewinnung auf den Heizwärmebedarf kann allerdings durch den Stromverbrauch des Ventilators primärenergetisch konterkariert werden.

Das Aktivhaus

Nie wieder eine Rechnung vom Stromversorger, unter dieser Prämisse ergänzten Solarpioniere schon vor Jahren das Sonnenhauskonzept um eine photovoltaische Komponente. Neben der großen Kollektorfläche konnten genügend Solarmodule auf dem Dach installiert werden, um den Strombedarf einer Familie im Einfamilienhaus mit bis zu 6 kWp zu decken. Da auch beim Solarstrom Erzeugung und Verbrauch nicht zeitgleich stattfinden, kann ein Elektrospeicher den Eigenverbrauchsanteil steigern. Damit der Strom unabhängig von der Sonneneinstrahlung perma-

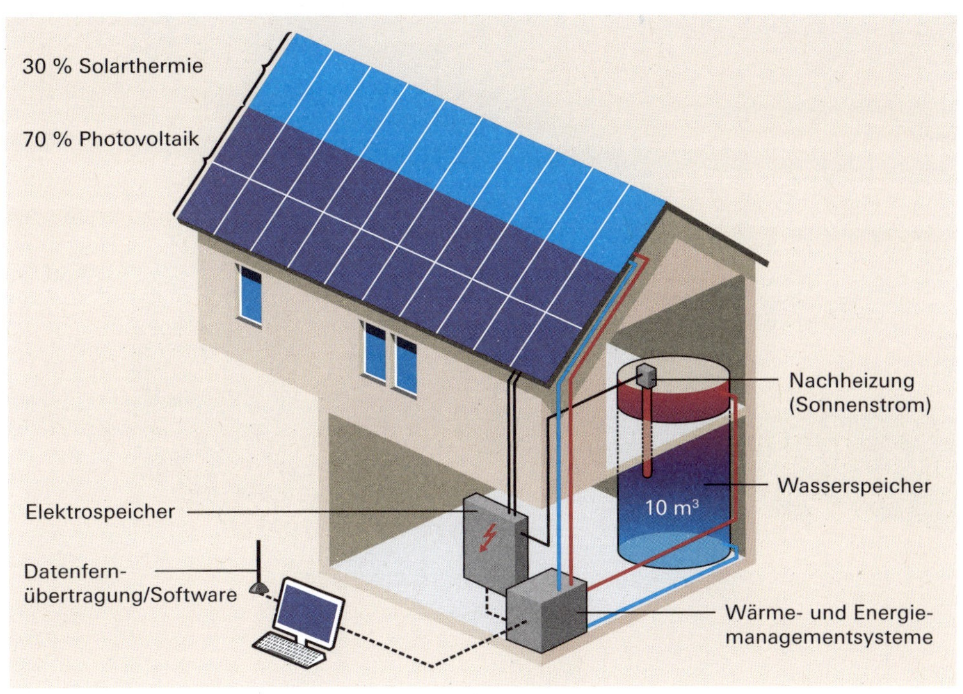

BILD Das energieautarke Haus kommt ohne Hilfsenergien von außen aus.

nent verfügbar ist, regelt eine intelligente Anlagensteuerung verbrauchsgerecht das Be- und Entladen eines mehrzelligen Akkus. Dafür sind übrigens keine teuren Lithium-Ionen-Akkus erforderlich, Blei-Akkus tun es auch.

Konstruktiv mit einem großen, nach Süden ausgerichteten Pultdach ausgestattet, wird dieses zum Energiedach für Strom und Wärme. Es macht das Haus nicht nur autark von einem externen Stromversorger, sondern sogar zum Aktivhaus, das mehr produziert, als es im Haushalt verbraucht. Neben dem üblichen Strombedarf des heimischen Elektrogeräteparks können weitere Verbraucher wie ein Elektrofahrrad oder sogar ein Elektroauto beladen werden. Natürlich verfügt auch das Aktivhaus noch über einen Netzanschluss. Dieser wird aber erst in Anspruch genommen, wenn die hauseigenen Verbraucher, inklusive Elektrospeicher, bedient wurden und dann immer noch Überschüsse bestehen. Erst dann würde die Einspeisevergütung nach dem EEG greifen.

Mit den Überschüssen beim Sonnenstrom lässt sich auch ein in den Wärmespeicher integrierter elektrischer Heizstab betreiben. Angesichts der Tatsache, dass Elektroautos noch eine Weile auf sich warten lassen, scheint eine solche Lösung durchaus realistisch. So ist das Aktivhaus ein Beispiel, wie die Entwicklung von Strom und Wärme bei regenerativer Anlagentechnik aufeinander zuläuft und letztlich zu einem regenerativen Gesamtsystem führen kann. Die Verwendung von Eigenstrom für Heizzwecke ist aber kein Alleinstellungsmerkmal für ein Aktivhaus. Ein elektrischer Heizstab lässt sich in Pufferspeicher jeder Größenordnung integrieren, um den kostenfreien PV-Strom zu nutzen.

BILD Das Aktivhaus wird seit zwei Jahren als Fertighaus angeboten.

Kritiker des energieautarken Hauses oder seiner Aktiv-Haus-Variante wenden ein, dass dies alles zu teuer sei. Betrachtet man die reinen Investitionskosten, scheint das einleuchtend. Geht man jedoch davon aus, dass in einem solchen Haus nie auch nur ein einziger Euro für Energiekosten ausgegeben werden muss, stellt sich die Situation anders dar.

Da der Hersteller dieses Haus zugleich als Variante mit konventioneller Haustechnik anbietet, lässt sich leicht ein Kostenvergleich ziehen. Für den energieautarken zweistöckigen 160-Quadratmeter-Bau sind (ohne Grundstück) rund 100 000 Euro mehr zu investieren. Betrachtet man diese Summe der Einfachheit halber ohne Zins und Tilgung, lässt Förderung und EEG-Einspeisevergütung sowie Preissteigerungen von fossilen Brennstoffen beiseite, so hätte das Solaraktivhaus seinen konventionellen Vetter nach rund 16 Jahren eingeholt.

WÄRMEPUMPE – EFFIZIENT DURCH SONNENWÄRME

In den letzten Jahren wurden Wärmepumpen von der Industrie wie von der Politik stark gepusht. Inzwischen gibt es rund eine halbe Million Wärmepumpen in Deutschland. Mit dem Attribut Umweltheizung wurde ihnen ein positives Image verpasst. Das hat je nach Auslegung der Anlagen zu recht unterschiedlichen Ergebnissen geführt. So dürfte die Zahl derer, die von einer monovalent betriebenen Wärmepumpe enttäuscht sind, durchaus beträchtlich sein. Die Hintergründe einer mangelnden Wirtschaftlichkeit wurden im vorangegangenen Kapitel beschrieben. Vor allen Dingen da, wo die Wärmepumpe für die Brauchwasserbereitung Temperaturen von 60 °C bereitstellen muss, ist sie wirtschaftlich überfordert. Dagegen schneidet die Kombination von solarthermischen Anlagen mit Wärmepumpensys-

Solarwärmeanlage kombiniert mit Wärmepumpe und PV-Strom

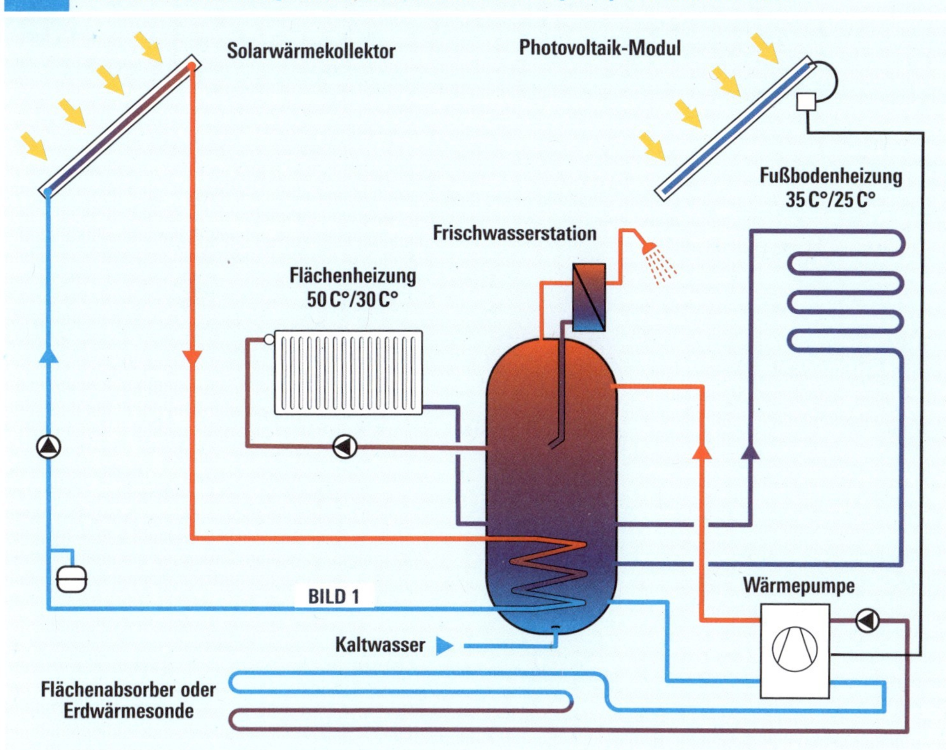

BILD Wärmepumpe und Solarwärmeanlagen sind natürliche Verbündete und garantieren hohe Wirtschaftlichkeit, Eigenstrom aus der PV-Anlage kann dies zur rein regenerativen Lösung machen.

temen (Luft-Wasser oder erdsondengekoppelt) viel besser ab. Sie ist gewissermaßen die erste rein regenerative Kombination, die verfügbar ist. Hier wird die indirekte Sonnennutzung, also die im Boden gefangene Sonnenwärme, mit der direkten über Solarkollektoren verbunden. Die Ergebnisse sind entsprechend gut.

Im Vergleich zur monovalenten Nutzung einer Wärmepumpe verbraucht dieses Hybridsystem weniger Nutzenergie in Form von Pumpenstrom für den Verdichter. Die Wärmepumpe ist vom Prinzip her eine Niedertemperaturheizung, die ihren besten Arbeitsbereich bei Vorlauftemperaturen von 35 bis 40 °C hat. Soll sie Warmwasser bis zu 60 °C erhitzen, geht dieser Vorteil wieder verloren. Denn um diese hohen Temperaturen zu erreichen, muss die Wärmepumpe schwerer arbeiten, der Verdichter muss mehr leisten. Das macht sich am Stromzähler bemerkbar. Wärmepumpen gelten als effizient, wenn ihre Wärmeleistung (Arbeitszahl) im Verhältnis zur aufgenommenen elektrischen Antriebsleistung für den Verdichter deutlich höher als drei liegt. Dann erzeugt das Aggregat mit einer Kilowattstunde Strom für den Verdichter immerhin drei Kilowattstunden Wärme für Heizung und Warmwasser. Je geringer die Temperaturanforderung auf der Wärmenutzungsseite

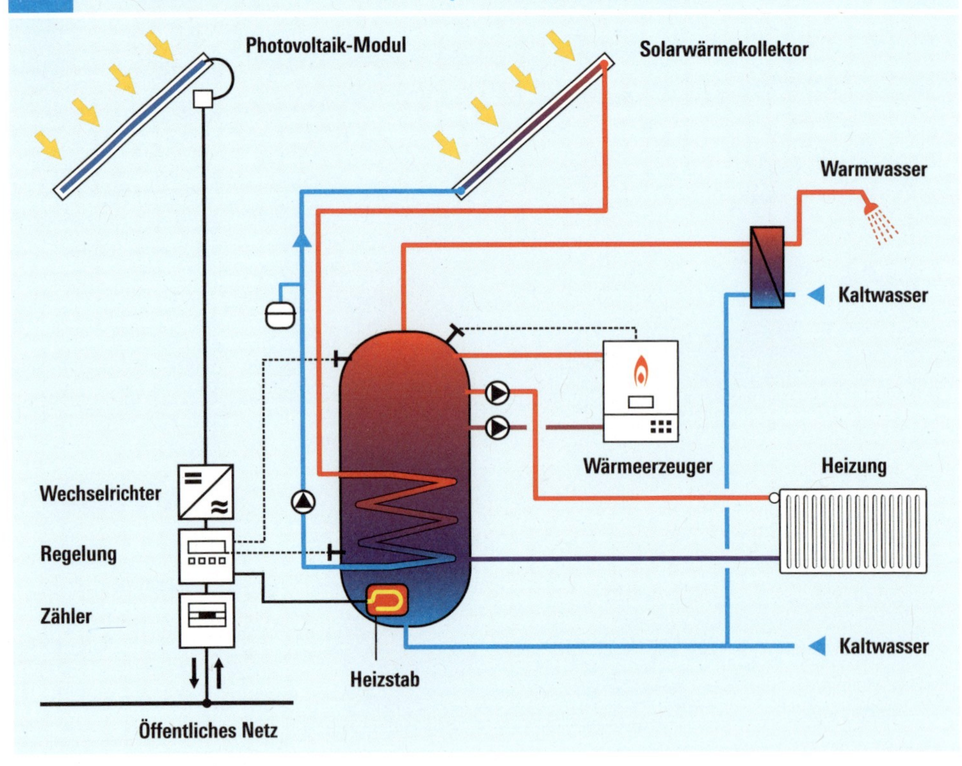

BILD Eine andere Variante im Zusammenspiel von Solarwärme und PV-Strom stellt die direkte Stromumwandlung in Wärme über einen Heizstab (Prinzip Tauchsieder) im Pufferspeicher dar.

(Heizkörper oder Fußbodenheizung als Verbraucher) ist, desto leichter erreicht sie diese Arbeitszahl. Wo zu hohe Anforderungen für die Warmwassererzeugung gefordert werden, etwa neben der Temperatur auch ein hoher Warmwasserverbrauch, sinkt die Arbeitszahl deutlich ab. Deshalb versucht man, die schnelle Erwärmung großer Warmwassermengen jenseits der Wärmepumpe zu realisieren.

Wärmepumpe und Solarwärme als natürliche Verbündete

Hier kommt die Solarwärme aus den Kollektoren ins Spiel, auch wenn sie diese Aufgabe nur temporär, im Sommer und der Übergangszeit, erledigen kann. Der Effekt ist der gleiche wie schon beim normalen Heizkessel beschrieben. Kann die Wärmepumpe über viele Tage abgeschaltet bleiben, weil das warme Wasser von der solarthermischen Komponente geliefert wird, verbessern sich die Jahresarbeitszahl und die Wirtschaftlichkeit. Die beiden regenerativen Energieformen ergänzen sich mit ihren jahreszeitlichen beziehungsweise saisonalen Stärken. Sie sind natürliche Verbündete und garantieren damit eine deutlich höhere Effizienz.

Es ist natürlich kein Wunder, dass die Entwickler an der weiteren Verbesserung der Jahresarbeitszahl arbeiten. Ein Weg besteht unter anderem darin, die im Sommer im Überfluss vorhandene Sonnen-

BILD Im Erdtank werden die solaren Überschüsse des Sommers eingespeichert und können von der Wärmepumpe während der kalten Jahreszeit als höhere und konstante Quelltemperatur genutzt werden.

wärme in die Erdsonden zu leiten. Mit dieser Rückeinspeisung soll unter anderem die der Erde entzogene Wärme wieder ersetzt werden, zum anderen wird versucht, das Niveau der vorgefundenen Wärmequelle Erde insgesamt anzuheben. Das hat allerdings seine Grenzen, da nur die direkte Umgebung der doch recht schmalen Erdsonde erreicht und erwärmt werden kann.

Rückeinspeisung und Regeneration im Boden: der eTank

Einen erfolgreicheren Weg, die Erde als Wärmespeicher für sommerliche Überschüsse zu nutzen, geht dagegen ein anderes Konzept. Mit dem sogenannten Erdtank oder auch kurz eTank ist es möglich, Energie aus regenerativen Quellen wie der Sonne oder auch Abwärme in einem volumenmäßig größeren Teil Erdreich zu spei-

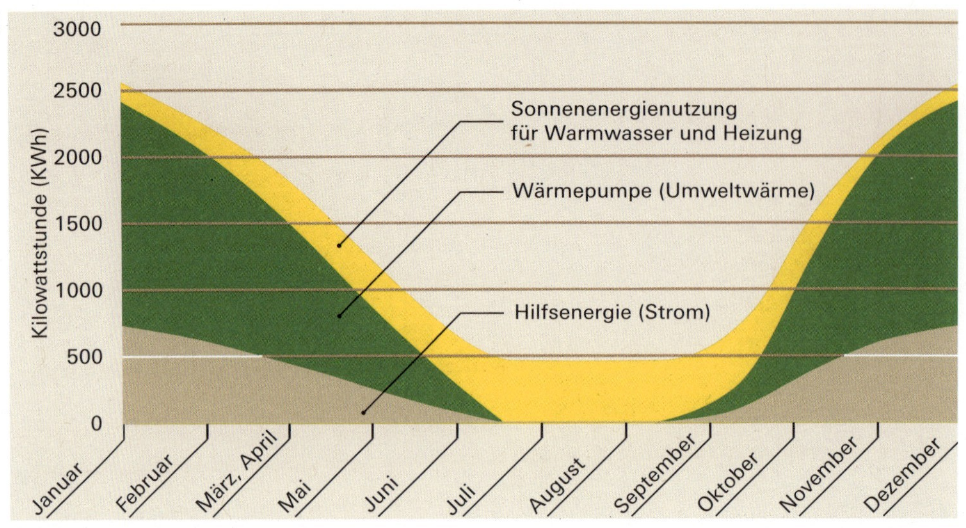

BILD Durch die Kombination Solarthermie und Wärmepumpe sinkt der Einsatz der notwendigen elektrischen Hilfsenergie.

chern. Im Unterschied zu den bekannten Tiefen- oder Flachsonden werden beim eTank einfach Polyethylenleitungen in geringer Tiefe im Erdreich unter der Bodenplatte des Hauses (oder auch daneben) eingebracht und nach einem mathematischen Prinzip in mehreren Etagen übereinander verlegt. Sie werden dann von der Soleflüssigkeit wie bei einer Erdsonde durchströmt. Immer wenn die Solarkollektoren Überschusswärme erzeugen, wird diese in den Erdtank geleitet und für die Übergangszeiträume und den Winter gepuffert.

Im Unterschied zu einer tiefen Sonde ist der Bau eines eTanks unter oder neben einem Gebäude vergleichsweise einfach. Die konkreten Baukosten hängen von der Größe und der Beschaffenheit des Untergrundes ab. Da man dabei nur ein bis maximal zwei Meter in die Tiefe geht, sind weder wasserrechtliche Vorschriften noch Genehmigungen wie bei tiefen Sonden relevant bzw. zu beantragen. Die Erhöhung der Wärme im eTank führt dazu, dass sich die Arbeitsleistung der Wärmepumpe deutlich anheben lässt. Hinzu kommt eine intelligente Steuerung der Be- und Entladung, mit der dem Gebäude dann über die Wärmepumpe bedarfsgerecht Heiz- oder auch Kühlleistung zur Verfügung gestellt wird.

Solare Nahwärme

Solare Nahwärmesysteme versorgen mehrere Gebäude über ein Nahwärmenetz aus einer gemeinsamen Heizzentrale, wobei die Solarwärme als eine von mehreren Wärmequellen genutzt wird. Nahwärmesysteme **sind immer Kombianlagen**, da über die solare Einspeisung in die zentrale Wärmeerzeugung grundsätzlich in jedem an das Nahwärmenetz angeschlossenen Gebäude die Warmwasserbereitung und die Raumheizung bedient werden. Die bislang üblichen Kombianlagen von Einzelgebäuden nutzen fast ausschließlich einen Kurzzeitwärmespeicher, womit solare Deckungsraten des jährlichen Gebäudewärmebedarfs von bis zu 30 Prozent erreicht werden können. Sollen deutlich mehr als 30 Prozent des Wärmebedarfs durch Solarenergie gedeckt, also auch ein beträchtlicher Teil des

Raumwärmebedarfs im Winter solar bereitgestellt werden, ist der Einsatz von **saisonalen Wärmespeichern (Langzeitwärmespeicher)** als zentrale Systemkomponente unumgänglich. Nur mit ihnen kann ein Teil der im Sommerhalbjahr solar erzeugten Wärme bis in das Winterhalbjahr gespeichert werden. Und an sonnenreichen Wintertagen kann sogar „nachgebunkert" werden. Je größer die Speicher, desto geringer sind deren spezifische Energieverluste und Kosten, da die Oberfläche des Speichers pro Speichervolumen mit zunehmender Größe des Speichers abnimmt, was den wesentlichen Faktor für die Wärmeverluste und die Investitionskosten darstellt.

Als ein Zwischenschritt auf dem Weg zur solaren Nahwärme mit Langzeitwärmespeicher wird vielfach die **solare Nahwärme mit Kurzzeitwärmespeicher** angesehen. Hierzu werden jeweils mehrere Mehrfamilienhäuser oder kleine Siedlungen über ein Nahwärmenetz an eine gemeinsame solarthermische Großanlage angeschlossen. Dies hat unter anderem den Vorteil, dass Gebäude solar versorgt werden können, die keine (ausreichenden) Möglichkeiten zur Solarnutzung haben. Zugleich fallen die spezifischen Kosten pro m^2 Kollektorfläche günstiger aus als bei mehreren kleineren solarthermischen Anlagen auf den Einzelgebäuden.

Eine andere Variante sieht solarthermische Kombianlagen auf Einzelgebäuden vor, die über ein Nahwärmenetz an einer gemeinsamen Brennerkesselanlage hängen. Hier ist die zentrale Kesselanlage mit hohem Wirkungsgrad für alle angehängten Gebäude von Vorteil.

Ein Nahwärmenetz ermöglicht schließlich eine spätere Erweiterung der Solarwärmeanlage zur Erhöhung des solaren Deckungsanteils oder die Einbindung von anderen umweltfreundlichen Energiequellen wie Biomasse, Blockheizkraftwerke und Erdwärme. Die solare Nahwärme hat also das Potenzial für eine dauerhafte und CO_2-neutrale Wärmeversorgung größerer Liegenschaften oder ganzer Siedlungen.

In Dänemark haben lokale Wärmenetze eine lange Tradition, sie werden als Smart District Heating bezeichnet. Sie liefern als Kombination von Blockheizkraftwerken (BHKW) mit großen solarthermischen Feldern, Wärmepumpen gekoppelt mit leistungsfähigen thermischen Speichern und der temporären Umwandlung von PV- oder Windstrom in Wärme nicht nur günstige Wärmepreise, sondern erzeugen zusätzlich noch Strom. Das dänische Modell zeigt, dass sich mit dem Zusammenwachsen von Strom und Wärme erfolgreich ein flexibles Geschäft organisieren lässt, das sogar an einem dynamischen Strom- und Regelenergiemarkt teilnehmen kann.

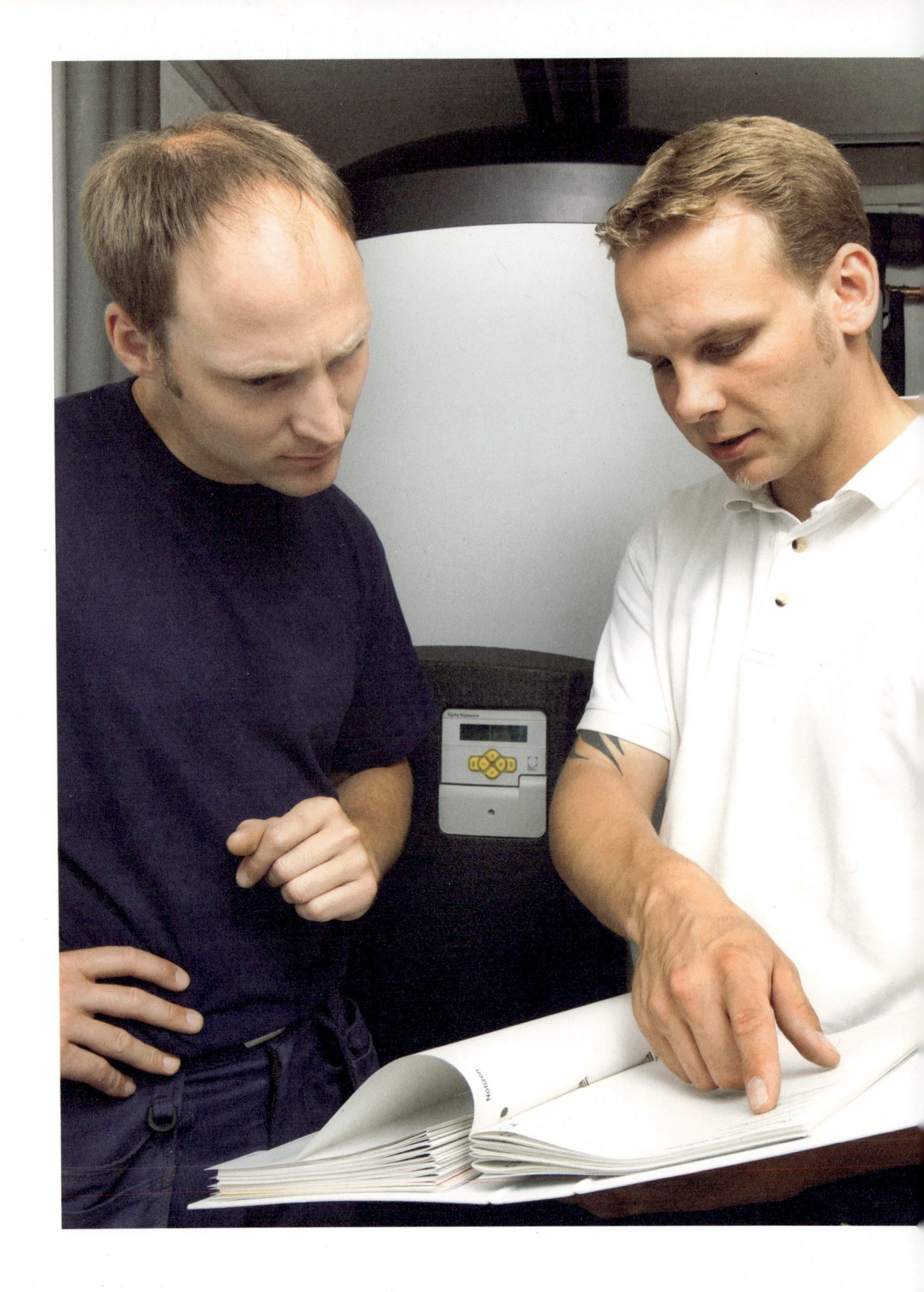
Notizen

FINANZIERUNG UND WIRTSCHAFTLICHKEIT

Mit einer Politik des Förderns und Forderns versuchten im vergangenen Jahrzehnt alle Bundesregierungen, eine klimaverträglichere Energieversorgung voranzubringen. Durch eine Veränderung der Rahmenbedingungen zielt man auf das Investitionsverhalten der Hausbesitzer und erwartet, dass diese sich zunehmend für den Einsatz erneuerbarer Energien, namentlich die Sonnenwärme, entscheiden.

VERBRAUCHSMESSUNG UND MONITORING

Die energiepolitischen Ziele für Deutschland sind durch das „Energiekonzept 2050" der Bundesregierung definiert. Sie basieren auf den Rahmenbedingungen der EU, wie den sogenannten 20-20-20-Zielen (Einsparung von Treibhausgasen, Ausbau erneuerbarer Energien sowie Steigerung der Energieeffizienz bis 2020 um je 20%) und der Richtlinie über die Energieeffizienz von Gebäuden. Die Treibhausgase sollen bis 2020 gegenüber 1990 um 40% reduziert werden; weiteren Etappenziele: minus 55% bis 2030, minus 70% bis 2040, minus 80% bis 95% bis 2050. Bis zum Jahr 2020 soll der Primärenergieverbrauch gegenüber 2008 um 20% und bis 2050 um 50% sinken.

Ein spezieller Fahrplan für den Wärmemarkt ist damit nicht verbunden. Der Gesetzgeber verändert lediglich die Rahmenbedingungen so, dass die Sanierungsrate möglichst auf zwei Prozent steigt – bislang aber ohne Erfolg. Angesichts der hohen Anteile des Gebäudesektors am Endenergieverbrauch ist aber klar, dass die energetische Gebäudesanierung zukünftig eine größere Rolle spielen muss. Die Klimaziele zu erreichen, wird ohne einen massiven Einsatz erneuerbarer Energien bei der Anlagen- bzw. Haustechnik, besonders der Solarwärme, nicht gehen.

Auch sind es die Hersteller, nicht die Politik, die entscheiden, ob konventionelle Verbrennungstechnik und Solartechnik konkurrieren oder sich ergänzen. Das führt zu einer schwer überschaubaren Angebotslandschaft, die den Investoren einiges abverlangt.

BILD Anlagenmonitoring, ein noch selten angebotenes Feature bei solarthermischen Anlagen, ist keine digitale Spielerei, sondern die Grundlage für dauerhafte Energieeffizienz und Wirtschaftlichkeit.

Auch wenn Solarwärmeanlagen fast den Massenmarkt erreicht haben, sind die Produkte schwer zu unterscheiden. Technisch lassen sich die Anlagenkonzepte und ihre Auslegungen beschreiben, wirtschaftlich nicht. Welche Performance die Anlagenkonzepte und Fabrikate haben, lässt sich nur schwer beantworten. Der Grund besteht darin, dass traditionell in der Heizungstechnik keine Wärmemengenmessung vorgenommen wird. Wenige Ausnahmen bestätigen die Regel.

Stattdessen steht der Verbraucher vor einer Brennstoffrechnung, die ihm nur die gekaufte Menge seines jeweiligen fossilen Energietragers verrät. Die Leistung, die er damit herausholen konnte, sieht er nicht. Das ist so, als ob man ein Automobil ohne Kilometerzähler fahren würde. Den Preis einer Tankfüllung kennt man, wie viel damit gefahren wurde, bleibt verborgen.

Woran soll man die Kaufentscheidung festmachen? Wie viel Nutzenergie geht über die Heizkörper in die Räume, wie viel wird für die Erwärmung des Wassers eingesetzt? Welchen Anteil steuert die fossile Brennstoffkomponente bei, wie viel die solare? Ist das Verhältnis beider optimal eingestellt, mit welchem Wirkungsgrad fährt der Kessel? Sind die bivalenten Heizungssysteme besser als die monovalenten Gasbrennwert-Thermen? Welche Kombination mit Solar ist wirtschaftlicher? Welche Anlage ist wirklich energieeffizient? Eine Antwort ist, mit Ausnahmen, nicht zu finden. So bleibt jede Anlage ein Unikat, über dessen Wirtschaftlichkeit nur Abschätzungen, bestenfalls Erfahrungswerte vorliegen.

Ein Monitoring, das diese Frage beantworten könnte, wird auch heute noch nicht standardmäßig angeboten. Stattdessen wird suggeriert, dass sich Solarwärme per se rechnet. Solche Aussagen sollten kritisch betrachtet werden. Die erste Generation großer Solarwärmeanlagen zeigt, dass es gute und schlechte Produkte gibt. Der potenzielle Investor sollte sich nicht nur auf Herstelleraussagen verlassen, sondern sich stattdessen Erfahrungsberichte, Referenzen und Best-Practice-Beispiele zu Gemüte führen und sie auf ihre Praxistauglichkeit abklopfen.

GESETZLICHE BESTIMMUNGEN UND REGELWERKE

Für den sparsamen Umgang mit Heizenergie bildet die Energieeinsparverordnung (EnEV) den Dreh- und Angelpunkt. Die EnEV – gesprochen Enef – ist für Deutschland geltendes Verwaltungs- bzw. Umweltrecht. Die „Verordnung über energiesparenden Wärmeschutz und energiesparende Anlagentechnik bei Gebäuden", so ihr voller Titel, hat die Wärmeschutzverordnung (WSchV) und die Heizungsanlagenverordnung (HeizAnlV) abgelöst, sie ist erstmals am 1. Februar 2002 in Kraft getreten. Diese erste EnEV wurde bereits zwei Jahre später durch eine Novelle (EnEV 2004) ersetzt. Im Jahr 2007 gab es dann die EnEV 2007. Am 1. Oktober 2009 trat die EnEV 2009 in Kraft. Sie wurde am 1. Mai 2014 durch die EnEV 2014 ersetzt. Mit der regelmäßigen Veränderung der EnEV haben sich die primärenergetischen Mindestanforderungen an die Gesamtenergieeffizienz von Gebäuden deutlich verschärft. Neben der EnEV trägt seit dem 1. Januar 2009 das Erneuerbare-Energien-Wärmegesetz (EEWärmeG) dazu bei, den spezifischen Energieverbrauch von Neubauten zu regeln.

Solare Wärme und Energieeinsparverordnung EnEV

Durch die Zusammenführung von ehemaliger Heizungsanlagenverordnung und Wärmeschutzverordnung zur EnEV wurde der bisherige Rahmen zur Energieeinsparung in zweifacher Hinsicht erweitert.

Zum einen werden mit der Einbeziehung der Anlagentechnik in die Energiebilanz auch die bei der Erzeugung, Verteilung, Speicherung und Übergabe der Wärme entstehenden Verluste berücksichtigt. Dadurch ist neben der in einem Raum zur Verfügung gestellten Nutzenergie auch die an der Gebäudegrenze übergebene Energiemenge ausschlaggebend.

Zum anderen wird dieser Energiebedarf primärenergetisch bewertet, indem die durch Gewinnung, Umwandlung und Transport des jeweiligen Energieträgers entstehenden Verluste mittels eines Primärenergiefaktors in der Energiebilanz eines Gebäudes eingerechnet werden.

PRIMÄRENERGIEFAKTOREN NACH ENEV

Der Primärenergiefaktor bestimmt die aufgewendete Primärenergie im Verhältnis zur Endenergie, berücksichtigt also die jeweiligen Verluste bei Gewinnung, Umwandlung und Verteilung. Berechnet wird der Primärenergiefaktor über die Formel „kWh Primärenergie : kWh Endenergie". Dabei gilt: je niedriger der Faktor, desto besser. Jeder Energieträger besitzt seinen eigenen spezifischen Faktor:

- Heizöl, Erdgas und Steinkohle: 1,1
- Braunkohle: 1,2
- Holz: 0,2
- Nah- und Fernwärme aus Kraft-Wärme-Koppelung (KWK) mit fossilem Brennstoff: 0,7

- Nah- und Fernwärme aus KWK mit erneuerbarem Brennstoff: 0,0
- Nah- und Fernwärme aus Heizwerken mit fossilem Brennstoff: 1,3
- Nah- und Fernwärme aus Heizwerken mit erneuerbarem Brennstoff: 0,1
- Strom: 2,0, ab 2016 abgesenkt auf 1,8,
- Sonnenenergie: 0,0.

Diese umfassende Sicht ermöglicht es, in der Gesamtbilanz eines Gebäudes den Faktor Anlagentechnik und den Faktor baulicher Wärmeschutz miteinander zu kombinieren. Den Bauherren bleibt es selbst überlassen, ob sie durch besonderen Wärmeschutz oder durch effiziente Heiztechnik ihren Einsparbeitrag erbringen wollen. Eine nicht ganz so hochwertige Wärmedämmung kann mit einer effizienten Heizanlage kompensiert werden und umgekehrt. Die in der EnEV vorgegebenen Anforderungsgrößen beziehen sich jeweils auf den Jahres-Primärenergiebedarf in Abhängigkeit von der Kompaktheit des Gebäudes. Trotz detaillierter Regelungen, die als Anhang zumeist in Tabellen niedergelegt sind und die auf Normen und anzuwendende Regeln der Technik verweisen, soll eine größere Flexibilität erreicht werden. Die Normen werden jeweils mit ihrem Ausgabedatum zitiert und sind somit quasi Bestandteil der EnEV. Dadurch wird sichergestellt, dass der Gesetzgeber nicht bei jeder Veränderung sofort wieder in Aktion treten muss.

Solange ein Bestandsgebäude nicht verändert wird, greift allerdings die EnEV nicht. Erst bei anstehender Sanierung wird der Jahresprimärenergiebedarf durch die EnEV bestimmt. Im Vergleich zu Neubauten ist das Anforderungsniveau allerdings niedriger.

Heizwärmebedarf und Trinkwasser-Wärmebedarf

Der Heizwärmebedarf ist die für ein Gebäude errechnete Energiemenge, die, zum Beispiel durch die Heizkörper, an die Räume abgegeben wird. Für neu gebaute Häuser wird laut der Energieeinsparverordnung der Niedrigenergiehaus-Standard mit einem spezifischen Heizwärmebedarf zwischen 40 und 70 kWh/m²a gefordert. Bezugsgröße für die Fläche ist in Deutschland dabei nicht die Wohnfläche, sondern die Gebäudenutzfläche.

Neubauten: Neue Wohn- und Nichtwohngebäude müssen erst ab dem 1. Januar 2016 einen gegenüber der EnEV 2009 um 25 Prozent niedrigeren Jahres-Primärenergiebedarf nachweisen. Für Januar 2021 ist des Weiteren angekündigt, dass der strengere EU-Niedrigstenergie-Gebäudestandard gelten soll. Für Behördengebäude soll dies schon ab 2019 der Fall sein. Die neuen Richtwerte für Wohn- und Nichtwohngebäude sollen bis Ende 2018, die für Behördengebäude bis Ende 2016 veröffentlicht werden.

Altbauten: Veraltete Gas- und Ölkessel, die bis 1985 eingebaut wurden, mithin 30 Jahre und älter sind, müssen gegen neue, sparsamere Modelle getauscht werden. Dies gilt nicht für Niedertemperatur- sowie Brennwertkessel, die nicht zur Garde der Uraltkessel gerechnet werden. Hinausgeschoben wird auch die Austauschpflicht für Heizkessel in Ein- und Zweifamilienhäusern, deren Besitzer bis zum Stichtag 1. Februar 2002 in ihrem Haus wohnten. Sollte das Haus verkauft werden, ist eine neue Heizung dann innerhalb von zwei Jahren fällig – darum kommt der neue Besitzer nicht mehr herum.

Der Trinkwasser-Wärmebedarf ist die Energiemenge, die dem (Leitungswasser) zur Erwärmung auf ein gewünschtes Temperaturniveau zugeführt werden muss. Verluste bei der Energieumwandlung, etwa durch schlechte Performance des Heizkessels, Zirkulationsverluste oder sonstige technische Verluste sind nicht enthalten. Sie hat der Hausbesitzer beziehungsweise Betreiber der Anlage selbst zu verantworten und auszugleichen.

Berücksichtigung von Solaranlagen in der EnEV

Gemäß der Energieeinsparverordnung ist es zulässig, bei der Berechnung des Gebäudeprimärenergiebedarfs solare Erträge zu verrechnen. Bei der Ermittlung des Primärenergieaufwands können sowohl solare Trinkwassererwärmung als auch solare Heizungsunterstützung angerechnet werden. Besonders der Einbau einer Kombianlage zur Trinkwassererwärmung und gleichzeitigen Heizungsunterstützung gewinnt dadurch an Attraktivität. Durch den Einsatz der Solaranlage wird die nach DIN V 4701–10 ermittelte Anlagen-Aufwandszahl verringert, also verbessert. Im Ergebnis kann sich dadurch der Aufwand für die notwendigen Wärmeschutzmaßnahmen verringern, was Architekten und Haustechnikplanern mehr gestalterischen Spielraum zur Verfügung stellt.

Der maximal zulässige Jahres-Primärenergiebedarf eines Hauses wird nach einem Referenzgebäude mit gleicher Geometrie, Gebäudenutzfläche und Ausrichtung berechnet. Bei diesem handelt es sich um ein fiktives Gebäude mit standardisierten Bauteilen und Anlagentechnik. Die Wärmeerzeugung in diesem Referenzgebäude basiert auf einem Brennwertkessel mit einer Solarthermie-Anlage zur Warmwasserbereitung. Der tatsächliche Jahres-Primärenergiebedarf wird also individuell für das jeweilige Haus berechnet.

In Neubauten darf auch aus erneuerbaren Energiequellen gewonnener Strom vom Endenergiebedarf abgezogen werden – vorausgesetzt, er wird in „unmittelbarem räumlichem Zusammenhang zu dem Gebäude" erzeugt, also nicht über Leitungen des öffentlichen Verteilungsnetzes zugeführt. Eine PV-Anlage auf dem Dach würde diese Voraussetzungen erfüllen. Zusätzliche Auflage: Der Strom ist vorrangig im Gebäude selbst zu nutzen; nur die überschüssige Energiemenge darf in ein öffentliches Netz eingespeist werden. Für die Überprüfung, ob die anlagentechnischen Nachrüstverpflichtungen der EnEV erfüllt sind, ist der Bezirksschornsteinfeger zuständig.

ENERGIEAUSWEIS für Wohngebäude

gemäß den §§ 16 ff. der Energieeinsparverordnung (EnEV) vom [1]

Berechneter Energiebedarf des Gebäudes

Registriernummer [2]
(oder: „Registriernummer wurde beantragt am...")

2

Energiebedarf

CO_2-Emissionen [3] kg/(m²·a)

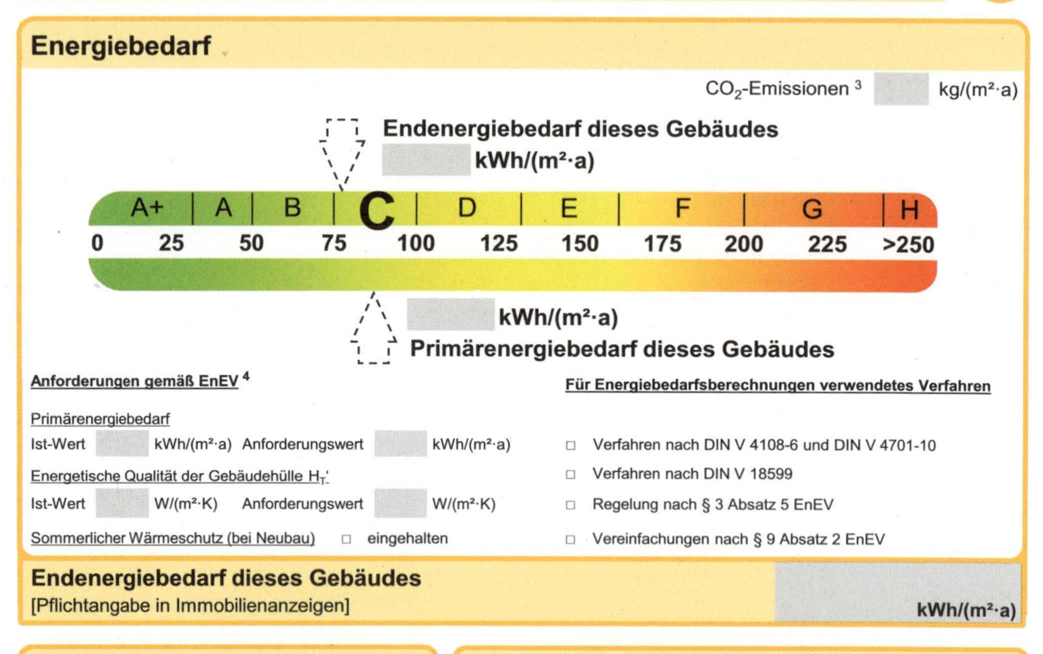

Anforderungen gemäß EnEV [4]

Primärenergiebedarf

Ist-Wert kWh/(m²·a) Anforderungswert kWh/(m²·a)

Energetische Qualität der Gebäudehülle H_T'

Ist-Wert W/(m²·K) Anforderungswert W/(m²·K)

Sommerlicher Wärmeschutz (bei Neubau) ☐ eingehalten

Für Energiebedarfsberechnungen verwendetes Verfahren

- ☐ Verfahren nach DIN V 4108-6 und DIN V 4701-10
- ☐ Verfahren nach DIN V 18599
- ☐ Regelung nach § 3 Absatz 5 EnEV
- ☐ Vereinfachungen nach § 9 Absatz 2 EnEV

Endenergiebedarf dieses Gebäudes
[Pflichtangabe in Immobilienanzeigen]

kWh/(m²·a)

Angaben zum EEWärmeG [5]

Nutzung erneuerbarer Energien zur Deckung des Wärme- und Kältebedarfs auf Grund des Erneuerbare-Energien-Wärmegesetzes (EEWärmeG)

Art: Deckungsanteil: %

%

%

Ersatzmaßnahmen [6]

Die Anforderungen des EEWärmeG werden durch die Ersatzmaßnahme nach § 7 Absatz 1 Nummer 2 EEWärmeG erfüllt.

- ☐ Die nach § 7 Absatz 1 Nummer 2 EEWärmeG verschärften Anforderungswerte der EnEV sind eingehalten.
- ☐ Die in Verbindung mit § 8 EEWärmeG um % verschärften Anforderungswerte der EnEV sind eingehalten.

Verschärfter Anforderungswert Primärenergiebedarf: kWh/(m²·a)

Verschärfter Anforderungswert für die energetische Qualität der Gebäudehülle H_T': W/(m²·K)

Vergleichswerte Endenergie

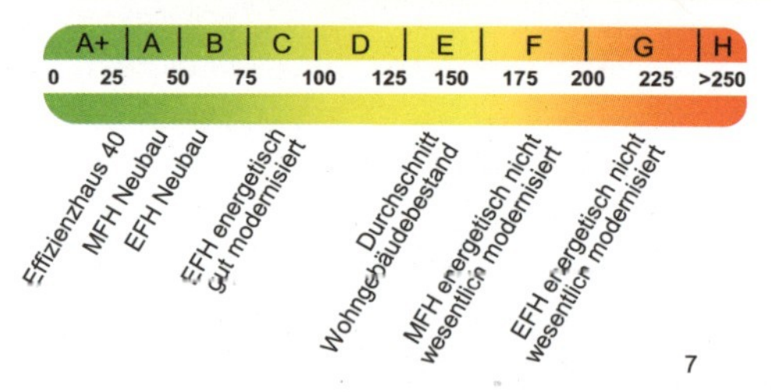

Erläuterungen zum Berechnungsverfahren

Die Energieeinsparverordnung lässt für die Berechnung des Energiebedarfs unterschiedliche Verfahren zu, die im Einzelfall zu unterschiedlichen Ergebnissen führen können. Insbesondere wegen standardisierter Randbedingungen erlauben die angegebenen Werte keine Rückschlüsse auf den tatsächlichen Energieverbrauch. Die ausgewiesenen Bedarfswerte der Skala sind spezifische Werte nach der EnEV pro Quadratmeter Gebäudenutzfläche (A_N), die im Allgemeinen größer ist als die Wohnfläche des Gebäudes.

[1] siehe Fußnote 1 auf Seite 1 des Energieausweises
[2] siehe Fußnote 2 auf Seite 1 des Energieausweises
[3] freiwillige Angabe
[4] nur bei Neubau sowie bei Modernisierung im Fall des § 16 Absatz 1 Satz 3 EnEV
[5] nur bei Neubau
[6] nur bei Neubau im Fall der Anwendung von § 7 Absatz 1 Nummer 2 EEWärmeG
[7] EFH: Einfamilienhaus, MFH: Mehrfamilienhaus

BILD Muster/Beispiel eines bedarfsorientierten Energieausweises für ein neu erbautes Einfamilienhaus

Pflichtdokument Energieausweis

2007 wurde mit der Energieeinsparverordnung der Ausweis zur Pflicht. Durch die Berechnung des Energiebedarfs oder durch das Auswerten des tatsächlichen Verbrauchs soll die energetische Qualität eines Gebäudes ermittelt und dargestellt werden. In der jeweils gültigen EnEV sind alle Grundsätze und Grundlagen über Ausstellung und Verwendung geregelt. Das gilt gleichermaßen für Wohnhäuser, Fabrik- und Bürogebäude. Es betrifft auch öffentliche Gebäude wie Ämter und Schulen mit mehr als 500 m² Fläche, die ihren Energieausweis sogar sichtbar aushängen müssen. Käufern, Mietern und auch Pächtern von Häusern oder Wohnungen ist ein Energieausweis vorzulegen. Verkäufer und Vermieter müssen den Energiepass laut EnEV 2014 schon zeigen, wenn Mieter eine neue Wohnung besichtigen. Kommt es zum Mietvertrag, erhalten Käufer beziehungsweise Mieter dann das Dokument im Original oder als Kopie. Die wichtigsten energetischen Kennwerte aus dem Energieausweis müssen außerdem schon in der Immobilienanzeige genannt werden. Mit der neuen EnEV 2014 können durch die zuständigen Behörden auch Stichprobenkontrollen von Energieausweisen durchgeführt werden.

Einteilung der Energieeffizienzklassen

Die Energieeffizienzklassen ergeben sich unmittelbar aus dem Endenergieverbrauch oder dem berechneten Endenergiebedarf.

Jeder Neubau muss mit einem **bedarfsorientierten Energieausweis** ausgestattet werden. Auch für An- und Ausbauten und Modernisierungen von Bestandsgebäuden gilt, dass im Verlauf einer Berechnung durch einen Berechtigten der Energieausweis auf der Basis des errechneten Energiebedarfs erstellt werden muss. Energieausweise können in Deutschland nur von qualifizierten Energieberatern ausgestellt werden. Dazu gehören beispielsweise Ingenieure und Architekten, die durch ihre Tätigkeiten oder Fortbildungen die dafür nötigen Fachkenntnisse erworben haben, Absolventen der Lehrgänge der Handwerkskammern zum geprüften „Gebäudeenergieberater (HWK)" oder andere Experten, die eine Fortbildung nach den Kriterien des Bundesamts für Wirtschaft und Ausfuhrkontrolle (BAFA) nachweisen können.

Unterschiede zwischen Bedarfs- und Verbrauchsausweis

Es gibt zwei Varianten des Energieausweises. Beim **bedarfsorientierten Energieausweis** wird unter rechnerischen Normbedingungen der individuelle Bedarf des Gebäudes berechnet. Man orientiert sich dabei an den verwendeten Baumaterialien, der Größe der Immobilie sowie an der Anlagentechnik. Berücksichtigt wird auch die Zahl der Bewohner. Auf diese Weise werden standardisierte Werte ermittelt, die einen neutralen Vergleich zwischen unterschiedlichen Gebäuden ermöglichen. Hinzu kommt, dass eine

Datenbasis geschaffen wird, die als Grundlage für eine eventuelle Sanierung genutzt werden kann.

Der **verbrauchsorientierte Energieausweis** wird auf der Basis des tatsächlichen Energieverbrauchs innerhalb von drei Jahren erstellt. Der Verbrauchsausweis gibt wieder, wie stark der Energieverbrauch unter anderem vom spezifischen Nutzerverhalten und den Witterungseinflüssen abhängig ist. Daher kann der Verbrauch von den Daten abweichen, die der bedarfsorientierte Ausweis angibt.

AUSSTELLUNG DES ENERGIEPASSES WIRD GEFÖRDERT

Wenn Sie die Gebäudebegehung für den bedarfsorientierten Pass von einem Energieberater machen lassen, der beim Bundesamt für Wirtschaft und Außenkontrolle (BAFA) registriert ist, können Sie für die Beratungsleistung von der einfachen Begehung bis zur thermografischen Untersuchung aus dem BAFA-Programm „Energiesparberatung vor Ort“ einen Zuschuss erhalten. Der Energieberater beantragt die Förderung und stellt Ihnen im Anschluss auch den Pass aus. Die Förderung für den Energiepass beträgt für Ein- und Zweifamilienhäuser 300 Euro, für Häuser mit mindestens drei Wohneinheiten 360 Euro. (Stand: März 2012)

Erneuerbare-Energien-Wärmegesetz (EEWärmeG)

Wer neu baut, muss seinen Wärmebedarf für das Haus gemäß Erneuerbare-Energien-Wärmegesetz (EEWärmeG) anteilig aus erneuerbaren Energiequellen decken. Dieser „Nutzungspflicht“ können Eigentümer aber auch mit anderen klimaschonenden Maßnahmen nachkommen, indem sie etwa stärker dämmen, Wärme aus regenerativ versorgten Wärmenetzen beziehen oder Abwärme beziehungsweise Wärme aus Kraft-Wärme-Kopplung (KWK) nutzen. Für die Bestandssanierung gilt das EEWärmeG explizit nicht. Ein vergleichbares Wärmegesetz auf Landesebene gibt es bislang nur in Baden-Württemberg.

NUTZUNGSPFLICHTEN UND MINDESTANTEILE IM EEWÄRMEG	
Erneuerbare Energien:	
Solare Strahlungsenergie	15 %
Gasförmige Biomasse	30 %
Flüssige Biomasse	50 %
Feste Biomasse	50 %
Geothermie und Umweltwärme	50 %
Anlagen zur Nutzung von Abwärme	50 %
Ersatzmaßnahmen:	
Maßnahmen zur Energieeinsparung	–15 %
Nah- oder Fernwärme mit Anteil erneuerbarer Energien	100 %
Kraft-Wärme-Koppelung	100 %
Abwärme	100 %

Darüber hinaus kann man den Einsatz erneuerbarer Energiequellen mit Ersatzmaßnahmen kombinieren. Hier kommt zugleich die EnEV ins Spiel: Denn je höher der Anteil der regenerativen Energieträger, desto günstiger wirkt sich das auf den Jahres-Primärenergiebedarf eines Gebäudes aus. Gleichzeitig dient die EnEV als „Erfüllungsgehilfe" des EEWärmeG: Wer etwa die Anforderungen der EnEV zu einem bestimmten Prozentsatz unterschreitet, hat seiner „Nutzungspflicht" im Sinne des EEWärmeG Genüge getan.

Durch diese Verzahnung von EnEV und EEWärmeG ist es möglich, die notwendigen Maßnahmen im Haus übergreifend zu planen und nachzuweisen. So können Architekten und Planer die wirtschaftlich und energetisch sinnvollsten Lösungen finden.

Wärmeenergiebedarf

Dieser Kennwert beziffert die Energiemenge, die den Bedarf von Heizung, Warmwasserbereitung und Kühlung abdeckt. Mit einberechnet wird der Aufwand für Übergabe, Verteilung und Speicherung der benötigten Wärmeenergie. Die Berechnung erfolgt nach den technischen Regeln, die in den EnEV-Anlagen 1 und 2 zugrunde gelegt werden.

Das EEWärmeG stellt an die genutzten Energiequellen spezifische Anforderungen. So ist der Anteil, den die einzelnen Energien am Wärmeenergiebedarf eines Gebäudes decken müssen, unterschiedlich: Beispielsweise werden für solare Strahlungsenergie 15 Prozent angesetzt, für feste Biomasse, Geothermie und Umweltwärme sind es 50 Prozent.

Erneuerbare Energien und Ersatzmaßnahmen lassen sich vielfältig miteinander kombinieren. Wichtig ist, dass die im EEWärmeG festgelegte Nutzungspflicht in der Summe zu 100 Prozent erfüllt ist. Wird also der Wärmeenergiebedarf tatsächlich nur zu 7,5 Prozent über Solarwärme abgedeckt (vorgeschriebener Mindestanteil: 15 Prozent), ist erst die Hälfte (50 Prozent) der Auflagen erfüllt. Der restliche Anteil wäre über weitere Maßnahmen und/oder andere erneuerbare Energiequellen zu realisieren.

FÖRDERMÖGLICHKEITEN

Die Förderpolitik zur energetischen Modernisierung und Sanierung glich in den letzten Jahren einer Achterbahnfahrt. Das betraf nicht nur die wechselnden Fördervolumina, die von Vater Staat in den einzelnen Haushaltsjahren zur Verfügung gestellt wurden. Vor allem Förderstopps und vorzeitig verausgabte Fördertöpfe verunsicherten die sanierungswilligen Bauherren immer wieder. Trotzdem ist die Förderung für viele ein unverzichtbarer Bestandteil ihrer Finanzierung. Viele Bauherren haben deshalb auf eine steuerliche Förderung beziehungsweise Abschreibungsmöglichkeit von energetischen Sanierungsmaßnahmen gewartet.

Der von der Bundesregierung in der Mitte des Jahres 2011 vorgelegte Gesetzentwurf ist bislang aber im Finanzgestrüpp zwischen Bund und Ländern stecken geblieben. Danach hätten alle Sanierungsaufwendungen über einen Zeitraum von 10 Jahren linear abgeschrieben werden können. Profitiert hätten sowohl Eigentümer, die ein Gebäude selbst bewohnen, wie auch Vermieter. Gelten sollte dies für Wohngebäude mit Baujahren vor 1995. Die Abschreibungsmöglichkeit sollte auf Maßnahmen zielen, die den Primärenergiebedarf um 15 Prozent unterhalb der damaligen EnEV 2009 senken. Diese Anforderungen sind mit einem KfW-Effizienzhaus 85 vergleichbar. Ob eine steuerliche Absetzbarkeit von der großen Koalition realisiert wird, ist offen.

Tipps zu Finanzierungshilfen

Bevor man sich einzelnen Förderprogrammen zuwendet, gilt es einige grundsätzliche Erfahrungen zur Herangehensweise anzuführen. Sie erleichtern das Eindringen in den Förderdschungel.

WIE WIRD GEFÖRDERT? Es gibt verschiedene Formen der öffentlichen Zuwendungen.

- Zuschüsse zu den Investitionskosten, die in der Regel nach Fertigstellung ausgezahlt werden.
- Zinsgünstige Darlehen, die in der Regel über die Hausbank beantragt werden müssen und über diese auch ausgezahlt werden.

WANN WELCHE FÖRDERUNG? Die wichtigsten Förderprogramme sind die des Bundes, getragen von der Kreditanstalt für Wiederaufbau (KfW) und dem Bundesamt für Wirtschaft und Ausfuhrkontrolle (BAFA), einer Bundesoberbehörde im Geschäftsbereich des Bundesministeriums für Wirtschaft und Technologie. Beide haben unterschiedliche Förderschwerpunkte: Die

BILD Wer sich durch den Förderdschungel durchgekämpft und seine solarthermische Anlage realisiert hat, kann sich freuen: Von zukünftigen Kostensteigerungen bei den fossilen Brennstoffpreisen ist er nur noch partiell betroffen.

KfW fördert Sanierungen und bestimmte einzelne Maßnahmen, die ein Gebäude energieeffizient machen. Das BAFA fördert den Einsatz von regenerativen Energien zur Wärmeerzeugung. Es gibt aber auch regionale und Länderprogramme. Darüber hinaus existieren Förderprogramme einzelner Energieversorger, nach denen man fahnden sollte.

AUSWAHL DES FÖRDERPROGRAMMS: Prüfen Sie alle für Ihr Vorhaben relevanten Programme. Welches Programm bietet für die beabsichtigte Maßnahme die höchsten Fördersätze? Sind die Programme möglicherweise kombinierbar?

KUMULATION: Die Anspruchnahme verschiedener Förderprogramme für ein Vorhaben wird als Kumulation bezeichnet. Es gibt Förderprogramme, die eine Kumulation ausschließen oder nur bis zu bestimmten Höchstgrenzen zulassen. Werden diese überschritten, wird die Förderung entsprechend gekappt. Geben Sie im Antrag immer die Kumulation an. In der Regel können Darlehens- und Zuschussprogramme kombiniert werden.

ANTRAGSTELLUNG UND BEGINN DER MASSNAHME: Zu welchem Zeitpunkt der Antrag für eine Maßnahme gestellt werden muss, ist von Förderprogramm zu Förderprogramm unterschiedlich. Es gilt daher immer, die Programmrichtlinien sorgfältig zu prüfen oder dies bei der Informations- oder Antragstelle explizit abzufragen.

ZINSKONDITIONEN AKTUELL PRÜFEN: Die Zinskonditionen orientieren sich am Kapitalmarkt und sind damit häufigen Änderungen unterworfen. Vor der Antragstellung sollten die aktuellen Konditionen recherchiert werden. Bei einigen Programmen gilt der Zinssatz, der bei Bewilligung des Antrags maßgeblich war.

BEWILLIGUNGEN: Bewilligungen können nur im Rahmen der zur Verfügung stehenden Haushaltsmittel des Bundes (oder Landes bzw. der Kommune) erteilt werden. Es kann also vorkommen, dass es ein Förderprogramm gibt, wegen fehlender Haushaltsmittel aber keine Bewilligung möglich ist. Die Wahrscheinlichkeit, dass dies gegen Ende eines Haushaltsjahrs vorkommt, ist höher als zu Beginn des Haushaltsjahrs.

WEITERE INFOS BEI DEN FÖRDERINSTITUTIONEN: Förderinstitutionen verfügen in der Regel nur über Informationen zu ihren eigenen Programmen.

RECHTSANSPRUCH: Ein Rechtsanspruch auf Förderung besteht nicht, Ausnahmen sind die Einspeisevergütungen über das Erneuerbare-Energien-Gesetz und das Kraft-Wärme-Kopplungs-Gesetz.

BERATUNGSFÖRDERUNG: Eine fachkundige Beratung bei der Modernisierung von Gebäuden und Haustechnik ist grundsätzlich hilfreich. Diese Beratung wird zurzeit vom Bund und einigen Bundesländern gefördert.

Marktanreizprogramm zur Förderung erneuerbarer Energien

Unter diesem Namen, kurz MAP, fördert das Bundesamt für Wirtschaft und Ausfuhrkontrolle (BAFA) Anlagen zur Wärmeerzeugung mit erneuerbaren Energien. Dazu zählen solarthermische Anlagen, Biomasseanlagen und Wärmepumpen. Die aktuellen Förderbeträge und -anträge können auf www.bafa.de/bafa/de/energie/erneuerbare_energien/ eingesehen werden. Im Folgenden werden die wichtigsten Punkte des MAP exemplarisch am Beispiel der Solarwärme vorgestellt.

Förderungen bei Solarthermie

Wer seine Heizung modernisiert und dabei auf Solarwärme setzt, kann bei der BAFA im Rahmen des Marktanreizprogramms (MAP) Zuschüsse für thermische Solaranlagen zur Warmwasserbereitung und Heizungsunterstützung beantragen. Gefördert werden nur Bestandsgebäude mit bestehender Heizungsanlage – mit Ausnahme von Anlagen zur Bereitstellung von Prozesswärme, die auch im Neubau förderfähig sind. Für Neubauten gelten die Bestimmungen des Erneuerbare-Energien-Wärmegesetzes.

Antragsberechtigt sind:

- Privatpersonen
- Freiberuflich Tätige
- Kleine und mittlere private gewerbliche Unternehmen nach Definition der EU sowie Unternehmen, an denen zu mindestens 25 Prozent Kommunen beteiligt sind und die gleichzeitig die KMU-Schwellenwerte für Umsatz und Beschäftigte unterschreiten
- Kommunen, kommunale Gebietskörperschaften und kommunale Zweckverbände
- Gemeinnützige Investoren
- Der Antragsteller ist entweder Eigentümer, Pächter oder Mieter des Grundstücks, auf dem die Anlage errichtet werden soll.

Basisförderung

- Gefördert wird die Erstinstallation thermischer Solaranlagen zur Heizungsunterstützung, zur kombinierten Warmwasserbereitung und Heizungsunterstützung bis maximal 40 m² Bruttokollektorfläche, zur solaren Kälteerzeugung oder zur Bereitstellung von Prozesswärme.
- Die Basisförderung für bis zu 16 m² beträgt pauschal 1500 €. Von 16,1 bis 40 m² werden pro angefangenem m² installierter Bruttokollektorfläche 90 € gezahlt.
- Die Mindestkollektorfläche muss bei Flachkollektoren 9 m² und bei Vakuumröhrenkollektoren 7 m² betragen. Zusätzlich muss ein Pufferspeicher für die Heizung von 40 Litern je m² bei Flach- und 50 Liter je m² bei Vakuumröhrenkollektoren vorhanden sein.
- Die Erweiterung bereits in betriebener Anlagen wird mit 45 € je zusätzlich installiertem und angefangenem m² Bruttokollektorfläche bezuschusst. Maximal werden 40 m² gefördert.

Weitere Voraussetzungen:

- Förderfähig sind nur Anlagen, die mit dem europäischen Prüfzeichen Solar Keymark zertifiziert sind.
- Solarkollektoranlagen müssen mit einem Wärmemengenzähler ausgestattet sein.

Bonusförderung

Zusätzlich zur Basisförderung können ein oder mehrere Boni in Anspruch genommen werden:

REGENERATIVER KOMBINATIONSBONUS: Wird zusätzlich eine Biomasseanlage oder eine Wärmepumpe eingesetzt, erhöht sich die Förderung um 500 Euro. Die Anforderungen der Richtlinie an die Wärmepumpe und an die Biomasseanlage gemäß Marktanreizprogramm müssen eingehalten werden. Fördervoraussetzung ist, dass ein hydraulischer Abgleich der Heizungsanlage vorgenommen wurde (siehe Seite 92).

KESSELTAUSCHBONUS: Bei Erstinstallation einer thermischen Solaranlage und gleichzeitiger Umstellung von einem Nicht-Brennwertkessel auf einen Brennwertkessel (Öl oder Gas) erhöht sich die Förderung um 500 Euro. Fördervoraussetzung ist, dass ein hydraulischer Abgleich vorgenommen wurde. Umwälzpumpen müssen die Effizienzanforderungen entsprechend der Effizienzklasse A erfüllen.

EFFIZIENZBONUS: In Wohngebäuden, die wegen des geringen Primärenergiebedarfs eine geringe Kostenersparnis für fossile Brennstoffe bei der Nutzung erneuerbarer Energien erzielen, wird der Effizienzbonus gewährt.

Effizient sind demgemäß Wohngebäude, die die Höchstwerte für den spezifischen, auf die wärmeübertragende Umfassungsfläche bezogenen Transmissionswärmeverlust H'_T nach Anlage 1 Tabelle 2 der EnEV 2009 um mindestens 30 Prozent unterschreiten. Der Primärenergiebedarf muss durch einen Energiebedarfsausweis nachgewiesen werden. Der Effizienzbonus wird nur gewährt, wenn der hydraulische Abgleich sowie die gebäudebezogene Anpassung der Heizkurve der Heizungsanlage vorgenommen wurden. Die Förderung beträgt das 1,5-Fache der Basisförderung.

SOLARPUMPENBONUS: Der Einsatz effizienter Solarkollektorpumpen wird mit 50 Euro je Pumpe unabhängig von der Anzahl der Pumpen pro Anlage gefördert. Als besonders effiziente Solarkollektorpumpen gelten Pumpen in permanent erregter EC-Motorbauweise.

Kumulation

Eine Kumulation mit anderen öffentlichen Förderprogrammen ist zulässig, solange die Gesamtförderung nicht das Zweifache der Fördersumme oder die zulässigen maximalen Beihilfeintensitäten der EU übersteigt.

Die Kumulation mit den KfW-Programmen „Energieeffizient sanieren" (Nr. 151 und 430), „Energieeffizient sanieren – Kommunen" (Nr. 218) und „Sozial Investieren – Energetische Gebäudesanierung" (Nr. 157) ist nicht möglich, sofern es sich um eine Einzelmaßnahme handelt.

Die Kumulation ist uneingeschränkt möglich, wenn das Gebäude umfassend zum KfW-Effizienzhaus saniert wird. Der Kesselaustauschbonus und der Effizienzbonus sowie der regenerative Kombinationsbonus und der Effizienzbonus sind nicht kombinierbar.

BAFA-FÖRDERUNG SOLARTHERMIE

Reine Warmwasserbereitungsanlagen	keine Förderung
Kombianlagen für Heizung und Warmwasser	
Basisförderung im Gebäudebestand[1)]	bis 16 m² Kollektorfläche: 1 500 € von 16,1 bis 40 m² Kollektorfläche 90 € / m²
EFH u. ZFH über 40 m² Bruttokollektorfläche[2)]	+ 45 € / m² Bruttokollektorfläche über 40 m²
Kesseltauschbonus	500 €
Kombinationsbonus[3)]	500 €
Effizienzbonus[4)]	0,5 x Basisförderung
Solarpumpenbonus	50 €
Wärmenetzbonus	500 €
Wohngebäude ab 3 Wohneinheiten bzw. Nichtwohngebäude mit mind. 500 m² Nutzfläche (20 – 100 m² Kollektorfläche)[5)]	Innovationsförderung: 180 € / m² Kollektorfläche
Erweiterung einer bestehenden Solaranlage[6)]	45 € / m² zusätzlicher Bruttokollektorfläche
Solare Kälteerzeugung [7)]	Analog zu Kombianlagen

[1)] Mindestvoraussetzungen: Flachkollektoren: Bruttokollektorfläche ≥ 9 m², Pufferspeichervolumen 40 l / m²; Vakuumröhrenkollektoren: Bruttokollektorfläche ≥ 7 m², Pufferspeichervolumen 50 l/m²;

[2)] Pufferspeichervolumen von mind. 100 l / m² Bruttokollektorfläche erforderlich. Bei Pufferspeichervolumen unter 100 l / m² [jedoch mind. 40 bzw. 50 l / m² gem. 1)] kann die Basisförderung bis 40 m² Bruttokollektorfläche gewährt werden.

[3)] Zusätzlich zur Basisförderung kann der Kombinationsbonus gewährt werden, wenn gleichzeitig eine förderfähige Biomasseanlage oder eine förderfähige Wärmepumpenanlage installiert wurde.

[4)] Der Effizienzbonus ist abhängig von bestimmten Anforderungen an die Gebäudehülle (EnEV 2009)

[5)] Solarkollektoranlagen im Bereich Innovationsförderung. Errichtung auf einem Wohngebäude mit mind. 3 Wohneinheiten oder auf einem Nichtwohngebäude mit mind. 500 m² Nutzfläche (auch Mischgebäude mit Wohn- und Gewerbenutzung, Gemeinschaftseinrichtungen zur sanitären Versorgung und Beherbergungsbetriebe mit mind. 6 Zimmern können gefördert werden).

[6)] Die Erweiterung einer vorhandenen Solaranlage, die nur der Warmwasserbereitung dient, wird nicht gefördert.

[7)] Die Mindestförderung gilt nicht für Luftkollektoren. Diese werden mit 90 € / m² Bruttokollektorfläche gefördert.

Quelle: www.bafa.de/bafa/de/energie/erneuerbare_energien/publikationen/energie_ee_so_uebersicht.pdf

Meist wird die Solarwärmeanlage von einem Handwerksbetrieb eingebaut. Lassen Sie sich von Ihrem Handwerker bestätigen, dass der Sonnenkollektor im Marktanreizprogramm förderfähig ist. Antragsunterlagen gibt es unter www.bafa.de.

Der Antrag ist innerhalb von sechs Monaten nach Herstellung der Betriebsbereitschaft zu stellen. Der Förderantrag muss zusammen mit der Rechnung und einem Nachweis über die Betriebsbereitschaft der Anlage bei der BAFA eingereicht werden. Mit der Bewilligung des Antrags werden die Fördermittel ausbezahlt.

Die für die BAFA-Förderung genannten Konditionen gelten im Prinzip auch für Wärmepumpenheizungen und für Biomasseanlagen. Lediglich die Fördersätze unterscheiden sich geringfügig.

Förderprogramme der Kreditanstalt für Wiederaufbau KfW

Die hier angeführten Fördermöglichkeiten geben nur einen Einblick in die Angebotsvielfalt der Kreditanstalt für Wiederaufbau (KfW). Für genauere Informationen sollte man sich direkt an die KfW wenden oder deren Webseite www.kfw-foerderbank.de besuchen. Die Sanierungskredite und Investitionszuschüsse der KfW müssen in der Regel über die Hausbank beantragt werden. Mit den Baumaßnahmen darf erst begonnen werden, wenn eine Genehmigung der KfW vorliegt. KfW-Förderprogramme sind teilweise kombinierbar mit anderen Förderprogrammen, etwa der BAFA oder mit Landesprogrammen.

Empfehlenswert ist immer eine Vor-Ort-Energieberatung durch einen zugelassenen Energieberater, wofür es Förderung gibt. Eine professionelle Baubegleitung durch Sachverständige kann während der Sanierungsphase zu 50 % (bis zu 4 000 Euro Zuschuss pro Antragsteller und Vorhaben) unterstützt werden.

Orientierung durch KfW-Effizienzhausklassen

Der Begriff KfW-Effizienzhaus ist ein bundeseinheitlicher Qualitätsmaßstab, den die KfW im Rahmen ihrer Förderpolitik als Begrifflichkeit für energetisch modernisierte Häuser eingeführt hat. KfW 100 ist als Standard von Neubauten der Maßstab, auf den sich die Bewertung von Altbau-Sanierungen bezieht. Ist ein Gebäude energetisch angefasst, also saniert oder modernisiert worden, erfährt es die Einordnung als Effizienzhaus. Das Qualitätssiegel steht für einen verringerten CO_2-Ausstoß und effizientere Heizung. Alle aktuellen Neubauten (gemäß EEWärmeG) sind grundsätzlich auch „Effizienzhäuser".

Mit der Förderpolitik der KfW sollen die Bestandsgebäude in Richtung des Neubauniveaus angehoben werden. Wobei der Grad der Effizienzsteigerung dem Bauherren und seinem Geldbeutel überlassen bleibt. Ein ordnungsrechtlicher Zwang existiert nicht.

Die Zahl nach dem Begriff KfW-Effizienzhaus gibt an, wie hoch der Jahresprimärenergiebedarf in Relation zu einem vergleichbaren Neubau nach den Vorgaben der Energieeinsparverordnung sein darf. Ein KfW-Effizienzhaus 85 verbraucht jährlich höchstens 85 Prozent der Energie eines vergleichbaren Neubaus (= KfW-Effizienzhaus 100). Ein KfW-Effizienzhaus 70 benötigt damit 30 Prozent weniger Energie als das vergleichbare Referenzgebäude. Nach unten geht es weiter mit KfW-Effizienzhaus 55 und 40. Je kleiner die Zahl, desto niedriger der Energieverbrauch. Grundsätzlich gilt als Förderphilosophie: Je niedriger die Ziffer, desto niedriger der Energiebedarf, desto höher die Förderung.

Energieeffizient sanieren

Mit dem Programm 430 fördert die KfW alle energetischen Sanierungsmaßnahmen wie Dämmung, Heizungserneuerung, Fensteraustausch, Lüftungseinbau für Gebäude mit Bauantrag/Bauanzeige vor dem 01.01.1995. Dies gilt sowohl für einzelne als auch kombinierte Maßnahmen. Ebenfalls finanziert wird der Kauf frisch energetisch sanierten Wohneigentums. Jede Privatperson kann dieses Förderprogramm nutzen, wenn sie als Eigentümer eines Ein- oder Zweifamilienhauses oder einer Eigentumswohnung Sanierungs- bzw. Umbaumaßnahmen plant oder eine frisch energetisch sanierte Wohnimmobilie erwirbt.

Zu welchen Bedingungen

Die KfW finanziert ein Vorhaben mit einem zinsgünstigen Kredit. Die Zinsbindung von bis zu 10 Jahren und bis zu 30 Jahren Laufzeit bietet eine sichere Finanzierungsbasis. Kostenfreie außerplanmäßige Tilgungen sind möglich. Benötigt eine Immobilie mit energetisch schlechtem Ausgangsniveau nach dem Umbau nur noch maximal 15 Prozent mehr Energie als ein vergleichbarer Neubau, erhält auch sie (als KfW-Effizienzhaus 115) einen Tilgungszuschuss, der den Rückzahlbetrag Ihres Darlehens mindert. Je besser die Energiebilanz nach der Sanierung ausfällt, umso höher ist der Tilgungszuschuss.

So beträgt der Tilgungszuschuss beim KfW-Effizienzhaus 55, das eine hohe Energieeffizienz aufweist, 12,5 Prozent des Darlehensbetrags.

Für ein KfW-Effizienzhaus 115 beträgt der Tilgungszuschuss noch 2,5 Prozent.

Energieeffizient bauen

Wer ein besonders energieeffizientes Wohngebäude bauen bzw. kaufen will, nutzt das KfW-Programm 153. Erreicht ein Niedrigenergiehaus beim Energiebedarf den Standard eines KfW-Effizienzhaus 70, 55 oder 40 oder den eines Passivhauses, begünstig die KfW den Kredit mit niedrigen Zinsen. Beim KfW-Effizienzhaus 55 oder 40 bzw. beim Passivhaus gibt es zusätzlich einen Tilgungszuschuss. Das KfW-Darlehen im Programm 153 übernimmt 100 Prozent der Baukosten (ohne Grundstückskosten) bis zu 50 000 Euro pro Wohneinheit. Dieses Förderprogramm kann jeder nutzen, der gemäß KfW-Effizienzhaus-Standard (bzw. Passivhaus-Standard) baut oder einen entsprechenden Neubau kauft.

Förderung der Wohnungswirtschaft und von Amateurvermietern

Im KfW-Programm 271 und 281 werden gewerbliche Unternehmen der Wohnungswirtschaft sowie Amateurvermieter beim Bau von Solarthermie-Großanlagen, Anlagen zur Verfeuerung fester Biomasse ab 100 kW Nennwärmeleistung und Tiefengeothermieanlagen mit zinsverbilligten Darlehen und Tilgungszuschüssen unterstützt.

Damit können Solarkollektoranlagen von mehr als 40 Quadratmetern Bruttokollektorfläche als solarthermische Anlagen zur Warmwasserbereitung und/oder Raumheizung von Wohngebäuden mit 3 oder mehr Wohneinheiten errichtet werden. Dies gilt auch für Nichtwohngebäude mit mindestens 500 m² Nutzfläche, zur Bereitstellung von Prozesswärme oder zur solaren Kälteerzeugung.

ANGEBOTE EINHOLEN UND EINSCHÄTZEN

Holen Sie sich von mehreren Installationsfirmen Angebote ein, die in folgende Bestandteile unterteilt sein sollten:

- **Kollektoren**: Fabrikat, Typ, Größe, Herstellerangaben zu Materialien und Wirkungsgradkoeffizienten
- **Speicher**: Fabrikat, Größe und Art, Herstellerangaben zu Materialien
- **Verrohrung**: Art und Größe (genaue Angaben der Rohrlängen in Meter) sowie deren komplette Dämmung
- **Regelung**: Fabrikat, Typ und Beschreibung, Art der verwendeten Temperaturfühler, Zusatzfunktionen des Reglers
- **Sonstige Nebenarbeiten**: Montagekosten, Mauerdurchbrüche, sonstige Nebenarbeiten, die zur Wiederherstellung des ursprünglichen Ausbaus notwendig sind.
- Jeder dieser Posten sollte mit Einzelpreisen ausgewiesen sein, damit Vergleiche möglich sind und auch Änderungen berücksichtigt werden können.
- Als Privatperson haben Sie als Auftraggeber auch Anspruch auf eine fünfjährige **Gewährleistung nach BGB**.

Wesentliches Kriterium für die Entscheidung ist sicherlich der Gesamtpreis. Aber es sollte auch über die Einsparmöglichkeiten gesprochen werden. Zwar wird sich kein Anbieter gern auf eine verbindliche Einsparquote festlegen lassen, die Erwartungen an das zu liefernde Produkt sollten trotzdem klar definiert und schriftlich festgehalten werden. Wollen Sie durch die Solaranlage etwa 40 Prozent Heizenergie einsparen, fixieren Sie das.

WIRTSCHAFTLICHKEIT SOLARTHERMISCHER ANLAGEN

Auch wenn der Einsatz solarthermischer Anlagen aus klimapolitischer Sicht wünschenswert ist, muss sich dies für den einzelnen Betreiber oder Investor auch rechnen, um attraktiv zu sein. Das bedeutet einmal, dass er über die erforderliche Investitionssumme verfügen muss. Zum Zweiten darf die neue Anlage keine höheren Betriebskosten mit sich bringen als die alte. Im Gegenteil, eine deutliche Reduzierung muss garantiert sein, sonst verfällt jegliche Motivation für die Investition. Und schließlich müssen gesicherte Anhaltspunkte für eine Amortisation der gekauften Anlage vorliegen. Dies sollte so weit konkretisiert werden, dass die Mindestgröße für die Einsparungen abgebildet wird, die eine Anlage nach Amortisation bis zum Ende ihrer Funktionszeit liefert.

Die Rahmenbedingungen der Energieversorgung haben sich in den vergangenen Jahren deutlich verändert. Stark gestiegene Preise für Heizöl oder Erdgas zeigen, dass diese Brennstoffe nicht länger kostengünstig und im Überfluss zur Verfügung stehen. Bedingt durch den weltweit wachsenden Energiebedarf bei gleichzeitig steigendem Aufwand für die Erschließung, werden fossile Brennstoffe zu einem hochpreisigen, international begehrten Gut. Zudem können internationale politische Konflikte immer wieder zu Preisanstiegen führen, denn Öl und Erdgas stammen zu einem großen Teil aus politisch eher instabilen Regionen.

Wirtschaftlichkeitsbetrachtungen umfassen immer Vergleiche zwischen verschiedenen Varianten. Vor dem Hintergrund einer sich verändernden Energiesituation mit ungewissem Ausgang sollte durchaus mit verschiedenen Annahmen gerechnet werden. Aber unterschiedliche Annahmen dürfen sich nicht nur auf Brennstoffkosten beschränken. Auch Zinsen oder die technische Lebensdauer können sich ändern, das sollte man in die Wirtschaftlichkeitsbetrachtungen einbeziehen. Durch „Preisschnäppchen" bei der Anschaffung darf man sich dabei nicht blenden lassen. Als scheinbare Alternative zur umfassenden Wirtschaftlichkeitsberechnung bringt das nichts. Im Vergleich zu den lebenslangen Betriebskosten ist der Anschaffungspreis eher gering.

Die Ergebnisse von allgemeinen Wirtschaftlichkeitsberechnungen sind wichtig, sollten aber als alleiniges Entscheidungskriterium für die Wahl einer bestimmten Anlage nicht überbewertet werden. Ein Wohngebäude unterliegt ja auch noch Kriterien, die nicht wirtschaftlich zu erfassen sind.

Die genaue Entwicklung der Brennstoffpreise lässt sich nicht vorhersagen. Unbestritten ist aber, dass sie mittel- bis langfristig weiter steigen werden. Egal, ob Heizkosten im Eigentum oder zur Miete: sie werden zu einer immer stärkeren Belastung für die Haushalte. Die Frage ist nicht mehr, ob die Solarwärmeanlage auf dem Dach Prestige vermittelt, sondern wie sicher und effizient sich das Haus für die nächsten drei bis vier Jahrzehnte versorgen lässt. Vor dieser Frage stehen bereits heute viele Eigentümer, deren Gebäude vom aktuellen Stand der Heiztechnik weit entfernt sind. In Zukunft werden sich immer mehr dieser Frage stellen müssen.

Wirtschaftlichkeit und individuelle Werte

Wenn man ein Haus alle 30 bis 40 Jahre modernisiert, steht es über mehrere Generationen. Ging es früher vor allem darum, die Heizung zu erneuern, das Dach auszubessern und die Fenster zu streichen, so sollte heute die Senkung des Energieverbrauchs im Zentrum der Bemühungen stehen. Jede Solarwärmeanlage ist eine Zukunftsinvestition im doppelten Sinne. Sie erhöht den Wert einer Immobilie und trägt dazu bei, die Aufwendungen, die durch den Einsatz fossiler Energieträger entstehen, zu vermindern. Wie hoch die Kostenersparnis ausfällt, hängt von vielen Faktoren ab: vom Umfang der Sanierung, von den gewählten Maßnahmen und Techniken und natürlich von der erwarteten Entwicklung der Brennstoffpreise. Daher lässt sich nicht pauschal sagen, ob sich die Investition in eine energetische Sanierung nach acht, zwölf oder 20 Jahren bezahlt macht. Wichtig ist: Ein energieeffizientes Haus mit solarer Wärme bringt ein Stück zusätzliche Unabhängigkeit von der zukünftigen Energiepreisentwicklung und schafft damit Sicherheit.

Die meisten privaten Hausbesitzer haben ihr Haus mit Krediten finanziert. Viele Hauseigentümer nehmen – zumindest phasenweise – höhere monatliche Kosten als vorher für ihre Mietzahlungen in Kauf. Schließlich kommen hier noch andere Motive hinzu: Sicherheit, persönlicher Gestaltungsspielraum, Altersvorsorge, Besitzerstolz und das Prestige als „Hauseigentümer". Ein derartiger Maßstab mag für viele Hausbesitzer auch in der Anfangsphase der Solarthermie gegolten haben. Vor dem Hintergrund gegenwärtiger und zukünftiger Preissteigerungen für fossile Brennstoffe ist ein Kredit für eine Solarwärmeanlage aber eine Investition in die Zukunft. Durch staatliche Fördermaßnahmen wird die Finanzierung zusätzlich erleichtert.

Bewertung von Risiken

Allgemein gilt: Je kleiner das finanzielle Risiko, desto geringer wird die Rendite. Im Fall solarthermischer Anlagen gilt dies nicht. Eine richtig ausgelegte Anlage ist ein Mittel zur Risikominderung.

- Die **Vorräte an fossilen Energieträgern** werden weltweit mit zunehmendem Tempo abgebaut und verbraucht. Prognosen über die Weltvorräte an Erdöl kommen zu dem Ergebnis, dass die weltweite Förderung bald den Maximalpunkt („peak oil") erreichen und von da an beständig sinken wird. Die Weltvorräte werden – allerdings nun schon seit Jahrzehnten unverändert – auf eine Reichweite von weiteren 40 bis 60 Jahren geschätzt. Angesichts des

Energiehungers aufstrebender Volkswirtschaften wie China und Indien scheint diese Zeitspanne ungewiss. Sicher ist nur, dass von weiter steigenden Energiepreisen in der Zukunft auszugehen ist.

- **Wie zuverlässig** ist eine thermische Solaranlage? Seit 1975 werden thermische Solaranlagen in Deutschland eingesetzt. Die meisten dieser ersten Anlagen funktionieren noch heute. Mittlerweile hat sich in Deutschland eine leistungsstarke Solarwirtschaft entwickelt. Es gibt Tausende von erfahrenen Installateuren und Solarteuren, die Anlagen fachgerecht einbauen und betreuen. Referenz dafür sind 1,8 Millionen solarthermische Anlagen mit 16,5 Millionen Quadratmetern installierter Kollektorfläche und einer Leistung von zirka 10,7 Gigawatt thermischer Leistung. Das technische Risiko solarthermischer Anlagen ist vergleichbar dem der konventionellen, mit Brennern betriebenen Haustechnik.
- Die Sonne ist ein Fusionsreaktor, der betriebserprobt ist, in sicherer Entfernung von der Erde „steht" und noch zirka 4 Milliarden Jahre lang funktionieren wird. Solarenergie ist eine unerschöpfliche und sichere heimische Energiequelle. Die Solaranlagen haben hinsichtlich der „**Brennstoffsicherheit**" das höchste „Rating" verdient.
- Thermische Solaranlagen sind eine ausgereifte Technologie. Ihre Verbesserung und Leistungssteigerung wird kontinuierlich weitergehen. Dank steigender Stückzahlen wird weiterhin mit sinkenden Preisen zu rechnen sein. So haben sich die spezifischen Anlagenkosten von 2 200 €/kWh Mitte der 80er Jahre auf heute 1 000–1 100 €/kWh halbiert. Die **Investitionskosten** für Brauchwasseranlagen mit 4 bis 6 Quadratmeter Flachkollektoren liegen – Installation eingeschlossen – bei etwa 4 000 bis 6 000 Euro; bei Kombianlagen (also mit Heizungsunterstützung) bei 7 000 bis 12 000 Euro.

Finanztechnische Methoden

Es gibt verschiedene Methoden, die Wirtschaftlichkeit einer Investition zu beurteilen. Sinn der Wirtschaftlichkeitsberechnung ist es, dem Investor für folgende Probleme Entscheidungshilfen an die Hand zu geben:

- Prüfung des Vorteils einer Einzelinvestition
- Wahl zwischen verschiedenen Systemen
- Zeitpunkt einer Ersatzinvestition

Landläufig wird – der Einfachheit halber eine statische Abschreibung als Basis genommen, das heißt, man teilt die Investitionssumme durch die jährlich eingesparten Brennstoffkosten, die nicht ausgegeben werden mussten. Diese Methode wird bei der Bewertung einer Warmwasseranlage beispielhaft angewandt, gibt aber für Kombianlagen ein unzulängliches Bild (siehe Infokasten Seite 148).
Dynamische Berechnungsmethoden gestatten eine präzisere Einschätzung. Für den finanztechnischen Teil wird am häu-

figsten die Annuitätsmethode angewandt. Sie ergibt einen jährlich einzuzahlenden Betrag, der nach „n" Jahren genauso groß ist wie die ursprüngliche Investition; man nennt dies auch den Wiedergewinnungswert. Die sonstigen Kosten sind für eine Vollkostenrechnung zu diesem Betrag zu addieren.

Berechnung des Energiepreises nach der Vollkostenmethode

Bei der Vollkostenmethode werden alle wesentlichen Kostenanteile berücksichtigt. Sie kann grob oder verfeinert angewendet werden. Die Wärmegestehungskosten setzen sich aus der Summe folgender Kostenanteile zusammen:

ANNUITÄT: Der jährliche Rückzahlungsbetrag für einen Kredit setzt sich aus Zins und Tilgung zusammen. Der Betrag bleibt immer gleich hoch, wobei der Anteil der Tilgung wächst und der Anteil der Zinsen entsprechend sinkt. Grundlage sind Kreditbetrag, Laufzeit, Zinskonditionen und ein eventueller Tilgungszuschuss.

WARTUNGS- UND INSTANDHALTUNGSKOSTEN: Insbesondere für größere Anlagen im Geschosswohnungsbau wird der Bauherr in der Regel einen Wartungsvertrag mit der Installationsfirma abschließen (dies ist auch für Kleinanlagen zu empfehlen!). Hinzu kommt gegebenenfalls noch eine Versicherung, zum Beispiel gegen Glas- und Wasserschäden. Für die Instandhaltung, das heißt für Reparaturen am konventionellen Teil wie zum Beispiel Pumpen, Regelung, Ausdehnungsgefäß und Frostschutzfüllung werden bei größeren Anlagen üblicherweise pro Jahr 1 Prozent der Investitionskosten angesetzt.

BETRIEBSKOSTEN: Für den konventionellen Teil der Heizungsanlage sind hier die Brennstoffkosten und die elektrische Hilfsenergie für Brenner/Gebläse und die Regelung einzusetzen. Letztere sind nur bekannt, wenn ein eigens dafür installierter Zähler existiert. Bei einer Solaranlage fällt unter Betriebskosten ebenfalls der elektrische Strom für den Pumpenantrieb und die Regelung. Dafür werden meist 3–5 % des jährlichen thermischen Solargewinns angesetzt. Bei Kleinanlagen sind das um 20 kWh pro Quadratmeter Kollektorfläche, bei größeren Anlagen verhältnismäßig weniger. Ein eigens für die Heizungsanlage eingebauter Stromzähler ist zumindest für ein Mehrfamilienhaus sinnvoll.

JÄHRLICHER ENERGIEGEWINN: Der Wert für den Energiegewinn wird bei einer Solaranlage durch eine Simulationsrechnung ermittelt. Die tatsächlich von der Solaranlage erbrachten Wärmemengen und deren Verrechnung mit der konventionellen Endenergie sind ohne Wärmemengenzähler nicht möglich. Genauer als die Simulationsrechnung wäre es, den tatsächlichen Wert der substituierten, konventionellen Energie über ein Monitoring zu erfassen und hier einzusetzen.

Was kostet die Wärme tatsächlich?

Die tatsächlichen Kosten für die Bereitstellung der Wärme sind, wie ausgeführt, keinesfalls nur die Brennstoffkosten plus

Nebenkosten für Strom. Dazu gehört vor allem auch die Finanzierung, also Zins und Tilgung. Will man verschiedene Kombinationsmöglichkeiten untersuchen, sind für jede bivalente Variante (Solaranlage, Holzfeuerung, Ölkessel, Wärmepumpe etc.) die Vollkosten zu ermitteln. Dabei wird die Bilanzgrenze am Eingang des Wärmeverteilungsnetzes für Warmwasser und Raumheizung gesetzt und bei einer bivalenten Anlage die gesamte Solarausrüstung inklusive konventioneller Nachheizung mit einbezogen. Die so berechneten Wärmegestehungskosten können für die verschiedenen Varianten gegenübergestellt werden und sind eine Hilfe bei der Wahl der am besten geeigneten Variante.

Zur Illustration der Vollkostenmethode betrachten wir den Fall einer Sanierung durch den Einbau einer solarthermischen Kombianlage in einem Einfamilienhaus (Kollektorfläche 10 m²). Folgende Annahmen: Der Kesseltausch hätte zum Zeitpunkt der solaren Modernisierung ohnehin angestanden und die Dachfläche, auf der die Kollektoren indach montiert werden, war ohnehin reparaturbedürftig.

INFO **Beispielrechnung für eine Warmwasseranlage (Stand 2013)**

6 m² Flachkollektoren:	1600 €
plus Leitungen, Pumpen, Regelungstechnik, Rohre und Montage:	1500 – 2000 €
plus 300-l-Speicher:	1100 €
Anfängliche Investition in die Anlage gesamt also:	**4700 €**
Jährliche Betriebs- und Wartungskosten:	60 €
Die jährliche Heizöl-/Gasersparnis liegt hier bei:	**150 – 250 €**

Als Nutzungsdauer der Solarwärmeanlage rechnet man 20 bis 25 Jahre. In dieser Zeit werden rund 5 000 Liter Heizöl (oder 49,6 MWh) eingespart. Bei einem durchschnittlichen Ölpreis von 0,90 € pro Liter hätte sich bei statischer Betrachtungsweise die Anlage nach rund 18 Jahren, also deutlich vor Ablauf der kalkulierten Nutzungsdauer) gerechnet. Unter Berücksichtigung von Fördermöglichkeiten durch Bund, Länder und Kommunen wird dies früher erreicht werden. Und es ist davon auszugehen, dass die Preise für fossile Energieträger in den kommenden Jahren weiter steigen werden, diese statische Betrachtungsweise also die zu erwartende Entwicklung nur ungenügend abbildet. Was allerdings klar für diesen Zeitraum berechnet werden kann: **Die Solaranlage entlastet die Erdatmosphäre um 12,9 Tonnen CO_2** (gegen Öl gerechnet).

$$\text{Jährliche Vollkosten} = \text{Annuität} + \text{Wartungs- und Instandhaltungskosten} + \text{Betriebskosten}$$

$$\text{Konventionelle Wärmegestehungskosten} = \frac{\text{Jährliche Vollkosten Heizzentrale}}{\text{Jährlicher Energieverbrauch}}$$

$$\text{Solare Wärmegestehungskosten} = \frac{\text{Jährliche Vollkosten Solaranlage}}{\text{Jährlicher Energiegewinn bzw. Einsparung}}$$

Berechnung der jährlichen Annuität

ZINSSATZ: Der Annuitätenfaktor ist von Bankzins und Betrachtungszeitraum abhängig. Als Bankzins kann entweder die Verzinsung eines einbezahlten Kapitals, beispielsweise ein Bundesschatzbrief, oder eines ausgeliehenen Kapitals eingesetzt werden, beispielsweise Hypothekendarlehen oder zinsverbilligte Darlehen.

BETRACHTUNGSZEITRAUM: Dieser ist mit der Standzeit der Anlage gleichzusetzen. Will man für größere Anlagen sehr genau sein, dann unterteilt man die Investition in verschiedene Komponenten wie Rohrleitungen, Kollektoren, Speicher, Regelung sowie Pumpen und setzt für jede Komponente die in den VDI-Richtlinien angegebene Lebensdauer ein. Für solare Warmwasser-Bereitungsanlagen kann man nach langjähriger Erfahrung eine mittlere Standzeit von mindestens 20 Jahren einsetzen. Die Erfahrungen der letzten Jahrzehnte zeigen, dass Kollektoren, Speicher und Rohrleitungen sogar länger funktionstüchtig bleiben.

ANRECHENBARE GESAMTKOSTEN: Oftmals spart man bei der Installation einer Solaranlage Kosten an anderen Stellen ein. Bei einer Ausführung als Solardach entfällt zum Beispiel nicht nur die Dacheindeckung, sondern auch die darunterliegende Isolierung, die nun Teil der Solaranlage ist. Um diesen Anteil reduzieren sich die Kosten der solaren Investition. Auch eventuelle öffentliche Fördermittel müssen berücksichtigt werden.

WARTUNG UND INSTANDHALTUNG: Bei einer Solaranlage betragen die jährlichen Kosten für Wartung und Instandhaltung 1–2 % der Investitionssumme. Echte Verschleißteile, zum Beispiel Sonden in einer Brennerflamme oder Transportschnecken bei einem Holzkessel, gibt es bei Solaranlagen ja nicht.

BETRIEBSKOSTEN: Darunter fällt unter anderem die elektrische Hilfsenergie, die für die Umwälzpumpen und Regelungen benötigt wird. Wer über keinen separaten Stromzähler und keinen Wärmemengenzähler verfügt, muss sich mit Erfahrungswerten begnügen, die zwischen 5 und 10 % des Kollektorwärmeertrags liegen. Nimmt man einen Solarertrag von 450 kWh pro Quadratmeter Kollektorfläche an, beträgt der Hilfsenergiebedarf 45 kWh/m².

Die solaren Wärmegestehungskosten sind im Wesentlichen vom angenommenen Zinssatz abhängig. Dieser ist im Gegensatz zum Energiepreis für die nächsten 20 Jahre als konstant anzusehen. Er ist von Preisschwankungen des Heizöls beziehungsweise Erdgases unabhängig.

Vergleich der Wärmekosten

Um den Unterschied zwischen den Kosten einer fossilen Kesselanlage (im Beispiel Öl) und einer solarthermischen Kombianlage zu verdeutlichen, werden beide auf Basis der vorher ermittelten Vollkosten durchgerechnet.

Die Fixkosten werden auf die anfallenden jährlichen Brennstoffkosten umgelegt. Diese steigen durchschnittlich um 8 Prozent pro Jahr, ein Wert, der unterhalb des langjährigen Durchschnitts in den Jahren 2000 bis 2011 liegt.

Es wird in der Musterrechnung von einem durchschnittlichen Einfamilienhaus mit 150 m² Wohnfläche und einem Wärmebedarf von 150 kWh/m² und Jahr ausgegangen. Der Heizöl-Jahresverbrauch beim Heizöl-Brennwertkessel ist mit 2 500 Litern angesetzt.

Bei der bivalenten Heizung mit solarthermischer Unterstützung liegt die Brennstoffersparnis bei 30 Prozent. Moderne Heizkessel, ob mit Öl oder Gas befeuert, haben im Dauerbetrieb gute feuerungstechnische Wirkungsgrade. Im Teillastbereich, besonders wenn keine Raumheizung mehr benötigt wird, fällt er schlechter aus. Trotzdem bleibt die Schätzung ein Schwachpunkt bei der rechnerischen Ermittlung der Wärmekosten. Klarheit könnte nur entstehen, wenn neben der verbrauchten Nutzwärme des Kessels auch die der Solaranlage gemessen würde.

Das Beispiel zeigt, das sich die solare Investition im Vergleich zum reinen Kesseltausch nach etwas über 11 Jahren amortisiert. Bei der angenommenen Lebensdauer von 20 Jahren wird insgesamt ein Betrag von über 20.000 € eingespart, nahezu das Doppelte dessen, was die komplette bivalente Heizungsanlage gekostet hat. Betrachtet man die Heizung als Kapitalanlage, ergäbe dies eine Rendite von knapp 3 Prozent.

Auf einen Aspekt sei dabei hingewiesen: Je niedriger der Brennstoffverbrauch durch eine gute Wärmedämmung des Gebäudes ist, desto größer fällt der Anteil der Fixkosten pro verheizter kWh Nutzwärme aus. Da eine Heizungsanlage in einem gedämmten Haus zwar deutlich kleiner dimensioniert wird, die Fixkosten aber nicht proportional fallen, zeigt dies, dass das Dogma „Dämmung zuerst" wirtschaftlich nicht immer nachvollziehbar ist.

KOSTENVERGLEICH: HEIZÖL-BRENNWERTKESSEL MIT UND OHNE SOLAR-UNTERSTÜTZUNG

Gegenüberstellung einfacher Kesseltausch (Heizöl-Brennwert) und Heizöl-Brennwertkessel plus Solar mit MAP-Förderung

Annahmen:

- Einfamilienhaus, Bestand, 150 m² Wohnfläche
- Wärmebedarf für Warmwasser 3 000 kWh / a
- Wärmebedarf: 150 kWh / m² pro Jahr, mit solarer Unterstützung 120 kWh / m² pro Jahr
- 100 % Fremdkapitalfinanzierung, 20 Jahre Laufzeit
- Förderung gemäß MAP neu 15.08.2012
- Investitionssumme enthält in Variante 1 Kessel und in Variante 2 zusätzlich solarthermische Anlage plus Pufferspeicher

		Heizöl-Brennwertkessel	**Heizöl-Brennwertkessel plus Solar**
Rechnung Handwerker, brutto		6 000,00 €	12 500,00
Förderung 12 m² (Stand seit 15.08.2012)		–	–1 500,00
Kesseltauschbonus			–500,00
Eingesparte Kosten Dach		–	–500,00
Anrechenbare Gesamtkosten		**6 000,00 €**	**10 000,00**
Bankzins (Fremdfinanzierung der jeweiligen anrechenbaren Gesamtkosten)	2 Prozent		
Laufzeit des Kredits	20 Jahre		
Annuitätenfaktor	0,06118		
Annuität: jeweils Kredit in Höhe der anrechenbaren Gesamtkosten x 0,06118		367,08 €	611,80 €
Wartung und Instandhaltung, gewählt: 2 % pro Jahr		120,00 €	200,00 €
Kaminfeger		80,00 €	80,00 €
Betriebskosten (Strom) 200 bzw. 300 kWh à 0,27 €		54,00 €	81,00 €
Jährliche Fixkosten:		**621,08 €**	**972,80 €**
Verbrauchskosten			
Marktpreis Heizöl EL pro Liter (April 2013)	0,82 €		
Heizwärmebedarf plus Warmwasserenergie in kWh	25 500		
Entsprechend Brennstoffverbrauch in Liter Heizöl EL	2 500	2 050,00 €	
Brennstoffverbrauch bei solarer Einsparung von 30 % in Liter	765		1 422,70 €
Jährliche Vollkosten		**2 671,08 €**	**2 395,50**

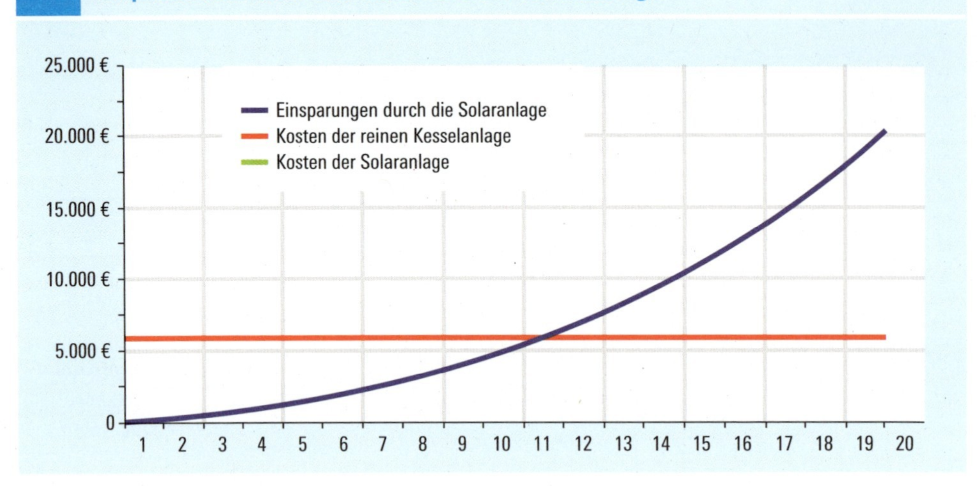

BILD Mittel- bis langfristig rechnet sich Solarwärme (mit: Energiepreise + 8 % pro Jahr).

Warmmietenneutrale Modernisierung

Im Unterschied zum privat genutzten Einfamilienhaus muss bei einer Vermietung über die Heizkosten Rechenschaft abgelegt werden.

Das gilt auch für die Investitionskosten einer solar modernisierten Heizungsanlage, denn der Besitzer kann nach der Modernisierung den solaren Teil einer bivalenten Heizungsanlage inklusive Finanzierungskosten nach BGB § 559 auf die Nettokaltmiete umlegen. Der Höchstbetrag kann pro Jahr 11 Prozent der umlagefähigen Investitionssumme betragen, muss es aber nicht.

Die Mieter müssen rechtzeitig über die geplante Baumaßnahme informiert und um ihre Zustimmung ersucht werden. Allerdings sind ihre Einspruchsmöglichkeiten beschränkt, da solche Modernisierungen nach geltender Rechtsprechung als im Interesse des Klimaschutzes hingenommen werden müssen. Unstreitig, und vor allem konfliktfrei, ist dies nur dann, wenn die solarthermische Anlage **warmmietenneutral** ausgelegt ist.

Dieser Begriff beschreibt eine Verlagerung der Kostenanteile bei der Warmmiete. Kostenneutral fällt die solare Modernisierung für den Mieter dann aus, wenn einer Erhöhung der Nettokaltmiete eine gleich große Einsparung bei den Heizkosten gegenübersteht, die Warmmiete unter dem Strich also unverändert bleibt.

Wie schon bei den großen Solaranlagen ausgeführt, stellt dies höhere Anforderungen an die Wirtschaftlichkeit. Die **Modernisierungsumlage** hat aber noch andere Effekte.

Der Eigentümer kann den kompletten Solaranteil einer neuen Heizungsanlage durch die Mieterschaft finanzieren lassen. Bewohnt er selbst eine Wohnung im betroffenen Gebäude, ist er natürlich daran beteiligt. Wenn nach rund 10 Jahren die Summe abgetragen ist, bleibt die erhöhte Nettokaltmiete unverändert.

Geht man also von einer Laufzeit der Heizungsanlage von 20 Jahren aus, bringen die zweiten zehn Jahre aus Vermietersicht eine Erhöhung der Mieteinnahmen, ohne dass die Mieter das in ihrer Haushaltskasse spüren. Der Ertrag sollte als

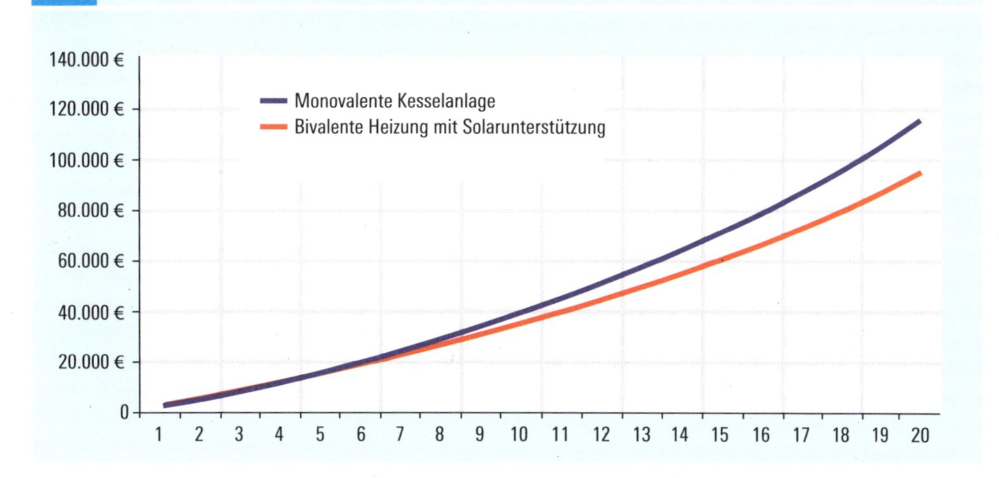

BILD Klare Einsparung bei den Wärmekosten durch Solar (mit: Energiepreise + 8 % pro Jahr).

Rendite auf das vorgeschossene Kapital angesehen werden. Entgegen der verbreiteten Meinung bei Hausbesitzern und Vorständen der Wohnungswirtschaft sind die Heizkosten im Zusammenhang mit einer solaren Modernisierung eben kein durchlaufender Posten, der nicht interessiert. Eine warmmietenneutrale solare Modernisierung der Heiztechnik ist auch nicht nur auf eine Wertsteigerung der Immobilie beschränkt. Sie ist langfristig eine Möglichkeit zur konfliktfreien Steigerung der Mieteinnahmen.

Unter diesem Gesichtspunkt sind auch Überlegungen kritisch zu sehen, nach denen sich Eigentümer nur auf „geringinvestive Maßnahmen" beschränken sollten. Damit ist gemeint, dass bei einem anstehenden Kesseltausch höchstens neue Brennwerttechnik gekauft, aber nicht in solare Energietechnik investiert werden sollte.

Vom Standpunkt der Rendite aus gesehen stärken nur umlagefähige Modernisierungsmaßnahmen die Ertragskraft der Immobilie. Die generelle Entscheidung für das technisch anspruchsloseste und billigste Angebot belässt die Mieteinnahmen auf Dauer unberührt.

ÖKOBILANZ UND ENERGETISCHE AMORTISATION

Um zu einer systematischen Gesamtbewertung von solarthermischen Anlagen zu kommen, muss auch die Frage geklärt werden, ob diese die Energie, die für ihre Produktion aufgewandt wurde, überhaupt wieder einspielen. Bei einer umwelt- und klimafreundlichen Technologie sollten Fakten wie die energetische Amortisationszeit, Energieeinsparung über die Lebensdauer und Umweltverträglichkeit der verwendeten Materialien transparent gemacht werden. Nur so kann eine Klimaverträglichkeit nicht nur postuliert, sondern auch bewiesen werden.

ENERGETISCHER ERNTEFAKTOR DIVERSER WÄRMEERZEUGER	
Wärme aus Sonne	4,0
Wärme aus Holz	7,1
Wärme aus Gas	0,7
Wärme aus Öl	0,7
Wärme aus Kohle	0,5

Die **energetische Amortisationszeit** (EAZ) ist diejenige Zeit, die die Anlage in Betrieb sein muss, um die Menge an Primärenergie einzusparen, die für Herstellung, Betrieb und Wartung aufgewendet wurde.

Die EAZ ist ein Kennwert, mit dem sich unterschiedliche Solarwärmeanlagen miteinander vergleichen lassen.

Neben der EAZ sollte jedoch auch die gesamte Energiemenge berücksichtigt werden, die während der Lebensdauer einer Anlage eingespart wird. Dies ist deshalb sinnvoll, weil eine Solarwärmeanlage mit einer schlechteren energetischen Amortisationszeit über ihre Lebensdauer gesehen durchaus eine wesentlich höhere absolute Energieeinsparung (kWh) erzielen kann.

Gegenwärtig liegen die typischen energetischen Amortisationszeiten von thermische Solaranlagen zur Trinkwassererwärmung für ein Einfamilienhaus bei 1,3 bis 2,3 Jahren. Vergleicht man unterschiedliche Ausführungen oder Fabrikate, sollte man jedoch die Unterschiede in der EAZ nicht überbewerten, denn sie sind nur ein Teil der Betrachtung.

Bisherige Erfahrungen zeigen, dass die Lebensdauer von thermischen Solaranlagen mit weit über 20 Jahren angesetzt werden kann. Wie bereits erwähnt, ist es notwendig, die gesamte Energiemenge, die während der Lebensdauer eingespart wird, zu vergleichen. Denn dabei wird es erst richtig spannend. Dieses Vorgehen vermeidet eine Überbewertung derjenigen Anlagen, die zwar eine niedrige EAZ haben, jedoch gleichzeitig eine geringere jährliche Energieeinsparung aufweisen.

Wie aus bisherigen Berechnungen hervorgeht, lassen sich durch solarthermische Anlagen zur Warmwassererwärmung wie auch mit Kombianlagen beträchtliche Mengen an konventionell erzeugter Energie ersetzen. Bei realistischen Lebens- bzw. Betriebszeiten von über 20 Jahren fällt dabei der Energieaufwand zur Herstellung der Anlagen kaum ins Gewicht.

Dies gilt auch, wenn man davon ausgeht, dass der Energieertrag einer Anlage über die Lebensdauer nicht gleich bleibt, sondern einer gewissen Degradation unterliegt, mit zunehmendem Alter also etwas geringer wird.

Energetischer Erntefaktor verschiedener Energiesysteme

Um die Energiebilanzen verschiedener Energiesysteme voneinander abgrenzen zu können, hat man den energetischen Erntefaktor (EE) wie folgt definiert:

$$EE = \frac{\text{Energieertrag der Anlage während der Lebensdauer}}{\text{für Betrieb, Bau und Entsorgung der Anlage notwendiger Energieaufwand}}$$

Liegt dieser Wert über „1“, wird mehr Energie erzeugt als verbraucht wurde, die Anlage ist energetisch positiv einzustufen. Teilt man den Aufwand durch den jährlichen Energieertrag, erhält man die energetische Rückflussperiode oder „**Payback-Periode**“ in Jahren. Dazu sind nicht nur für Solaranlagen, sondern für alle möglichen Energiesysteme und Produkte umfangreiche Untersuchungen angestellt worden. Sie belegen, dass Solaranlagen nicht nur Energie einsparen, sondern den mit fossilen Brennstoffen betriebenen Energiesystemen in dieser Hinsicht weit überlegen sind. Aus der Aufstellung links ist ersichtlich, dass nur die regenerativen Energiesysteme einen Erntefaktor über 1 besitzen. Betrachtet wurde jeweils die gesamte Kette aller verwendeten Materialien, die für den Einsatz eines Systems bis zur Schnittstelle des Wärmenutzsystems erforderlich waren.

ENTWICKLUNGSPERSPEKTIVEN DER SOLARWÄRME

Will man die Wirtschaftlichkeit sogenannter Standardanlagen abwägen, stößt man, neben den Investitionskosten, auf den Zusammenhang zwischen Speicherung und Ertrag beziehungsweise Einsparleistung. Die jährlich zur Verfügung stehende Strahlung der Sonne wird nur zum Teil ausgenutzt. Die Entwicklung der Solarwärme steckt also noch in der Anfangsphase ihrer Karriere. In Forschung und Entwicklung werden große Anstrengungen unternommen, um bessere und billigere Anlagen zu bauen. Daran sind nicht nur die Hersteller, sondern vor allem auch die großen außeruniversitären Forschungseinrichtungen der Bundesrepublik beteiligt. Die Schwerpunkte sollen hier im Folgenden noch einmal kurz benannt werden, auch wenn sie teilweise in den vorangegangenen Kapiteln schon angeschnitten und beleuchtet wurden.

VOM KURZZEIT- ZUM LANGZEITSPEICHER. Natürlich sind die ins Wohngebäude integrierten, klassischen Formen der Wasserspeicher nicht das Ende der Entwicklung. Selbst diese verfügen noch über ein Potenzial, das oft nicht genutzt wird. Und sei es nur in quantitativer Hinsicht. Vor allem durch neue Baumaterialien wie glasfaserverstärkte Kunststoffe (GFK) lassen sich nicht nur Kosten einsparen, sondern unvorteilhafte Kellerräume in Bestandsgebäuden besser ausnutzen. Damit lassen sich auch in engen Kellern größere Speicherlösungen realisieren. Doch moderne

Designs und Materialien müssen sich erst noch den Ruf erkämpfen, gleichwertig zum Stahl zu sein. Solange Stahlspeicher im Keller in ihrer bekannten und typischen Form immer noch als Synonym für Speicherung und als Nonplusultra des Speicherbaus gelten, wird man vom Kurzzeitspeicher schwer wegkommen. Erst eine Aufgeschlossenheit für andere Lösungen und die Bereitschaft, unkonventionelle Wege zu gehen, wird die Türe zum Langzeit- oder Saisonspeicher aufstoßen.

Die Speicher können auch unterirdisch und außerhalb des Gebäudefundaments untergebracht werden. Der Gang in den Untergrund stellt aber nicht nur für den Bestand eine Alternative dar. Vor allem bei Neubauten könnten so viel größere Speichervolumina realisiert werden. Die Begrenzungen für den Langzeitbetrieb liegen nicht bei den Kollektoren auf dem Dach, sie liegen auch nicht wirklich im Keller: Sie finden sich eher in fehlender Bereitschaft und Fantasie, von liebgewordenen Gewohnheiten bei der Planung Abstand zu nehmen. Die Devise sollte also nicht nur sein „Neue Speicher braucht das Land", sondern Langzeit- und Saisonspeicher müssen zum Standard gemacht werden.

KOLLEKTOREN UND SPEICHER MÜSSEN BILLIGER WERDEN. Vor allem durch ständig steigende Rohstoffpreise, gerade beim Kupfer, wurden Rationalisierungsfortschritte in der Kollektorfertigung konterkariert. Es gilt also, nicht nur bei Speichern, nach neuen und kostengünstigeren Materialien zu suchen. Es besteht kein Grund, im Flachkollektor das Maß aller Dinge zu sehen. Entscheidend sollte sein, was in der Produktion wie auch auf dem Dach Vorteile bringt. Als Absorbermaterial wird heute das lange geschmähte Aluminium ernst genommen; aber auch Kunststoffe kommen bei den Sammlern schon zum Einsatz. Gleichzeitig ist zu beobachten, dass Vakuumröhren, die hauptsächlich aus Glas bestehen, von der Entwicklung der Rohstoffpreise nicht betroffen sind. In China ist die Bevorzugung der isolierten Glasröhre schon länger zu beobachten, während hierzulande dieser Bauform und ihrem Material noch immer mit Distanz begegnet wird. Kostensenkungen entstehen nicht nur aus

BILD Der Gang in den Untergrund stellt nicht nur für den Neubau eine Alternative zur Unterbringung von Wärmespeichern dar, sondern sollte auch bei Bestandsbauten mitgedacht werden.

Forschung und Entwicklung, sie können auch das Ergebnis von Beweglichkeit und Pragmatismus sein.

STANDARDISIERUNG UND MODULARISIERUNG DER ANLAGEN. Bilanziert man die Anschaffungskosten einer solarthermisch gestützten Heizungsanlage, so fällt auf, dass mindestens 30 bis 40 Prozent der Gesamtrechnung auf die Installation durch den Handwerksbetrieb entfallen. Der Einbau einer Heizung, ob im Neubau oder in einem Bestandsgebäude, erfordert immer noch viel Handarbeit. Von einer Standardisierung oder Modularisierung der Komponenten bzw. der Gesamtsysteme ist die Branche noch weit entfernt. Erst wenn die Montage vor Ort durch vorgefertigte Module und intelligente Bauteilgruppen einfacher, schneller und fehlerfreier vonstattengeht, können die Investitionskosten für den Bauherrn nachhaltig sinken.

Gleiches lässt sich auch über die Fertigung bei den Herstellern sagen, wird doch ein Teil der Fabrikate noch in handwerklicher oder manufakturmäßiger Produktion hergestellt. Eine industrielle Serienfertigung mit hohem Automatisierungsgrad findet sich bislang kaum. Somit können auch die Kostensenkungspotenziale einer Economy of Scale durch hohe Stückzahlen nicht zum Tragen kommen. Vergleicht man die bislang erreichte Kostensenkung solarthermischer Anlagen mit denen von Photovoltaikanlagen, so wird deutlich, wie viel „Luft nach unten" noch besteht. In eine vergleichbare Lernkurve müssen die Entwickler erst noch einsteigen. Es erscheint als Widerspruch, dass eine ausgereifte Technologie, die bei ihrer Anwendung auf Hightechkomponenten wie Sensoren oder Regler zugreift, bei Fertigung und Montage noch so altertümlich arbeitet. Dieser Widerspruch muss aufgelöst werden. Erst die Anwendung modernster produktionstechnischer Methoden macht die Anlagen wirklich billig und verhilft ihnen zum Durchbruch.

VOM SOLARREGLER ZUR SYSTEMSTEUERUNG. In der Anfangszeit solarthermischer Anlagen führten die Solarregler ein isoliertes „Schattendasein". Sie waren simple Temperaturdifferenzschalter für den Solarkreis, die mit dem Rest der bivalenten Anlage nichts zu tun hatten. Das hat sich verändert. Immer mehr Anbieter statten ihre Anlagen mit einer Systemsteuerung aus, die für beide Bestandteile der Hybridanlage zuständig ist. Das hat die Funktionalität und den Bedienkomfort verbessert. Trotzdem ist es noch längst nicht selbstverständlich, dass eine solarthermische Hybridanlage zum heimischen IT-Netzwerk gehört und vom PC aus kontrolliert, gesteuert und ausgewertet werden kann. Eine Onlineanbindung würde nicht nur mehr Komfort für den Eigner bringen, sie könnte auch dem per Wartungsvertrag beteiligten Installateur einen tieferen Einblick in die Anlage ermöglichen und seine Serviceleistung verbessern.

Den Schritt zum umfassenden Wärmeenergiemanager, der die komplette Wärmeerzeugung, -verteilung und -spei-

BILD In Dänemark werden große solarthermische Freilandanlagen als Herzstück von Wärmenetzen, dem sogenannten Smart District Heating, eingesetzt.

cherung bewerkstelligt und der per Fernparametrierung an wechselnde Jahreszeiten angepasst werden kann, muss die Branche noch vollziehen. Dazu gehört auch das leidige Thema der fehlenden Verbrauchsmessungen per Wärmemengenzähler. Die Forderung nach einem Monitoring scheint bei manchen Anlagenbauern immer noch reflexhafte Ängste auszulösen. Tatsächlich thematisiert würde vor allem das systemische Zusammenspiel von solarer und fossiler Komponente, von dem die Gesamteffizienz des Heizungssystems abhängt, aber natürlich auch die Frage nach der optimalen Auslegung, also der Größe von Kollektorfläche und Speicher. Dadurch ließen sich natürlich gute von schlechten Anlagen unterscheiden, und die Wirtschaftlichkeit wäre transparent. Nur über die Vergleichbarkeit der Anlagen lässt sich eine Wettbewerbssituation herstellen, in der Kunden und Verbraucher zwischen unterschiedlichen Systemen und Herstellern wählen können. Transparenz schafft Vertrauen, eine nachweislich gute Anlagenperformance erst recht. Auch das ist eine der perspektivischen Voraussetzungen, die erforderlich sind, damit energieeffiziente solarthermische Heizsysteme in wirklich großer Stückzahl verkauft werden können. Ein Kühlschrank, eine Spülmaschine oder neuerdings auch Fernseher mit einer schlechteren Einstufung als Effizienzklasse A+ werden zum Ladenhüter. Darauf sollten sich die Heizungsbauer offensiv einstellen.

VERZAHNUNG VON STROM UND WÄRME STEUERN. In der Anfangszeit der Erneuerbaren Energien wurden Wind-, Photovoltaik-, Biomasse- und Solarthermieanlagen getrennt voneinander entwickelt. So separat wurden sie auch zwei Jahrzehnte betrieben. Inzwischen haben sich die Technologien aufeinander zubewegt, Experten sprechen von einer Verzahnung von Strom- und Wärmeerzeugung. Strom kann nach seiner Umwandlung in Wärme oder Kälte auch über thermische Energiespeicher kostengünstig nutzbar gemacht werden. Entscheidend dafür war der Beitrag der Informationstechnologie, die als Power electronics unterschiedliche Energieformen steuern und kombinieren kann. Im großen Stromverbundnetz lässt sich z. B. überschüssiger Windstrom billiger als Wärme abspeichern statt in teuren Batterien und Kondensatoren. Dies gewinnt zunehmend Bedeutung für Lastverschiebung und Netzstabilisierung. Aber auch im Heizungsbereich taucht immer häufiger Solarstrom als weitere Komponente neuer Hybridsysteme auf, die sich in Richtung 100-Prozent-Regenerativ entwickeln. Das Wort von der Energieautarkie macht nicht nur im EFH-Bereich die Runde, sondern interessiert, als Geschäftsmodell, zunehmend auch die Wohnungswirtschaft.

Von großer Bedeutung ist deshalb die weitere Entwicklung bzw. die Marktreife von digitalen Regelungen, die alle energetischen Komponenten integrieren können. Solche Wärmemanager einer neuen Generation steuern dann neben der klassi-

schen Wärme auch die Verwendung von Eigenstrom im Gebäude.

ENERGIEEFFIZIENTE GEBÄUDE IM STROM-WÄRME-SYSTEM. Gebäude werden, das ist absehbar, ein zentrales Handlungsfeld für den Umbau des Energiesystems. Fast 60 Prozent des Endenergiebedarfs in Deutschland sind thermischer Natur und dienen der Beheizung von Räumen sowie der Bereitung von Trinkwarmwasser in Gebäuden. Während heute noch hauptsächlich fossile Brennstoffe einsetzt werden, wird in Zukunft vermehrt Solarstrom – etwa für Wärmepumpen – in diesen Bereich vordringen und mit Solarwärme kombiniert werden. Gebäude bieten, das sollte nicht unerwähnt bleiben, durch ihre Speichermasse und teilweise schon vorhandene Warmwasserspeicher die Möglichkeit der zeitlichen Entkopplung von Stromeinsatz und Wärmenutzung.

Die gespeicherte thermische Energie wird nicht mehr als Elektrizität ins Netz zurückgegeben, sondern als Wärme verbraucht. Mögliche Anwendungsfälle solcher Speicher reichen von direkt elektrisch beheizten Speichern für Raumwärme über die Kombination von BHKWs mit Wärmespeichern zur Netzstabilisierung bis zu Kältespeichern unterschiedlichster Größe als verschiebbare elektrische Last. Thermische Speicher können dezentral zur Pufferung lokaler Überlastung und zentral in Wärmenetzen eingesetzt werden.

INTELLIGENTE NAHWÄRMELÖSUNGEN. In der Regel wird die Solarwärme nur in Einzelgebäuden, kleinen wie großen, eingesetzt. Von unseren nördlichen Nachbarn in Dänemark lässt sich darüber hinaus der Einsatz von Solarwärme in intelligenten Nahwärmenetzen lernen. Das dort entwickelte „Smart District Heating" nutzt große solarthermische Felder, wie sie in Deutschland noch völlig unbekannt sind. Die Solarwärme wird, kombiniert mit Blockheizkraftwerken, aber auch mit überschüssigem Windstrom, über große saisonale Speicher zur Verfügung gestellt. Der Erfolg im ach so kalten Dänemark besteht in niedrigeren Wärmekosten, als sie in bundesdeutschen Fernwärmenetzen großer Kraftwerke geboten werden. Diese Art der Nutzung der Solarwärme in Nahwärmenetzen, ob im ländlichen Bereich oder Städten, muss hierzulande erst noch angeschoben werden. Eine Perspektive bietet sie aber auch für die bestehenden Wärmenetze.

SystaComfort

BETRIEB, WARTUNG UND SICHERHEIT

Ob Privatperson, öffentliche Hand oder gewerblicher Nutzer: Jeder, der eine Solaranlage bei einem Systemanbieter oder seinem Installateur bestellt und einbauen lässt, hat einen Anspruch auf eine zuverlässig funktionierende Anlage, die den vereinbarten Energieertrag erbringt.

GEWÄHRLEISTUNG UND GARANTIEN

Vielfach werden die Begriffe Garantie und Gewährleistung in einen Topf geworfen oder verwechselt. Juristisch definiert die Garantie eine zusätzliche, freiwillige Leistung des Herstellers, während sich die gesetzliche Gewährleistung auf die Mangelfreiheit eines Produkts zum Zeitpunkt der Übergabe an den Käufer bezieht. Im Handel ist die Garantie eine zusätzlich zur gesetzlichen Gewährleistungspflicht gemachte, frei gestaltbare Dienstleistung gegenüber dem Kunden. Grob gesagt kann man festhalten, dass Gewährleistung Sache der Händler beziehungsweise Installateure ist, Garantie Sache der Anlagenhersteller.

Die Garantiezusage kann sich auf das gesamte Gerät oder auf die Funktionsfähigkeit bestimmter Teile über einen bestimmten Zeitraum beziehen. Bei einer Garantie spielt der Zustand der Ware zum Zeitpunkt der Übergabe keine Rolle, da ja die Funktionsfähigkeit für einen festgelegten Zeitraum garantiert wird. Eine Garantiezusage ersetzt die gesetzliche Gewährleistung in keinem Fall, sie besteht immer nur neben der bzw. zusätzlich zur gesetzlichen Gewährleistung. Eine Garantie sichert eine unbedingte Schadenersatzleistung zu.

Gewährleistung bedeutet, dass der Verkäufer (meist der Installateur) dafür einsteht, dass die verkaufte und installierte Solaranlage frei von Sach- und Rechtsmängeln ist. Er haftet daher für alle Mängel, die schon zum Zeitpunkt des Verkaufs bestanden haben, auch für solche versteckte Mängel, die erst später bemerkt werden.

Bei Mangelhaftigkeit der Sache stehen dem Käufer die folgenden gesetzlichen Rechte zu:

- Anspruch auf Nacherfüllung (§ 439 BGB)
- Rücktrittsrecht (§ 440; § 323; § 326 Abs. 5 BGB und die dort genannten Vorschriften)
- Minderung (§ 441 BGB)
- Anspruch auf Schadenersatz (§ 437 Nr. 3 BGB und die dort genannten Vorschriften).

Bei **Gewährleistungsfristen** für Bauwerke gibt es unterschiedliche Regelungen – je nachdem, ob der Bauvertrag nach dem Bürgerlichen Gesetzbuch (BGB) oder nach der Verdingungsordnung für Bauleistungen (VOB) abgeschlossen wurde.

- BGB-Verträge gelten dann, wenn ein Bauvertrag zwischen einem privaten Bauherren und einer Bau- oder Installationsfirma abgeschlossen wurde. Die Gewährleistungsfristen betragen für Bauwerke sowie die dafür nötigen Planungsleistungen fünf Jahre. Bei Reparaturarbeiten oder Arbeiten an einem Grundstück gelten zwei Jahre.
- Anders die Regelungen bei VOB-Verträgen, die in der Regel bei Verträgen zwischen Firmen oder zwischen Firmen und öffentlichen Auftraggebern vereinbart werden: Für Arbeiten an von Feuer berührten Teilen von Feuerungsanlagen gelten zwei Jahre, für alles andere vier Jahre.

Manche Kollektorhersteller und Speicherhersteller geben von sich aus längerfristige Garantien, was für die Verlässlichkeit ihrer Produkte spricht. Aber Vorsicht: Manches vollmundige Garantieversprechen relativiert sich schnell, wenn man dazu die Bedingungen „im Kleingedruckten" näher anschaut.

BILD Die gesetzliche Gewährleistung verpflichtet den Verkäufer (in der Regel der Installateur) zur Mangelfreiheit der Solaranlage zum Zeitpunkt der Übergabe an den Käufer – die Garantie ist hingegen eine zusätzliche, freiwillige Leistung des Herstellers.

LEISTUNGSÜBERPRÜFUNG

Im Gegensatz zur gleichmäßigen thermischen Leistung von brennstoffbetriebenen Wärmeerzeugern variiert diese bei Solaranlagen ständig wegen der schwankenden Sonneneinstrahlung. Da ein solarthermisches System überwiegend in Kombination mit einem konventionellen Wärmeerzeuger betrieben wird, ist es in solchen bivalenten Systemen grundsätzlich schwieriger, ohne eine messtechnische Ausrüstung vor Ort die Anlage daraufhin zu prüfen, ob sie optimal, nur mäßig oder schlimmstenfalls gar nicht funktioniert. Häufige Störungsursache sind Luftsäcke in einer Leitung. Aber auch Baufehler in der hydraulischen Verschaltung oder Falscheinstellungen am Regler sind immer wieder zu beobachten.

Funktionskontrolle bei Kleinanlagen

Für solarthermische Anlagen zur Trinkwassererwärmung werden bei einer üblichen Auslegung von rund 60 Prozent im Sommer über weite Strecken 100 Prozent des Energiebedarfs für Warmwasser solar gedeckt. Die Nachheizung kann also meist mehrere Monate lang ausgeschaltet bleiben. Wenn in dieser Zeit immer genug Warmwasser zur Verfügung steht, ist das der einfachste Nachweis, dass die Anlage funktioniert. Allerdings kann so nicht beurteilt werden, wie effektiv die Solaranlage wirklich arbeitet. Bei heizungsunterstützenden Anlagen sind aufgrund der größeren Kollektorflächen und Speichervolumen die Tage, an denen auch im Sommer zum Beispiel während Schlechtwetterperioden Nachheizenergie benötigt wird, entsprechend seltener als bei reinen Warmwasseranlagen.

Die einfachste Art, die Funktion eines Kollektorfelds schon bei der Installation zu überprüfen, ist eine optische Kontrollmöglichkeit der Fließgeschwindigkeit. Über das Schauglas kann man immerhin sehen, ob bei laufender Pumpe die Wärmeträgerflüssigkeit umgewälzt wird, und mit Hilfe der meistens in der Solarstation integrierten Thermometer kann man zusätzlich eine passende Temperaturdifferenz zwischen Vor- und Rücklauf feststellen.

Komfortabler, wenn auch teurer, sind Wärmemengenzähler, die den aktuellen Volumenstrom und die Temperaturdifferenzen zwischen Vor- und Rücklauf messen und über gewünschte Zeiträume aufsummieren.

WÄRMEMENGENZÄHLER UND TRANSPORTMEDIUM

Wenn der Wärmemengenzähler auf reines Wasser geeicht ist, und nicht auf ein Wasser-Glykol-Gemisch, müssen die Messergebnisse mit einem Faktor korrigiert werden, der von der Konzentration des Frostschutzmittels im Wasser abhängig ist. Beachten Sie dazu die Herstellerangaben in Ihrer Dokumentation der Anlage.

INFO

Faustformeln für die Leistungsüberprüfung bei Kleinanlagen

Jährliche Betriebsstunden der Solarpumpe: Zwischen 1800 und 2100 Stunden, was der nutzbaren Sonnenscheindauer entspricht. Läuft die Solarpumpe über diese Zeiträume, kann von einer normalen Funktion ausgegangen werden.

Bei heizungsunterstützenden Anlagen sollten diese Werte höher liegen: sie sollten auf alle Fälle nicht unterschritten werden, auch wenn sommerliche Überschüsse nicht genutzt werden können; denn dies sollte in den Übergangszeiten und sonnreichen Wintertagen mehr als wettgemacht werden.

Für reine Trinkwasseranlagen: Systemnutzungsgrad bei üblicher Auslegung meist zirka 300–350 kWh/m²a. Um das nachzuweisen, wäre aber ein Wärmemengenzähler erforderlich.

Für Kombianlagen mit weiteren sommerlichen Verbrauchern wie ein Schwimmbad können auch Nutzungsgrade bis 600 kWh/m²a erreicht werden.

Durch regelmäßiges Ablesen kann der Betreiber dann die über längere Betriebszeiten gewonnene Energiemenge kontrollieren und protokollieren. Selbstverständlich bieten viele Hersteller auch die Möglichkeit, die erfassten Daten auf einen PC oder via Modem zu exportieren.

Welche Energiemengen werden typischerweise erreicht und sind mit Wärmemengenzähler überprüfbar? Man spricht hier vom **Erntefaktor** eines Kollektors.

An einem Sonnentag im Juni fallen bei strahlend blauem Himmel etwa 8 kWh/m² Sonnenstrahlung auf die Kollektorebene ein. Der Kollektor kann davon bei kühlem Speicher problemlos 4 kWh/m² in nutzbare Wärme umwandeln und damit pro Quadratmeter Kollektorfläche etwa 100 l Wasser um 35 °C erwärmen.

Die solaren Erträge sind natürlich abhängig vom Standort, vom Neigungswinkel, von der Ausrichtung, von der Art und Qualität des installierten Systems und in besonderem Maße vom Verbrauch während des Tages.

Förderfähig durch das Marktanreizprogramm des Bundes (siehe Seiten 137 ff.) sind nur Solaranlagen, die mit einem geeigneten Funktionskontrollgerät oder einem Wärmemengenzähler ausgestattet sind. Ausgenommen von dieser Regelung sind nur Speicher- und Luftkollektoren. Unter den Begriff des geeigneten Funktionskontrollgeräts fallen dabei bereits die meisten marktgängigen Regler, da sie über ein Grafikdisplay die Temperaturen in Kollektor und Speicher sowie über ein Display oder Leuchtdioden die Ansteuerung der Solarpumpe anzeigen. Die Regler bieten in der Regel weitergehende Kontrollmechanismen wie Plausibilitäts-Checks, Fühlerüberwachung, Betriebsstundenzähler für die angeschlossenen Pumpen und Ventile und weitere Funktionen.

In einigen Geräten können auch ohne externen Volumenstromzähler Wärmemengen bilanziert werden. Allerdings müssen dann händisch korrekte Werte des im Schauglas abgelesenen Durchflusses eingegeben werden, was durchaus fehleranfällig ist.

Für Planungssicherheit sorgt die VDI 2169, „Funktionskontrolle und Ertragsbewertung an solarthermischen Anlagen“, welche die grundlegenden Möglichkeiten für die Kontrolle und Bewertung einer thermischen Solaranlage und die diesbezüglichen Anforderungen aufführt. Aufgabe der Funktionskontrolle ist es, durch geeignete Maßnahmen festzustellen, ob die Funktion einzelner Komponenten bis zum gesamten Solaranlage gewährleistet ist. Dabei wird unterschieden zwischen Verfahren, die vom Regler der Solaranlage automatisch übernommen werden können, und Verfahren, die eine erweiterte Messtechnik erfordern und deren Messdaten in der Regel manuell ausgewertet werden müssen.

FUNKTIONEN EINES SOLARREGLERS

- Drehzahlregelung der Pumpen
- Betriebsstundenerfassung der Solarpumpe
- Minimal- und Maximalwertanzeige der Speicher- und Kollektortemperatur
- Speichertemperaturbegrenzung
- Integrierte Wärmemengenzählung
- Nachheizsteuerung
- Zeit- und temperaturabhängige Zirkulationssteuerung
- (Automatisches) Fehlerdiagnosesystem

Neben der Steuerung ist die automatische Fehleranalyse eine wesentliche Funktion eines modernen Solarreglers. Aus der Automobilbranche stammt der Ansatz, der unter dem Namen **Fehlermöglichkeits- und Einflussanalyse** (FMEA) bekannt ist. Gefundene Fehler werden nicht nur erkannt, sondern auch nach ihrer Wichtigkeit eingeordnet. Neu bei dieser Vorgehensweise ist die Überprüfung der Plausibilität und nicht nur die Erkennung von Materialausfällen. Dazu sind selbstlernende Funktionen eingebaut, wie zum Beispiel die Mittelwertbildung der auftretenden Temperaturen mit entsprechenden Standardabweichungen.

Dazu ein Beispiel: Die Temperaturdifferenz zwischen Vor- und Rücklauf überschreitet nach einer gewissen Standzeit häufig die mittlere Standardabweichung der letzten 12 Monate. Diese Abweichung lässt darauf schließen, dass der Wärmetauscher langsam verkalkt – ein Fehler, der ansonsten schwierig zu erkennen ist. Der Regler wird dann für die nächste Inspektion diese Warnung anzeigen und auf die vermutete Verkalkung hinweisen.

Bei Reglern, die eine automatische, aber nicht spezifizierte Fehlermeldung abgeben, könnte dies ein falscher Anlagendruck sein, ein Ausfall von Pumpe, Temperaturfühler oder Nachtumwälzung – das heißt, eine schleichende Entleerung des Speichers; es könnte auch ein Rückschlagventil klemmen oder Zirkulationsleitung dauernd in Betrieb sein.

Input-Output-Diagramm

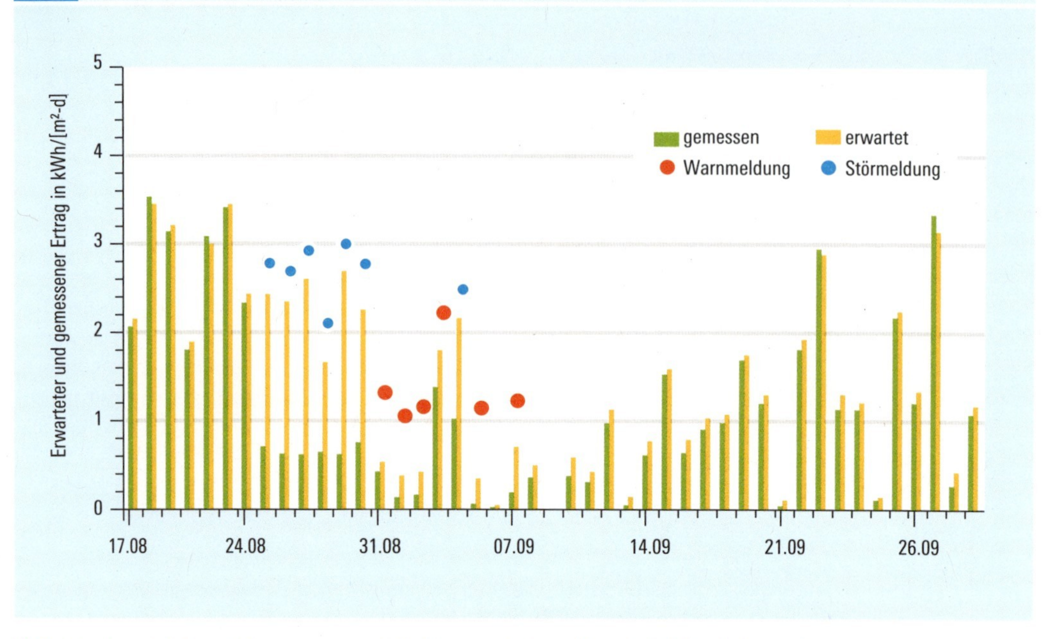

BILD Das Input-Output-Diagramm vergleicht erwartete und tatsächliche Solarerträge.

Input-Output-Technologie zur Kontrolle und Ertragsberechnung

„Garantierte Erträge“ schaffen Vertrauen in die Qualität und den zuverlässigen Betrieb der Solaranlagen. Doch dazu müssen die Erträge zweifelsfrei ermittelt werden können. Die Gruppe „Thermische Systeme“ am Institut für Solarenergieforschung in Hameln (ISFH) hat zusammen mit Industriepartnern die sogenannte Input-Output-Control entwickelt, mit der die ständige Kontrolle während des regulären Betriebs einer Solaranlage möglich wird.

Kern der Input-Output-Technologie ist der Vergleich des Ertrags einer Solaranlage (Output) mit der Sonneneinstrahlung (Input). Das IOC-Verfahren ermittelt aus dem Volumenstrom des Kollektorkreises sowie den Ein- und Auslauftemperaturen des Speicher-Wärmetauschers den Ist-Wert der gelieferten Energie und vergleicht diese Daten mit täglich berechneten Erwartungswerten (Soll-Wert).

Neu gegenüber anderen Verfahren ist, dass die Kollektorkennwerte als Grundlage für die Berechnung des Erwartungswerts herangezogen werden. Diese werden mittels international genormter Prüfverfahren nach EN- bzw. ISO-Normen ermittelt. Neben den Komponentendaten fließen in die Berechnung des Soll-Werts auch Sensormesswerte ein, welche die aktuellen Klimabedingungen und den Anlagenzustand beschreiben, zum Beispiel die Bestrahlungsstärke und Außentemperatur, Vor- und Rücklauftemperaturen am Kollektor sowie die Temperatur im Solarspeicher. Hinzu kommen die Werte eines Volumenstromzählers zur Berücksichtigung der Last.

Damit sind die Geräte sogar in der Lage, eine Nachsimulation auf Basis des

BILD Anlagenertrag und -kontrolle: Auch hier sind Smartphones und Tablets auf dem Vormarsch.

tatsächlichen Wetters zu liefern und somit die Entsprechung von gemessener und erwarteter Leistung präzise zu bestimmen. Zum Einsatz kommen sowohl selbstständig arbeitende IOC-(Input-Output-Control)-Kompaktgeräte zur Vor-Ort-Kontrolle als auch IOC-DDC-Geräte (Display Data Channel), die in Gebäudeleitsysteme eingebunden werden können. Beide Systeme erlauben auch eine Fernüberwachung. IOC-Kontrollgeräte bieten sich an als günstige Alternative zu den aufwendigeren Verfahren, die zudem lediglich auf pauschalen Erträgen basieren.

ANLAGENKONTROLLE UND WARTUNG

Fachmännisch ausgeführte Solaranlagen laufen vollautomatisch und brauchen kaum Wartung. Wenn überhaupt, dann treten Störungen am ehesten im Bereich der konventionellen Technik auf (Pumpen, Ventile, Elektronik, leckende Dichtungen etc.). Der Kollektor selbst ist selten betroffen. Insbesondere bei Anlagen mit hohen Deckungsgraden erfährt das Wärmeträgermedium bei Stagnation erhöhte Belastungen. Es ist daher regelmäßig zu kontrollieren (Sichtkontrolle, pH-Wert, Frostschutz) und bei Bedarf zu ersetzen. Für solarthermische Anlagen ergeben sich in der Summe vergleichbare Wartungszyklen wie bei einer konventionellen Gas- oder Ölfeuerung. Die VDI 6002 und entsprechende Herstellerunterlagen bieten hier zum Beispiel mit ausführlichen Wartungsprotokollen Handlungssicherheit.

TIPPS FÜR BETREIBER EINER KLEINANLAGE

Wartungsvertrag. Schließen Sie einen Wartungsvertrag mit Ihrem Installateur ab. Damit stellen Sie sicher, dass zum Beispiel jährlich alle wichtigen Kontroll- und Wartungsarbeiten durchgeführt werden.
Kontrolle der Kollektoren. Empfehlenswert ist, den Kollektor „im Auge zu behal-

ten". Das bedeutet aber nicht, dass Sie selbst auf Ihrem Dach herumklettern, das sollten Sie dem Fachmann überlassen, mit dem Sie einen Wartungsvertrag abgeschlossen haben.

Zur Kontrolle der Konzentration des Frostschutzgemisches gibt es Dichtemesser, die jeder Solarinstallateur (Wartungsvertrag!) mit sich führt. Der Anlagenbetreiber sollte sich darauf beschränken, höchstens im Schauglas mal auf Farbveränderungen zu achten.

Bei Großanlagen mit höheren thermischen Leistungen sind fachmännische Überwachung und Wartung gemäß Anleitungen der Herstellerfirma nötig. Allein die Rendite der getätigten Investition spricht dafür, den Wärmeertrag der Kollektoren fortlaufend zu kontrollieren.

Wartung

Lassen Sie auch neue Anlagen nicht ohne regelmäßige Wartung laufen. Am einfachsten ist es, mit dem Installateur der Anlage – oft ein lokaler Handwerksbetrieb – einen Wartungsvertrag abzuschließen. Darüber hinaus kann es nicht schaden, die wichtigsten Positionen zu kennen, die bei Wartungsarbeiten zu überprüfen sind. Im Folgenden sind diese Punkte aufgelistet, die zumindest einmal jährlich einer Überprüfung unterzogen werden sollten.

INFO Sicherheitsvorschriften

Die Sicherheitsvorschriften in Deutschland umfassen neben gesetzlichen Vorschriften und Normen nach DIN auch solche der Berufsgenossenschaften inklusive Unfallvorschriften. Die wichtigsten Punkte werden in der Regel beim Kauf einer Anlage beziehungsweise eines Geräts in den Handbüchern aufgeführt und sind dort nachzulesen. In dieser Hinsicht unterscheiden sich Solaranlagen nicht von konventionellen Heizungsanlagen, die mit Brennstoffen betrieben werden.

Hervorzuheben ist die Solarflüssigkeit, für die einige Lieferanten ein Sicherheitsdatenblatt verfügbar haben. Folgende Punkte sind beim **Umgang mit Solarflüssigkeit besonders zu beachten:**

- Schutzbrille und Schutzhandschuhe tragen
- Den Arbeitsraum gut lüften
- Es herrscht Rauchverbot.
- Die Solarflüssigkeit darf nicht in das öffentliche Abwassernetz entsorgt werden. Sie muss gemäß den örtlichen Vorschriften entsorgt, zum Beispiel einer geeigneten Verbrennungsanlage zugeführt werden.

Bei Mengen unter 100 Liter können Sie sich mit Ihrer Stadtreinigung beziehungsweise dem Umweltmobil in Verbindung setzen.

WARTUNGS-CHECKLISTE	
Solarkreis	Frostschutz der Solarflüssigkeit prüfen
	Anlagendruck prüfen
	pH-Werte der Solarflüssigkeit prüfen (mit Lackmuspapier; pH >7,5)
	Funktion der Umwälzpumpe überprüfen
	Anlage entlüften
	Umwälzmenge in Solarkreis überprüfen
	Funktion des Trinkwarmwasser-Thermostatmischers überprüfen
	Solarflüssigkeit ggf. nachfüllen
	Menge der Abblaseflüssigkeit prüfen
	Rückflussverminderer entriegeln
	Vordruck Ausdehnungsgefäß prüfen
Kollektor	Sichtkontrolle Kollektor, Kollektorbefestigungen und Anschlussverbindungen
	Halterungen und Kollektorbauteile auf Verschmutzung und festen Sitz prüfen
	Rohrisolierungen auf Schäden prüfen
Solarregler	Funktion Pumpe (an/aus, Automatik) prüfen
	Temperaturanzeige der Fühler prüfen
Zirkulationsleitung/ Nachheizung	Zirkulationspumpe überprüfen
	Einstellung der Zeitschaltuhr prüfen
	Nachheizung: liefert sie die gewünschte Abschalttemperatur?
Bivalenter Solar-Trinkwarmwasserspeicher/ Kombispeicher/ Trinkwarmwasserspeicher	Warmwasserspeicher reinigen (bei Kombispeicher nur Trinkwarmwasserspeicher)
	Magnesium-Schutzanode überprüfen und bei Bedarf auswechseln
	Fremdstromanode überprüfen
	Wärmetauscher bei Bedarf entlüften
	Anschlüsse auf Dichtheit prüfen

ADRESSEN

Betreiberfragen und Beratung

Deutsche Energie-Agentur – Verbraucherberatung zu Energiefragen (dena)
Die dena versteht sich als Kompetenzzentrum für Energieeffizienz, erneuerbare Energien und intelligente Energiesysteme.
www.dena.de

Solar – so heizt man heute
Das vom Bundesministerium für Umwelt, Naturschutz und Reaktorsicherheit (BMU), Bundesindustrieverband Deutschland Haus-, Energie- und Umwelttechnik (BDH) und Bundesverband Solarwirtschaft (BSW-Solar) geförderte Portal richtet sich vorrangig an Gebäudeeigentümer, die sich über den Einsatz und die Möglichkeiten solarthermischer Anlagen informieren wollen.
www.solarwaermeinfo.de

Solartechnikberater
Service des Bundesverbands Solarwirtschaft mit immer aktuellen Informationen über Solartechnik, Fördermöglichkeiten und Handwerkersuche.
www.solartechnikberater.de

Stiftung Warentest: Erneuerbare-Energien-Beteiligungen
Stiftung für Verbraucherschutz, die unter anderem Produkte und Dienstleistungen verschiedener Anbieter im Solarbereich untersucht und vergleicht.
www.test.de (Suche nach den Stichworten „Solarthermie", „Solarwärme")

Top50-Solar Experts
Informationsplattform, in der Sie namhafte Experten direkt ansprechen können und Antworten auf Ihre Fragen erhalten.
http://experts.top50-solar.de

Einstrahlung und Erträge

Aktuelle Photovoltaikleistung in Deutschland
Die über www.sma.de/de/news-infos/pv-leistung-in-deutschland.html zur Verfügung stehenden Einstrahlungswerte lassen sich auch für Solarwärmeanlagen nutzen

Deutscher Wetterdienst
Nationaler meteorologischer Dienst der Bundesrepublik Deutschland; liefert Klima- und Wetterdaten für Nutzer im Bereich der Solarthermie.
www.dwd.de

meteonorm
Meteorologischer Informationsdienst aus der Schweiz; bietet Daten für solare Anwendungen, System-Design und eine breite Reihe anderer Anwendungen in Solarenergie und Klimatologie.
www.meteonorm.com

Energiesoftware/Auslegung

Dr. Valentin EnergieSoftware GmbH
Professionelle Werkzeuge für die Planung und Auslegung von Solarwärmeanlagen
http://valentin.de

Förderinstitutionen

Bundesamt für Wirtschaft und Ausfuhrkontrolle (BAFA)

Das BAFA fördert Maßnahmen zur Nutzung erneuerbarer Energien im Rahmen des Marktanreizprogramms des Bundesministeriums für Umwelt, Naturschutz und Reaktorsicherheit.
www.bafa.de/bafa/de/energie/erneuer bare_energien/index.html

Kreditanstalt für Wiederaufbau (KfW)

Die KfW Bankengruppe als Förderbank des Bundes und der Länder unterstützt die Bereiche, die für eine erfolgreiche Energiewende notwendig sind: Erneuerbare Energien ausbauen, Energie effizient nutzen und Energie effizient erzeugen.
www.kfw.de

Hilfe beim Umgang mit Förderprogrammen

BINE Informationsdienst

BINE bietet einen Onlinewegweiser durch die Vielzahl der Förderprogramme in Deutschland. In der Rubrik NEWS finden sich interessante Neuigkeiten und Tipps, die zu einer erfolgreichen Antragstellung beitragen.
www.energiefoerderung.info

Förderberater interaktiv

Der interaktive Förderberater des Bundesverbands Solarwirtschaft gibt einen Überblick über alle Förderprogramme für Solaranlagen auf Bund- und Länderebene und ermöglicht in wenigen Schritten einen Zugang zur optimalen Förderung.
www.solarfoerderung.de

Qualitätssicherung

RAL Solar Gütesicherung für Solarenergieanlagen

Die RAL Gütegemeinschaft für Solarenergieanlagen e. V. ist ein unabhängiger Verein zur Qualitätssicherung von Photovoltaik- und Solarthermieanlagen.
www.ralsolar.de

Solar Keymark

Qualitätszertifikate für solarthermische Produkte auf europäischer Ebene. Solar Keymark ist vielfach die Voraussetzung für die Förderfähigkeit solarthermischer Anlagen und ihrer Komponenten.
www.solarkeymark.org

Gesetze und Verordnungen

Gesetz zur Förderung Erneuerbarer Energien im Wärmebereich (EEWärmeG)

www.erneuerbare-energien.de/files/pdfs/allgemein/application/pdf/ee_waermeg.pdf

Energieeinsparverordnung (EnEV)

www.bmvbs.de/DE/BauenUndWohnen/EnergieeffizienteGebaeude/Energie einsparverordnung/energieeinsparver ordnung_node

Trinkwasserverordnung – TrinkwV 2001

Verordnung über die Qualität von Wasser für den menschlichen Gebrauch in der Fassung vom 1. November 2011

„Trinkwassererwärmungs- und Trinkwasserleitungsanlagen"
Technische Maßnahmen zur Verminderung des Legionellenwachstums; Planung, Errichtung, Betrieb und Sanierung von Trinkwasser-Installationen, Regelwerk des DVGW Deutscher Verein des Gas- und Wasserfachs e.V., DVGW-Arbeitsblatt W 551/April 2004; www.dvgw.de

Rechtsfragen

Bund der Energieverbraucher
www.energieverbraucher.de

Online-Informationsdienste

Boxer Infodienst Regenerative Energien
Tagesaktuelle Meldungen und Termin aus den Branchen der Regenerativen Energien, Dr. Peter Wichmann Regenerative Energie – Projekte, Himmelkron
www.boxer99.de

„deutschland hat unendlich viel energie"
wird getragen von der Agentur für Erneuerbare Energien e.V. Unterstützer der Agentur sind Unternehmen und Verbände aus der Branche der Erneuerbaren Energien und das Bundesministerium für Umwelt, Naturschutz und Reaktorsicherheit sowie das Bundesministerium für Ernährung, Landwirtschaft und Verbraucherschutz; www.unendlich-viel-energie.de

Fachportal EnEV-online
Informationen rund um die Energieeinsparverordnung für Architekten, Planer und Haustechniker, Institut für Energie-Effiziente Architektur mit Internet, Stuttgart Medien; www.enev-online.de

IWR – Internationales Wirtschaftsforum Regenerative Energien
Unabhängiges Institut der Regenerativen Energiewirtschaft mit den Kompetenzfeldern Forschung, Wirtschafts- und Politikberatung, Mediendienstleistungen/Internet und Netzwerke; www.iwr.de

SolarServer
Internetportal zur Sonnenenergie, versteht sich und das Netz als offenes Forum für alle Fragen des Klimaschutzes, der Solarwirtschaft und des Solaren Bauens
www.solarserver.de

Sonnenseite
Populäres Webportal von Franz und Bigi Alt mit Beiträgen rund um die Sonne und die Energiewende; www.sonnenseite.com

Wärmewechsel
Informationen zur Förderung und Finanzierung einer neuen Heizung, für Bauherren und Investoren, ein Internetangebot der Agentur für Agentur für Erneuerbare Energien e.V.
Unterstützer der Agentur sind Unternehmen und Verbände aus der Branche der Erneuerbaren Energien und das Bundesministerium für Umwelt, Naturschutz und Reaktorsicherheit sowie das Bundesministerium für Ernährung, Landwirtschaft und Verbraucherschutz
www.waermewechsel.de

Erneuerbare-Energien-Regionen

„100 % Erneuerbare-Energie-Regionen"- Projekt!
Das Projekt identifiziert, begleitet und vernetzt Regionen und Kommunen, die ihre Energieversorgung auf lange Sicht vollständig auf Erneuerbare Energien umstellen wollen (100ee-Regionen), durchgeführt vom Institut dezentrale Energietechnologien, IdE, Kassel
www.100-ee.de

Kommunalratgeber – Gute Nachbarn, starke Kommunen mit Erneuerbaren Energien
Internetangebot für Landkreise, Gemeinden und Regionalverbünde der Agentur für Erneuerbare Energien unter Trägerschaft des Vereins Information und Kommunikation für Erneuerbare Energien e. V.
www.kommunal-erneuerbar.de

RegioSolar
bildet ein unabhängiges Netzwerk von Initiativen, die sich bundesweit für die Verbreitung einer nachhaltigen Energieversorgung mit Erneuerbaren Energien einsetzen und die Idee von RegioSolar vorantreiben und weiter verfolgen wollen, mit einer Übersicht über alle relevanten Aktivitäten in diesem Bereich, getragen vom BSW – Bundesverband Solarwirtschaft e. V.
www.regiosolar.de

Solarinitiativen
Die Arbeitsgemeinschaft Bayerischer Solarinitiativen; www.solarinitiativen.de

Woche der Sonne
Jährlich einmal zeigt diese Aktionswoche bundesweit auf informative und erlebnisorientierte Weise Anwendungsmöglichkeiten und Best-Practice-Beispiele der Solartechnologie. Termine und Veranstalter finden Sie in einem Onlinekalender. Internetseite und Veranstaltungen werden getragen vom BSW – Bundesverband Solarwirtschaft e. V.
www.woche-der-sonne.de

Firmenverzeichnisse

Energie-Links
Ein Onlinebranchenbuch; aufgenommen werden hier nur Adressen, die in enger Verbindung mit erneuerbaren Energien stehen. Ein Service der Zeitschrift Solarthemen; www.energie-links.de

Solartechnikberater mit speziellen Rubriken für die bundesweite Handwerkersuche
www.solartechnikberater.de

Verbände

Bund der Energieverbraucher (BdE)
www.energieverbraucher.de
Bundesindustrieverband Deutschland Haus-, Energie- und Umwelttechnik e. V. (BDH)
www.bdh-koeln.de
Bundesverband Erneuerbare Energie (BEE)
www.bee-ev.de
Bundesverband Solarwirtschaft (BSW)
www.solarwirtschaft.de
Deutsche Gesellschaft für Sonnenenergie (DGS)
www.dgs-solar.org
Eurosolar e. V., Europäische Vereinigung für Erneuerbare Energien
www.eurosolar.org
Solarenergie-Förderverein Deutschland (SFV)
www.sfv.de
Verbraucherzentrale Bundesverband – Bundesverband der Verbraucherzentralen und Verbraucherverbände
www.vzbv.de

Österreich

Arbeitsgemeinschaft Erneuerbare Energien (AEE)
www.aee.at
Austria Solar
www.solarwaerme.at
Eurosolar-Austria
www.eurosolar.at

Schweiz

Schweizerische Vereinigung für Sonnenenergie (SSES)
www.sses.ch
Swissolar
www.swissolar.ch

Behörden

Bundesministerium für Umwelt, Naturschutz und Reaktorsicherheit (BMU)
www.bmu.de
www.erneuerbare-energien.de
Bundesministerium für Verkehr, Bau und Stadtentwicklung
www.bmvbs.de
Bundesministerium für Wirtschaft und Technologie
www.bmwi.de
Kommunikations- und Informationsplattform Energie des Bundeswirtschaftsministeriums
www.bmwi.de/BMWi/Navigation/energie.html
Umweltbundesamt
www.uba.de

Forschung

Forschungsverbund Erneuerbare Energien
www.fvee.de
Fraunhofer-Institut für Solare Energiesysteme ISE
www.ise.fraunhofer.de
Informationsdienst Forschung für die Praxis
www.bine.info
Sonnenhaus-Institut
www.sonnenhaus-institut.de
Zentrum für Sonnenenergie- und Wasserstoff-Forschung Baden-Württemberg (ZSW)
www.zsw-bw.de

LITERATUR ZUM WEITERLESEN

Bücher

Der energetische Imperativ, 100% jetzt: Wie der vollständige Wechsel zu erneuerbaren Energien zu realisieren ist, Hermann Scheer, Verlag A. Kunstmann, 1. Aufl. (September 2010), ISBN: 978–3888976834

Die Sonne schickt uns keine Rechnung: Neue Energie, neue Arbeit, neue Mobilität, Franz Alt, Piper Taschenbuch; Auflage: 3 (Oktober 2009), ISBN: 978–3492254984

Erneuerbare Energien: Mit Energieeffizienz zur Energiewende, Peter Hennicke, Manfred Fischedick, Verlag C.H. Beck, Auflage: 2., aktualisierte Auflage (Februar 2010), ISBN: 978–3406555145

Erneuerbare Wärme, Klimafreundlich, wirtschaftlich, technisch ausgereift, Philipp Vohrer, Renews Spezial, Hintergrundinformation der Agentur für Erneuerbare Energien, Ausgabe 47/ Januar 2011

Regenerative Energiesysteme: Technologie – Berechnung – Simulation, Volker Quaschning, Carl Hanser Verlag GmbH & Co. KG; Auflage: 7., aktualisierte Auflage (September 2011), ISBN: 978–3446427327

Solare Wärme: Vom Kollektor zur Hausanlage, Klaus Oberzig, Fraunhofer Irb Verlag; Auflage: 2., vollständig überarbeitete Auflage 2010, ISBN: 978–3816783176

Solarthermische Anlagen, Leitfaden für das SHK-, Elektro- und Dachdeckerhandwerk, Fachplaner, Architekten, Bauherren und Weiterbildungsinstitutionen, Deutsche Gesellschaft für Sonnenenergie e. V., 9., vollständig überarbeitete Neuauflage 2011, www.dgs-berlin.de

Zeitschriften

In der Regel erhalten Sie auf Anforderung ein kostenloses Probeheft.

Energiedepesche, Zeitschrift des Bundes der Energieverbraucher, Unkel bei Bonn
www.energieverbraucher.de

Erneuerbare Energien, Magazin für Zukunftsenergien, SunMedia Verlags GmbH, Hannover
www.erneuerbareenergien.de

Eta green, succidia AG, Darmstadt
www.succidia.de/etagreen

Greenhome, BT Verlag GmbH, München
www.greenhome.de

Neue Energie, Magazin für erneuerbare Energie, Organ des Bundesverbands WindEnergie e. V. (BWE), Berlin
www.neueenergie.net

Solarthemen, Infodienst für regenerative Energie, Verlag Bröer und Witt, Löhne
www.solarthemen.de

Solarzeitalter – Politik, Kultur und Ökonomie Erneuerbarer Energien, Zeitschrift des Verbandes Eurosolar, Bonn
www.eurosolar.de

Sonne, Wind & Wärme, Branchenmagazin für alle erneuerbaren Energien, Bielefelder Verlag GmbH & Co. KG
www.sonnewindwaerme.de

Sonnenenergie – Mitgliederzeitschrift und Fachorgan der Deutschen Gesellschaft für Sonnenenergie, München
www.sonnenenergie.de

GLOSSAR

Absorber: Der Absorber ist der Teil des Sonnenkollektors, der die einfallende Solarstrahlung aufnimmt, sie in thermische Energie umwandelt und auf die Solarflüssigkeit überträgt. Er besteht aus einer meist mit einer selektiven Spezialbeschichtung versehenen Empfangsfläche aus Metall, der Platine, und aufgelöteten oder direkt in das Blech gepressten oder gerollten Rohren, die von der Solarflüssigkeit durchflossen werden. Diese meist kupfernen Rohre sind in Windungen oder in geraden Bahnen durch das Blech geführt, um die Wärme von der Platine möglichst gleichmäßig abzuführen.

Anlagenaufwandszahl: Die DIN V 4701 – Teil 10 ermöglicht die energetische Bewertung und den Vergleich von Anlagensystemen. Als Ergebnis erhält man die Anlagenaufwandszahl, die einen Kennwert für die gesamtenergetische Effizienz der betreffenden Heizungs-, Warmwasser- und Lüftungssysteme darstellt. Die Anlagenaufwandszahl beschreibt das Verhältnis von Aufwand an Primärenergie zum erwünschten Nutzen (Energiebedarf) eines Gesamtsystems. Sie berücksichtigt die Art der eingesetzten Brennstoffe, den Einsatz regenerativer Energiequellen, die Verluste der Wärmeerzeuger und der Verteilung und der benötigten Hilfsenergie (Lüftung, Pumpen etc.). Eine niedrige Anlagenaufwandszahl deutet auf eine effiziente Nutzung von Primärenergie hin. Wird zum Beispiel für ein Gebäude eine Anlagenaufwandszahl von 1,5 ermittelt, bedeutet dies, dass für den Energiebedarf für Heizung, Kühlung, Warmwasser zusätzlich 50 % an Primärenergie aufgewandt werden müssen.

Anlagenkennlinie: siehe → Druckverlust des Solarkreislaufs

Anlagennutzungsgrad: Der Anlagennutzungsgrad ist das Verhältnis aus dem jährlichen solaren Energieertrag (der von der Solarflüssigkeit in den Speicher eingetragenen solar erzeugten Energie) zum jährlichen solaren Energieempfang des Kollektorfelds. Mit Hilfe des Anlagennutzungsgrads kann die Leistungsfähigkeit des Gesamtsystems „Solaranlage" über einen längeren Zeitraum hinweg (zum Beispiel ein Jahr) beschrieben werden.

Anlagensteuerung: Sie regelt – in Abhängigkeit von Sonneneinstrahlung und Energiebedarf – das Zusammenspiel der Systemkomponenten. Ziel ist die möglichst effiziente Nutzung der insgesamt eingesetzten Energie; nicht nur der solaren, sondern auch der aus Kesselanlagen. Die Steuerung selbst soll möglichst wenig Zusatzenergie erfordern. Unter dem Strich kommt es auf die Energieeffizienz des Gesamtsystems an.

Anzeigeinstrumente: Nach DIN 4757–1 gelten folgende Vorschriften: Die Anlage ist mit einem Thermometer mindestens der Klasse 2,5, das die tatsächliche Vorlauftemperatur anzeigt, zu versehen. Die Anordnung eines weiteren Thermometers im

Rücklauf wird empfohlen. Die Temperatur kann auch durch Fernübertragung angezeigt werden. Für die Gesamtanlage ist ein Manometer mindestens der Klasse 2,5 an gut sichtbarer Stelle vorzusehen. Der zulässige Betriebsdruck ist durch eine rote Marke zu kennzeichnen.

Ausdehnungsgefäß: Es ist ein geschlossener Behälter mit einem meist durch eine Membran abgetrennten Stickstoffpolster und zählt zu den Sicherheitseinrichtungen einer solarthermischen Anlage. Das Ausdehnungsgefäß nimmt die beim Aufheizen auftretende Volumenausdehnung der Solarflüssigkeit auf. Von einer eigensicheren Solaranlage kann gesprochen werden, wenn das Ausdehnungsgefäß zusätzlich zur Volumenausdehnung auch den vollständigen Flüssigkeitsinhalt des Kollektorfelds aufnehmen kann.

Betriebsdruck der Solaranlage: Der Druck in der Solaranlage schwankt während des Betriebs zwischen dem Minimalwert „Vordruck" und dem Maximalwert „maximaler Betriebsdruck". Der Vordruck ist der Druck, der bei der Befüllung der Anlage eingestellt wurde. Er sollte etwa 0,5 Bar mehr als der statische Druck der Wassersäule über dem Ausdehnungsgefäß betragen, damit auch an der höchsten Stelle des Solarkreises Unterdruck und Lufteintritt verhindert werden können. Der maximal zulässige Betriebsdruck wird erreicht, wenn das Ausdehnungsgefäß vollständig mit Solarflüssigkeit gefüllt ist, die sich bei der Erwärmung ausgedehnt hat. Er sollte etwa 0,3 Bar geringer sein als der Ansprechdruck des Sicherheitsventils.

Blitzschutz: Die Kollektoren sind mit einem Blitzschutz zu versehen, der den VDE-Richtlinien entspricht und von dazu berechtigtem Fachpersonal zu installieren ist. Erdkabel mit mindestens 10 mm² Querschnitt und geeignete Rohrschellen sind dafür erforderlich.

Bruttowärmeertrag: Der Bruttowärmeertrag eines Solarkollektors in kWh/m²a entspricht der Wärmeaufnahme der Solarflüssigkeit während eines Jahres. Bruttowärmeerträge verschiedener Sonnenkollektoren sind nur dann vergleichbar, wenn gleiche Temperaturverhältnisse (mittlere Absorbertemperatur und Umgebungstemperatur) und gleiche Einstrahlbedingungen herrschen. Außerdem ist anzugeben, ob er sich auf die Absorber-, Apertur- oder Bruttofläche des Kollektors bezieht.

Dämmstärke: siehe → Wärmedämmung

Druckminderventil: Wenn der zulässige Betriebsüberdruck des Solarspeichers niedriger ist als der Leitungsdruck der Kaltwasserleitung, muss in die Kaltwasserleitung ein Druckminderventil installiert werden.

Druckverlust des Solarkreislaufs: Die Kenntnis des Gesamtdruckverlusts Dp_{ges} des Solarkreislaufs ist notwendig, um die Leistung der Solarpumpe richtig auszulegen. Dp_{ges} ergibt sich aus dem Druckverlust des Solarkreiswärmetauschers, dem Druckverlust des Sonnenkollektorfelds, dem Druckverlust der Rohrleitungen und dem Druckverlust der Armaturen und Einbauten. Der

Druckverlust steigt mit zunehmendem Volumenstrom der Solarflüssigkeit stark an. Trägt man beide in einem Diagramm auf, so erhält man die Anlagenkennlinie, die diesen Sachverhalt wiedergibt.

Eigensicherheit: Nach DIN 4757 T1 sind Solaranlagen „eigensicher" auszuführen: Anhaltende Wärmeaufnahme (über die Kollektoren) ohne Wärmeverbrauch darf nicht zu einem Störfall führen, dessen Behebung über den üblichen Bedienungsaufwand hinausgeht. Ein erheblicher Aufwand liegt zum Beispiel dann vor, wenn aus dem Sicherheitsventil Solarflüssigkeit abgeblasen wird und der Solarkreislauf vor erneuter Inbetriebnahme zuerst wieder aufgefüllt werden müsste. Eigensicherheit kann durch eine geeignete Dimensionierung aller Sicherheitseinrichtungen im Solarkreis erreicht werden.
Endenergie: Sie entsteht bei der Umwandlung von Primärenergie in eine direkt verbrauchbare Form, also in Heizöl, Benzin, Erdgas, Strom oder Fernwärme. Diese Umwandlung ist mit Verlusten verbunden.
Energieeffizienz: Der Begriff der Energieeffizienz bezieht sich auf die Umwandlung von Endenergie in Nutzenergie. Also: Wie viel Raumwärme (oder warmes Wasser) kann aus der gekauften Endenergie (Erdgas oder Heizöl, Pellets usw.) herausgeholt werden? Mit welchem Wirkungsgrad (in % ausgedrückt) arbeitet der Gas-, Öl- oder Pelletkessel? Der Betreiber einer Heizungsanlage kann aus seiner Erdgasrechnung ersehen, wie viel Kubikmeter respektive Kilowattstunden Erdgas (oder Liter Heizöl) von ihm bezahlt wurden. Ob seine Anlage gut oder schlecht arbeitet, erschließt sich nur, wenn Wärmemengenzähler in der Anlage verbaut sind.
Entlüfter: Luft sammelt sich im Solarkreis an den höchstgelegenen Stellen und hemmt oder unterbricht den Flüssigkeitsumlauf. Zur Entlüftung werden an den kritischen Stellen des Solarkreislaufs Entlüftungsventile installiert. Automatische Entlüfter müssen für das verwendete Glykol-Wasser-Gemisch und die Maximaltemperatur im Solarkreis geeignet sein. Handentlüfter sind weniger störungsanfällig, müssen aber von Zeit zu Zeit betätigt werden.

Genehmigung: Im Normalfall werden keine besonderen Genehmigungen für die Montage von thermischen Solaranlagen im Eigenheim benötigt. Wenn es sich um spezielle Formen oder Standorte der Anlagen oder um denkmalgeschützte Gebäude handelt, empfiehlt es sich, die Richtlinien der Landesbauordnungen (LBO) zu prüfen.

Inhibitor: Werden im Solarkreis unterschiedliche metallische Werkstoffe eingesetzt, so besteht die Gefahr der elektrochemischen Korrosion. Sie lässt sich durch Zusatz eines geeigneten Korrosionsschutzmittels (Inhibitor) zur Solarflüssigkeit beheben. In geschlossenen Anlagen, deren Solarflüssigkeit einen Inhibitor enthält, dürfen alle zugelassenen metallischen Werkstoffe in jeder Kombination eingesetzt werden. Über die Eignung des Inhibitors muss ein Nachweis vorliegen, der Angaben über die Wirkungsdauer enthält.

Kollektorbauarten: Sonnenkollektoren werden nach ihrer Bauart unterschieden in Flachkollektoren und Vakuumröhrenkollektoren. Der Flachkollektor ist die gebräuchlichste Bauart. Er ist in der Herstellung sehr preisgünstig, zeigt aber im Vergleich zu anderen Bauarten bei hohen Absorbertemperaturen größere Wärmeverluste, so dass bei gleichem Energiebedarf für den Haushalt eine größere Kollektorfläche erforderlich wird. Bei Vakuumröhrenkollektoren ist der Absorber direkt in eine evakuierte Glasröhre eingebaut.

Kollektorertrag: Der voraussichtliche Kollektorertrag kann mit einem Computerprogramm für einen bestimmten Standard-Anwendungsfall ermittelt werden (4-Personen-Haushalt mit einem Warmwasserbedarf von 200 l/d; 5 m² Kollektorfläche; 300 l-Solarspeicher; Wetterdaten von Würzburg). Die Kollektorerträge auf dem Markt befindlicher Modelle liegen meist zwischen 400 und 500 kWh/m²a. Der Kollektorertrag liefert allerdings keine unmittelbare Aussage über die Güte des Kollektors wie der Wirkungsgrad nach DIN 4757–4, da weitere Einflussfaktoren (Speichergröße, Reglerparameter, Solarstrahlungsangebot, Verbrauchsgewohnheiten) den Kollektorertrag mitbestimmen.

Kollektorfeld: Meist sind mehrere Kollektoreinheiten zu einem Kollektorfeld zusammengeschlossen. Sind Kollektoren so miteinander verbunden, dass die Solarflüssigkeit sie alle nacheinander durchströmt, nennt man dies eine Reihenschaltung. Eine Reihenschaltung hat einen niedrigen Gesamtvolumenstrom, einen relativ hohen Druckverlust und eine höhere Vorlauftemperatur bei insgesamt niedrigerem Kollektorwirkungsgrad zur Folge.
Sind Kollektoren so verbunden, dass sich die Solarflüssigkeit gleichmäßig auf die einzelnen Kollektoren aufteilt, spricht man von Parallelschaltung. Bei Parallelschaltung ergibt sich ein hoher Gesamtvolumenstrom, ein relativ geringer Druckverlust und eine niedrigere Vorlauftemperatur bei insgesamt höherem Kollektorwirkungsgrad. Kleine Kollektorfelder werden meist in Parallelschaltung ausgeführt. Bei größeren Flächen werden beide Schaltungsarten kombiniert. Beim An- und Zusammenschluss der Kollektoren ist darauf zu achten, dass alle Leitungswege durch das Kollektorfeld gleichen Druckverlust aufweisen. Sonst werden Teile des Kollektorfelds schlecht durchströmt und arbeiten nicht mit voller Leistung.

Korrosion: Zersetzung metallischer Werkstoffe infolge chemischer Reaktionen, in der Praxis meistens mit Sauerstoff. Korrosion entsteht durch unterschiedliche elektrochemische Potenziale zweier Metalle, die beide durch eine elektrisch leitende Flüssigkeit verbunden werden. Falls mit Korrosion zu rechnen ist, sind dagegen geeignete Maßnahmen zu treffen, zum Beispiel Zusatz von chemischen Inhibitoren zur Solarflüssigkeit oder die Schutzbeschichtung von Anlagenteilen, die der Witterung ausgesetzt sind. In Behältern (Solarspeicher) verwendet man zum Schutz vor Korrosion Opferanoden. Das sind Stäbe aus einem unedlen, also reaktionsfreudigen Metall (zum Beispiel Magnesium), die in den Behälter eingeschraubt werden. Die Zerstörung durch Korrosion beschränkt sich dann auf die Opferanode und das Material der Speicherwand bleibt geschützt.

Lebensdauer: Qualitativ hochwertige Anlagen haben eine Lebensdauer von mindestens 30 Jahren. Viele Hersteller geben mehrjährige Garantien auf die Komponenten der Solaranlage.

Lufteinschluss: Die beim Befüllen der Anlage aus dem Solarkreis nicht entweichende Restluft sowie die mit der Solarflüssigkeit eingebrachte, gelöste Luft sammelt sich während des Betriebs am höchsten Punkten des Kreislaufs. Da die gewöhnlich verwendeten Umwälzpumpen nur geringe Druckdifferenzen überwinden können, kann die Flüssigkeitszirkulation zum Stillstand kommen, wenn die Flüssigkeitsfüllung durch Lufteinschluss unterbrochen ist. Durch Verwendung von automatischen Entlüftern oder Handentlüftern an den kritischen Stellen des Kreislaufs wird die im Kreislauf eingeschlossene Luft bei der Inbetriebnahme und während des Betriebs der Anlage entfernt.

Maßgeblicher Kollektorwirkungsgrad: Da der Wirkungsgrad eines Sonnenkollektors von den Betriebsbedingungen abhängt, ist es für den Vergleich unterschiedlicher Produkte erforderlich, gleiche Betriebsbedingungen zugrunde zu legen. Der maßgebliche Wirkungsgrad gibt den Wirkungsgrad des Sonnenkollektors bei einem Betriebszustand an, den Kollektoren in Solaranlagen zur Warmwasserbereitung im Jahresverlauf häufig einnehmen.

Nachheizung: Während längerer Schlechtwetterperioden und in den Wintermonaten ist zur Sicherstellung des Heiz- und Warmwasserbedarfs eine (meist konventionelle) Zentralheizung erforderlich, die die jeweils benötigte Solltemperatur hält. Dies kann aber auch durch eine Fernwärme-Übergabestation geschehen oder durch eine mit der Solaranlage kombinierten Wärmepumpe. Anderenfalls kann auch ein elektrischer Einschraubheizstab verwendet werden.

Nennweite: Die Nennweite ist eine Kenngröße, die bei Rohrleitungssystemen als kennzeichnendes Merkmal zueinander gehörender Teile, zum Beispiel Rohre, Rohrverbindungen, Formstücke und Armaturen benutzt wird. Die Nennweite hat keine Einheit und darf nicht als Maßeintragung verwendet werden. Die Nennweiten entsprechen annähernd den lichten Durchmessern der Rohrleitungsteile. Je nach den Wandstärken können die lichten Durchmesser sich aber von der Nennweite unterscheiden. Man kann nur dann Rohre verschiedener Hersteller kombinieren, wenn die Angabe der Nennweite DN unter Hinweis auf die gleiche DIN-Norm geschieht. Die Nennweiten von Rohrleitungen sind in der DIN EN ISO 6708 festgelegt. Bei Kupferrohren ist es üblich, anstelle der Nennweite Außenmaß und Wandstärke (zum Beispiel „18 ' 1“) anzugeben.

Nutzenergie: Nutzenergie ist diejenige Energie, die nach der letzten Umwandlung dem Verbraucher zur Verfügung steht. Raumwärme und Warmwasser sind hier die uns interessierenden Energieformen.

Opferanode: siehe → Korrosion

Optischer Wirkungsgrad: Der optische Wirkungsgrad ist der Kollektorwirkungsgrad, falls die Kollektortemperatur gleich der Umgebungstemperatur ist. Beachte: Er ist von der gewählten Bezugsfläche (Absorber-, Apertur- oder Bruttofläche eines Kollektors) und vom Einfallswinkel der Sonnenstrahlung abhängig.

Primärenergie: Sie ist die in der Natur vorkommende Energiequelle in Form von Erdgas, Erdöl, Kohle oder die Sonnenstrahlung.

Parallelschaltung: siehe → Kollektorfeld

Reihenschaltung: siehe → Kollektorfeld

Rohrleitungen des Solarkreislaufs: Der Solarkreislauf sollte grundsätzlich mit Kupferrohren ausgeführt werden. Bei der Wahl des Querschnitts der Kupferrohre sind mehrere Gesichtspunkte gleichzeitig zu beachten: Kleine Querschnitte verursachen durch ihre verminderte Oberfläche geringere Wärmeverluste, bieten dem Wärmeträger aber einen höheren Strömungswiderstand. Die Rohrweite sollte so bemessen sein, dass Geschwindigkeiten zwischen 0,5 und maximal 1,0 m/s erreicht werden und der spezifische Druckverlust je Meter installierte Rohrlänge DpL Werte von etwa 4 mbar/m nicht überschreitet.

Rückflussverhinderer: Rückflussverhinderer werden in Rohrleitungssystemen eingesetzt, wenn eine Umkehr der Strömungsrichtung unter bestimmten Betriebsbedingungen vorkommen kann, aber nicht erwünscht ist. In Solaranlagen wird auf diese Weise verhindert, dass sich der Speicher bei ausgeschalteter Umwälzpumpe durch freie Konvektion der Solarflüssigkeit über die Kollektoren entlädt. In die Kaltwasserleitung wird ein Rückflussverhinderer eingebaut, damit erwärmtes Wasser nicht infolge der Wärmedehnung aus dem Speicher in die Kaltwasserleitung gedrückt werden kann.

Sicherheitsventil: Wenn der Betriebsdruck in der Solaranlage infolge einer Störung den Ansprechdruck überschreitet, lässt das Sicherheitsventil Solarflüssigkeit in den Auffangbehälter ab. Es sollte nach Möglichkeit ein Ventil mit einem Ansprechdruck von 6 Bar gewählt werden, damit auch das druckempfindlichste Bauteil des Solarkreislaufs dann noch geschützt ist.

Simulationsprogramm: Solaranlagen werden inzwischen immer häufiger mit Hilfe von Simulationsprogrammen am Computer geplant. Die meisten Kollektorhersteller haben daher ein Computerprogramm in ihrem Sortiment, das die Leistungsdaten ihrer Produkte bereits enthält.

Solarer Deckungsgrad: Der solare Deckungsgrad gibt an, wie viel Prozent der zur Heizung und Warmwasserbereitung erforderlichen Energie durch die Solaranlage im Jahresmittel gedeckt werden kann. Ihm gegenüber steht der Anteil, den der konventionelle Anlagenteil liefert.

Solarer Energiegewinn: Der solare Energiegewinn oder auch -ertrag Q_{Sol} ist die Energie, die im Solarspeicher von der Solarflüssigkeit an das Trinkwasser und den Heizkreis abgegeben wird.

Solarkreislauf: Der Solarkreislauf transportiert die in den Kollektoren absorbierte Energie in den Solarspeicher. Die von den Kollektoren kommende erwärmte Solarflüssigkeit nennt man den Vorlauf. Die vom Speicher zu den Kollektoren zurückströmende kältere Flüssigkeit ist der Rücklauf. Der Solarkreislauf umfasst im Einzelnen:

- die Solarflüssigkeit, die die Energie vom Kollektor zum Speicher transportiert.
- die Rohrleitungen, die die Kollektoren auf dem Dach und den meist im Keller untergebrachten Speicher verbinden.
- die Umwälzpumpe, die die Solarflüssigkeit im Kreislauf führt.
- alle Armaturen und Einbauten zum Befüllen, Entleeren und Entlüften.
- sowie die Sicherheitseinrichtungen Ausdehnungsgefäß und Sicherheitsventil.

Solarkreis-Umwälzpumpe (Solarpumpe): Als Solarpumpe kann eine gewöhnliche Umwälzpumpe für die Heiztechnik gewählt werden. Moderne Solarpumpen sind über den gesamten Drehzahlbereich regelbar, um eine optimale Steuerung des Solarkreislaufs zu ermöglichen. Um die Leistung der Solarpumpe richtig auszulegen, ist die Kenntnis des Gesamtdruckverlusts des Solarkreislaufs notwendig. Nur wenn die Solarpumpe optimal auf den Kreislauf abgestimmt ist, kann der herstellerseits geforderte Nenndurchsatz der Sonnenkollektoren eingehalten werden und können die veranschlagten solaren Energiegewinne erreicht werden.

Solarspeicher: Da das Energieangebot der Sonne zeitlich meist nicht mit der Wärmenachfrage zusammenfällt, ist der Einsatz eines Warmwasserspeichers unumgänglich. Er sollte eine gewisse Warmwassermenge vorrätig halten, um das Strahlungsangebot auch längerer Schönwetterperioden speichern zu können. Der Speicher muss neben dem Kollektoranschluss auch den Anschluss einer Nachheizung ermöglichen (bivalenter Speicher). Deshalb sind konventionelle Warmwasserspeicher als Solarspeicher nicht geeignet. Gute Solarspeicher zeichnen sich durch Korrosionsbeständigkeit, geringe Wärmeverluste und eine gute Temperaturschichtung aus.

Solarstrahlung: Man unterscheidet verschiedene Strahlungsarten. Die Direktstrahlung trifft von den Bestandteilen der Erdatmosphäre ungehindert auf den Boden. Die

Diffusstrahlung entsteht in der Atmosphäre, wenn die Solarstrahlung an den Luftmolekülen, Schmutzpartikeln und Wassertröpfchen gestreut wird. Sie wird als Helligkeit des Himmels wahrgenommen. Die von der Umgebung auf eine Empfangsfläche geworfene direkte und diffuse Sonnenstrahlung wird als reflektierte Solarstrahlung bezeichnet. Die Globalstrahlung ist die Summe aus direkter, diffuser und reflektierter Sonnenstrahlung auf eine horizontale Fläche. Anhand des Schattenwurfs von Gegenständen lässt sich sehr gut der Anteil der direkten Solarstrahlung an der Globalstrahlung erkennen (auf die beschattete Fläche trifft nur die reflektierte und diffuse Strahlung).

Solarstrahlungsangebot: Die Menge der eingestrahlten Sonnenenergie hängt sehr stark vom Neigungswinkel und von der Orientierung der Empfangsfläche ab. Wenn die Sonnenstrahlen senkrecht auf die Fläche einfallen, ist die Strahlungsintensität am höchsten. Daher sollten Sonnenkollektoren nach Süden orientiert und so geneigt werden, dass die Sonnenstrahlen möglichst häufig senkrecht auf die Kollektorfläche treffen. Die Solarstrahlung auf die horizontale Fläche beträgt je Quadratmeter und Tag im Mittel zirka 2 800 Wh. Im Juli können Werte von rund 5 000 Wh/m² je Tag erreicht werden, im Dezember oft nur zirka 500 Wh/m²d. Im gesamten Jahr werden etwa 1 000 kWh/m² Solarenergie gemessen.

Solarkreis-Wärmetauscher: Zwischen dem Solarkreislauf und dem Trinkwasser im Speicher muss durch den Solarkreis-Wärmetauscher eine vollständige Trennung geschaffen werden, da der Wärmeträger durch Zusätze gegen Frost zu schützen ist. Ein für Solaranlagen geeigneter Wärmetauscher zeichnet sich durch gute Übertragungseigenschaften schon bei sehr niedrigen Temperaturdifferenzen zwischen Speicherwasser und Wärmeträger aus.

Solarregler: Die Funktionen der Solaranlage werden in Abhängigkeit von charakteristischen Temperaturmesswerten unter Berücksichtigung vorgegebener Sollwerte vollautomatisch geregelt. Maßgeblich für das Ein- und Ausschalten der Solarkreispumpe ist die Temperaturdifferenz zwischen Vor- und Rücklauf des Solarkreises. Als charakteristische Größe verwendet man die Differenz zwischen der Absorbertemperatur und der Temperatur der Speicherflüssigkeit in Höhe des Solarkreiswärmetauschers. Die meisten Solarregler sind mit zusätzlichen Thermostaten ausgestattet, die je nach Ausführung die Funktionen des Überhitzungsschutzes und der Nachheizung sowie tageszeitabhängige Vorgänge übernehmen. Auch eine temperaturabhängige Steuerung des umlaufenden Volumenstroms der Solarflüssigkeit wird vom Solarregler gesteuert.

Sollwerte: Die für den optimalen Betrieb charakteristischen Temperaturen stellen die Sollwerte einer Solaranlage dar. Dies sind insbesondere die Einschalt-Temperaturdifferenz und die Ausschalt-Temperaturdifferenz der Solarpumpe sowie die maxi-

mal zulässige Speichertemperatur und die gewünschte Warmwassertemperatur.
Speicherladepumpe: siehe → Nachheizung
Stillstandsfall: Wenn der Solarkreislauf keine Energie aus dem Kollektorfeld abführt, erwärmen sich die Absorberplatinen des Kollektorfelds bis zu derjenigen Temperatur, bei der die Wärmeverluste an die Umgebung ebenso groß sind wie der Energiegewinn aus solarer Strahlung. Da dieser Zustand insbesondere dann eintritt, wenn die Umwälzpumpe des Solarkreises ausfällt, nennt man ihn Anlagenstillstand. Solaranlagen müssen so ausgelegt sein, dass ein Stillstandsfall nicht zu einem Störfall führt, dessen Behebung über den üblichen Bedienungsaufwand hinausgeht. Die bei Stillstand erreichte Absorbertemperatur (Stillstandstemperatur) kann bei effizienten Kollektoren höher als 200 °C sein.
Stillstandssicherheit: Eigensicher ausgeführte Solaranlagen werden auch als stillstandssicher bezeichnet, da auch bei Erreichen der Stillstandstemperatur des Sonnenkollektors der maximal zulässige Betriebsdruck nicht überschritten wird.

Temperaturdifferenz: Als Temperaturdifferenz bezeichnet man den Unterschied zwischen zwei gemessenen Temperaturen. Da die Einheit °C nur für Temperaturwerte in Frage kommt, die auf den Nullpunkt der Celsiusskala bezogen sind, werden Temperaturdifferenzen in K (Kelvin) angegeben. In der Solartechnik spielt vor allem die Temperaturdifferenz zwischen Solarkreis-Vorlauf und Solarkreis-Rücklauf eine Rolle. Von ihr hängt es ab, ob die Solaranlage eingeschaltet werden kann (Einschalt-Temperaturdifferenz) oder wieder abgeschaltet werden muss (Ausschalt-Temperaturdifferenz). Die aus den entsprechenden Messwerten errechnete Temperaturdifferenz ist daher maßgeblich für die Regelung der Anlage.
Temperaturfühler: Temperaturfühler dienen zur Ermittlung der charakteristischen Ist-Werte, die zur Regelung der Solaranlage vom Regler benötigt werden. Meist werden temperaturabhängige Widerstände verwendet. Zur Regelung des Solarkreises müssen die Temperaturen der Solarflüssigkeit am Austritt aus dem Kollektorfeld und die Temperatur des Trinkwassers in Höhe des Solarkreiswärmetauschers im Speicher erfasst werden. Zur Nachheizung wird auch die Temperatur des Warmwassers an der Entnahmestelle gemessen.
Temperaturschichtung im Solarspeicher: Ein guter Solarspeicher zeichnet sich durch eine ausgeprägte Temperaturschichtung über die Höhe aus. Oben befindet sich das wärmste, unten das kälteste Wasser. Die Schichtung stellt sich auf natürliche Weise ein, da sich erwärmtes Wasser ausdehnt, dadurch spezifisch leichter wird und nach oben steigt (Thermosiphon-Effekt). Aus einem geschichteten Speicher wird Warmwasser aus dem oberen Bereich entnommen und Kaltwasser unten zugeführt. Die Warmwasserleitung sollte vom Boden her in den Speicher führen, um Verluste durch Wärmebrücken im heißen Kopfteil und um unerwünschte Zirkulationsströmungen in

der Leitung zu vermeiden. Einem Schichtenspeicher kann man Wasser unterschiedlicher Temperatur entnehmen.
Thermosiphon-Prinzip: Aus dem Dichteunterschied zwischen wärmerem und kälterem Wasser erfährt das leichtere warme Wasser einen Auftrieb und steigt nach oben. Dieser Effekt wird von guten Solarspeichern durch Einbauten unterstützt, um schon nach kurzer Betriebszeit der Solaranlage ausreichend erwärmtes Trinkwasser im oberen Speicherbereich zu erhalten.
Thermostat: siehe → Solarregler
Thermostatisches Mischventil: Wegen der hohen Maximaltemperatur des Speichers ist zum Schutz gegen Verbrühung beim Zapfen ein Mischventil erforderlich. Es wird zwischen Kaltwasserzuleitung und Warmwasserentnahmeleitung installiert. Durch thermostatisch geregeltes Zumischen von Kaltwasser wird die Maximaltemperatur des gezapften Wassers auf einen einstellbaren Wert begrenzt.
Tichelmann-System: Ein Kollektorfeld kann nur dann mit maximaler Leistung arbeiten, wenn das Wärmeträgermedium die gesamte Absorberfläche gleichmäßig kühlt. Daher ist beim Zusammenschluss der Kollektoren darauf zu achten, dass keine Bereiche entstehen, die nicht oder nicht ausreichend von dem Wärmeträgermedium durchströmt sind. Dies wird dadurch erreicht, dass alle Strömungswege durch das Kollektorfeld den gleichen Strömungswiderstand aufweisen, also gleiche Länge und gleiche Querschnitte besitzen. Bei der Kollektoranordnung nach dem Tichelmann-System ist diese Forderung erfüllt.
Transparente Abdeckung von Sonnenkollektoren: Ihre Aufgabe besteht darin, Wärmeverluste des Absorbers zu reduzieren, ihn gegen Umwelteinflüsse zu schützen und gleichzeitig die Sonnenstrahlung möglichst wenig am Eintritt zu hindern.

Überhitzungsschutz: Wenn während einer länger anhaltenden Schönwetterperiode keine Energie aus dem Solarspeicher entnommen wird, kann die Speichertemperatur auf den maximal zulässigen Wert steigen. In diesem Fall muss die Solarkreis-Umwälzpumpe abgeschaltet werden. In der Folge steigt die Absorbertemperatur bis zur Stillstandstemperatur und ein Teil der Solarflüssigkeit verdampft. Um diesen nicht erwünschten Betriebszustand nach Möglichkeit zu vermeiden, ist es empfehlenswert, durch einen zusätzlichen Überhitzungsschutz dafür zu sorgen, dass der Solarspeicher in solchen Fällen die Maximaltemperatur gar nicht erst erreicht.
Umwälzpumpe: siehe → Solarkreis-Umwälzpumpe

Verkalkung: Das Trinkwasser im Solarspeicher erreicht in den Sommermonaten oft Betriebstemperaturen über 60 °C. Dies hat zur Folge, dass die gelösten Kalziumverbindungen verstärkt ausfallen und an den heißesten Stellen feste Ablagerungen bilden, die den Wärmedurchgang behindern. Kalkschichten auf dem Solarkreiswärmetauscher können den Anlagenwirkungsgrad erheblich mindern. Man kann diesem Effekt entgegenwirken durch

- den Einbau einer Entkalkungsanlage
- die Verwendung von Glattrohr- oder Plattenwärmetauschern, die weniger anfällig gegen Kalkansatz sind als Rippenrohre oder
- konstruktive Lösungen, die einen leichten Ausbau des Wärmetauschers zur Entkalkung ermöglichen.

Vorrangschaltung: Die Regler konventioneller Heizungsanlagen sind meist so konzipiert, dass die angeschlossene Warmwasserbereitung mit einer Vorrangschaltung versehen ist. Wenn die Warmwassertemperatur im Bereitschaftsspeicher unter den Sollwert abgesunken ist und die Speicherladepumpe arbeitet, wird der Heizkreis nicht versorgt, damit eine schnelle Erwärmung des Warmwassers erfolgen kann. Die Vorrangschaltung wird auch wirksam, wenn an den Speicherladekreis eines Heizkessels ein Solarspeicher angeschlossen ist, der bei Bedarf konventionell nachgeladen werden soll.

Wärmedämmung: Maßnahme zur Verminderung unerwünschter Wärmeverluste von Maschinen, Apparaten und Rohrleitungen an die Umgebung. Meist verwendet man Platten und Schalen aus Kunststoffschäumen oder organische beziehungsweise mineralische Materialien, die einen hohen Volumenanteil Luft einschließen. In Solaranlagen werden die rückwärtigen und seitlichen Flächen der Kollektoren, die Rohrleitungen des Solarkreislaufs und der Solarspeicher wärmegedämmt. Für die Dämmstärken der Rohrleitungen des Solarkreislaufs gelten die Anforderungen der Heizungsanlagenverordnung. Die Güte dieser Maßnahmen hat einen entscheidenden Einfluss auf den jährlichen Energiegewinn einer Anlage.

Wärmemengenzähler: Ein Wärmezähler ist ein Messgerät zur Ermittlung der Wärmeenergie, welche Verbrauchern über einen Heizkreislauf zugeführt oder Wärmetauschern über einen Kühlkreislauf entnommen wird. Der Wärmezähler ermittelt die Wärmeenergie aus dem Volumenstrom des zirkulierenden Mediums und dessen Temperaturdifferenz zwischen Vorlauf und Rücklauf. Die gemessene Wärmeenergie wird im Allgemeinen in Gigajoule (GJ) oder Megawattstunden (MWh) angegeben.

Wärmetauscher oder Wärmeübertrager: Apparat zur Übertragung der in einem Fluid mitgeführten thermischen Energie auf ein zweites Medium. In Solaranlagen werden Wärmetauscher z. B. eingesetzt, um die Wärme vom Solarkreis an das im Speicher befindliche Trinkwasser zu übertragen. Dabei finden meist Wendel aus Glattrohren oder außen berippten Kupferrohren Verwendung. Eine Bauform, die sich immer mehr durchsetzt ist der Plattenwärmetauscher. Er besteht aus wellenförmig profilierten Platten, die so zusammengesetzt sind, dass jeweils in den aufeinanderfolgenden Zwischenräumen einmal das aufzuwärmende und danach das wärmeabgebende Medium fließt. Das Plattenpaket ist nach außen und zwischen den Medien abgedichtet und wird mit Spannschrauben zusammengehalten.

Wärmeträger: Flüssigkeiten, die als Medium des Wärmetransports verwendet werden, nennt man allgemein Wärmeträger. In Solaranlagen verwendet man meist ein frostsicheres Gemisch von Wasser und Propylenglykol als Wärmeträger, um die in den Kollektoren produzierte Wärme zum Solarspeicher zu transportieren.

Wärmeverlustfaktor: Der Wärmeverlustfaktor kA (in W/K) ist das Produkt aus dem Wärmedurchgangskoeffizienten k des Speichers und dessen Oberfläche. Multipliziert man den kA-Wert mit der Temperaturdifferenz zwischen Speicherinnerem und Speicherumgebung, erhält man die Verlustleistung des Wärmespeichers. Im kA-Wert sind bereits die Wärmeverluste durch Wärmelecks an den Anschlüssen usw. enthalten. Gut wärmegedämmte Solarspeicher weisen – je nach Größe – kA-Werte zwischen 1,5 und 2 W/K auf.

Warmwasserbedarf/Energiebedarf: Durch Festlegung des solaren Deckungsgrads bestimmen Bauherr und Planer, welcher Anteil des Energiebedarfs zur Trinkwassererwärmung solar gedeckt werden soll. Eine wesentliche Größe zur Dimensionierung der Solaranlage ist dabei der mittlere tägliche Warmwasserbedarf der Verbraucher. Sinnvoll ist eine Verbrauchsmessung, etwa über einen Warmwasserzähler. Die im Tagesmittel zur Erwärmung des Trinkwassers erforderliche Energiemenge kann aus der mittleren täglichen Warmwassermenge berechnet werden. Falls ein Zirkulationssystem für die Warmwasserentnahmeleitung vorhanden ist, erhöht sich der Energiebedarf erheblich.

Warmwasserzirkulation: Zur Erhöhung des Komforts wird ein Zirkulationssystem installiert, das mittels einer Umwälzpumpe Warmwasser an den Zapfstellen vorbei zurück in den Speicher führt. An den Zapfstellen steht im Bedarfsfall sofort warmes Wasser zur Verfügung, auch wenn die Entfernung zwischen Speicher und Zapfstelle sehr groß ist. Der Betrieb des Zirkulationssystems verursacht aber erhebliche Wärmeverluste, die zu einem beträchtlich erhöhten Energiebedarf führen.

Wartung: Die Wartung kann mit der jährlichen Überprüfung des Heizkessels erfolgen. Generell laufen solarthermische Anlagen jahrzehntelang störungsfrei. Große Schatten bringende Verunreinigungen auf den Kollektorflächen sollten jedoch auch außerhalb der Wartungsintervalle entfernt werden.

Wirkungsgrad des Sonnenkollektors: Der Wirkungsgrad h eines Kollektors gibt an, welcher Anteil der auf die Absorberfläche des Kollektors auftreffenden Globalstrahlungsleistung in eine nutzbare Wärmeleistung umgesetzt werden kann. Der Wirkungsgrad h ist keine Konstante, sondern abhängig von dem Betriebszustand des Kollektors, der sich durch die Strahlungsleistung, die Temperatur des Absorbers und die der Umgebung vollständig beschreiben lässt.

REGISTER

IMPRESSUM

2014, 2., aktualisierte Auflage

Stiftung Warentest
Lützowplatz 11–13
10785 Berlin
Telefon 0 30/26 31–0
Fax 0 30/26 31–25 25
www.test.de
email@stiftung-warentest.de

USt.-IdNr.: DE136725570

Vorstand: Hubertus Primus
Weitere Mitglieder der Geschäftsleitung:
Dr. Holger Brackemann, Daniel Gläser

Programmleitung: Niclas Dewitz

Projektleitung/Lektorat: Friederike Krickel, Uwe Meilahn
Lektoratassistenz: Veronika Schuster, Karsten Treber
Korrektorat: Hartmut Schönfuß
Titelentwurf: Susann Unger, Berlin
Layout: Pauline Schimmelpenninck Büro für Gestaltung, Berlin
Technische Illustrationen: Michael Römer, Berlin (14, 18, 24, 25, 27, 28, 30, 33, 37, 38, 39, 41, 42, 45, 57, 58, 60, 61, 62, 63, 76, 79, 81, 98, 99, 100, 101, 102, 103, 110, 114, 115, 118, 119, 121, 122, 124, 152, 153)
Diagramme: Büro Brendel, Berlin (15, 31, 32, 53, 85, 166, 167)
Grafik, Bildredaktion und Satz: Anne-Kathrin Körbi, Büro Brendel
Bildnachweis: Titel – Weisflog; thinkstock,
U4 – thinkstock; Tom Baerwald,
Innenteil:
Architekturbüro Reinberg ZT GmbH (109); BMVBS/dena (132); Bosch Thermotechnik GmbH (17, 26); Britta Wöstefeld (12); BSW-Solar/Staiger (10); Co2online/Alois Müller (93); Deutsche Energie-Agentur GmbH (134); Deutsche Gesellschaft für Sonnenenergie e.V. (50); Eric Christensen, Marstal Fjernvarme DK (159); eTank /Alexander Gempeler (123); European Solar Thermal; Industry Federation (ESTIF) (50); FSA-VE (65); Giordano (43); Grammer Solar (40); Helma Eigenheim AG (120); HYDAC (68); Initiative Sonnenhaus Österreich (117); Jenni Energietechnik AG (26, 64, 83); Junkers/Bosch Thermotechnik GmbH (113); Klaus Oberzig (96, 128); Mall GmbH (54, 156); Otto-Seeling-Schule Fürth (OSS) konturlicht fotografie (44); Paul Langrock Agentur Zenit (22, 47); Solair.com.au (42); Solvis GmbH & Co. KG (89); Tom Baerwald (6, 36, 68, 72, 75, 105, 126, 136, 160); Viessmann Werke (20); Wagner & Co. Solartechnik GmbH (47, 67, 70, 162)

Verlagsherstellung: Rita Brosius (Ltg.), Susanne Beeh
Produktion: Vera Göring
Litho: tiff.any GmbH, Berlin
Druck: AZ Druck und Datentechnik GmbH, Berlin/Kempten

ISBN: 978-3-86851-407-0